허준의
쉽게 따라하는

Amos 구조방정식 모형

기초편

허준 지음

한나래 아카데미

허준의 쉽게 따라하는
AMOS 구조방정식모형—기초편

2013년 2월 20일 1판 1쇄 펴냄
2019년 1월 31일 1판 4쇄 펴냄

지은이 | 허준
펴낸이 | 한기철

펴낸곳 | 한나래출판사
등록 | 1991. 2. 25 제22-80호
주소 | 서울시 마포구 토정로 222 한국출판콘텐츠센터 309호
전화 | 02-738-5637 · 팩스 | 02-363-5637 · e-mail | hannarae91@naver.com
www.hannarae.net

ISBN 978-89-5566-141-5 94310
ISBN 978-89-5566-051-7 (세트)

* 이 도서의 국립중앙도서관 출판시도서목록(CIP)은 e-CIP 홈페이지(http://www.nl.go.kr/ecip)와
국가자료공동목록시스템(http://www.nl.go.kr/kolisnet)에서 이용하실 수 있습니다.
(CIP제어번호: CIP2013000445)

머리말

쉽고, 만만한 AMOS 구조방정식모형

지난해 여름 무렵에 AMOS 구조방정식모형에 대하여 책을 내기로 하고, 첫 출판 회의를 할 때 한나래출판사의 조광재 이사님께서 “허 박사님의 AMOS 책의 컨셉(concept)은 무엇입니까? 어떤 컨셉을 가지고 책을 만들면 좋을까요?”라고 물었습니다. 사실 좀 많이 당황스러웠습니다. 이 책은 10년 넘게 SPSS Korea를 다니면서 고객들을 대상으로 한 세미나와 강의를 하면서 만들었던 자료를 모아서 만드는 책이었기 때문에, 사실 거창한 컨셉은 없었기 때문입니다. 그러나 그때 제 대답은 “이걸 보시는 독자들이 만만하게 느끼게끔, 최대한 유치하게 만들고 싶습니다”라는 말을 했던 기억이 납니다. 시중 서점에 나가보면 AMOS 또는 구조방정식모형에 대한 서적이 많이 출간되어 있고, 거의 모든 책들이 상당한 수준에 올라와 있는 아주 좋은 책들입니다. 저 또한 그 책들을 보면서 많은 지식을 얻을 수 있었습니다. 이런 좋은 서적들이 많이 있는데, 제가 굳이 AMOS 구조방정식모형에 대한 책을 만들고자 한 것은 무엇보다도 좀 더 많은 사람들이 쉽게 구조방정식모형에 접근하고, AMOS를 쉽게 쓰게 하고 싶었기 때문이었습니다.

SPSS에서 10여 년이 넘게 관련 강의와 세미나를 진행해 오면서, AMOS와 구조방정식모형을 배우고자 하는 분들을 정말로 많이 만날 수 있었습니다. 물론 이분들 중에는 통계학이나 데이터 분석에 대해 지식이 많은 분들도 있었지만, 거의 대다수는 기초적인 통계 지식이 아예 전무(全無)하시거나 또는 대학 학부 1~2학년 때 기초 과목으로 통계학개론 정도를 들은 분들이었습니다. 또한 이분들은 경영학, 심리학, 교육학, 아동학, 의류학(의상학), 사회(복지)학, 광고학, 의학/간호학, 체육보건학 등 다양한 분야에서 논문이나 보고서를 작성하기 위해서 연구를 할 때, 구조방정식모형을 사용하는 부분에서 연구의 진척이 나가지 않는 경우가 대다수였습니다. 사실, 이런 분들에게 구조방정식모형은 연구의 단순한 일부분일 수 있으며, 연구를 효과적으로 하기 위한 수단(tool)일 것입니다. 그러나 이런 일부분과 수단에 불과한 구조방정식모형에서 실제 연구보다 더 어려움을 느끼고, 구조방정식모형이라는 말만 들어도 앞이 막막함을 느끼는 분들도 많이 있었습니다.

이 책은 통계적 지식이 많은 분들이나 구조방정식모형을 잘 아는 분들보다는 이렇게 처음부터 구조방정식모형을 잘 모르는 분들을 위해서 만들게 되었습니다. 저 역시 10여 년을 넘게 구조방정식모형과 통계분석을 하면서 많은 고역을 겪었다고 생각합니다. 도대체 왜 이 부분은 이렇게 되는지, 이것을 하는 이유가 무엇인지, 이것은 무엇을 의미하는지, 그리고 최종적으로 이들을 하기 위해서 AMOS를 어떻게 사용해야 하는지 등에 대해 매우 많은 고민들이 있었고, 이것을 속 시원하게 풀어줄 수 있는 좋은 선생님이나 서적, 자료를 찾지 못해 며칠을 고심하고 답답해한 적도 많았습니다.

이 책은 제가 그동안 AMOS를 이용한 구조방정식모형을 강의 및 연구하고, 자료 작성과 논문 등에 활용하면서 저 나름대로 이해하고 정리한 일종의 노트입니다. 또한 제가 AMOS와 구조방정식모형의 어떤 개념을 하나 겨우 알았을 때, 이를 잊지 않고자 기록한 저의 메모장이라고도 할 수 있습니다. 저 역시 매우 체계적인 정규 과정을 통해서 구조방정식모형과 AMOS를 배운 것이 아니기에 그 개념과 방법을 이해하고자 많은 고민과 시행착오를 겪었습니다. 아직 많이 부족하지만, 이런 저의 고민과 시행착오를 통해 얻은 경험을 여러분들과 공유하고 싶어서 이 책을 만들게 되었습니다. 이 책은 다음 3가지에 중점을 두었습니다.

첫째, 눈높이를 아주 초보 분석자에게 맞추어, 각종 어려운 수식은 최대한 줄이고 그림과 자세한 설명글을 이용하여 많은 내용을 풀었습니다.
둘째, SPSS AMOS를 누구나 직접 이용해서 실습하고 최종 결과까지 얻을 수 있도록, 아주 자세한 작동 기능을 그림을 이용하여 구체적으로 보여주었습니다.
셋째, AMOS 구조방정식모형은 주로 학술 논문 연구나 연구 보고서를 작성할 때 많이 활용되기 때문에, 논문 작성에 필요한 내용을 최대한 자세하게 설명하였습니다.

이 책은 크게 2권으로 구성을 하였습니다. 1권은 "기초편"으로, 구조방정식모형을 이해하기 전에 필요한 사전 통계분석 지식과 구조방정식모형의 개념, AMOS의 소개 그리고 구조방정식모형을 할 때 많이 사용되는 매개모형과 조절효과 모형 등을 기술하였습니다.

2권은 "고급편"으로, 고급 사용자들을 위해 구조방정식모형을 좀 더 다양하고 고도화된 모형으로 만들 수 있는 기능들을 소개하였습니다. 대표적으로 양적 데이터의 조절효과 분석, 혼합모형, 결측값 처리 및 잠재성장모형 등에 대해 설명을 하였습니다.

구조방정식모형을 전혀 모르시는 분이라면 1권 기초편 정도만 보셔도 충분하게 기본적인 구조방정식모형은 만들 수 있을 것이라 생각이 됩니다.

이 책을 만들면서 많은 분들의 도움을 받았습니다. 먼저 SPSS Korea 데이타솔루션의 정진섭 회장님과 중앙대학교 응용통계학과의 이용구 교수님, 고려대학교 통계학과의 허명회 교수님과 한양대학교 경영학과의 김종우 교수님으로부터 항상 많은 가르침을 받았고, 이 책을 만드는 데 많은 영감을 받았습니다. 이분들께 깊은 감사의 말씀을 드립니다.

SPSS Korea의 정성원 이사님과 장혁수 이사님을 비롯하여 직원 여러분들 또한 정말 많은 도움을 주신 데 대해 감사드립니다. 이분들이 있었기에 이 책을 마무리할 수 있었던 것 같습니다.

SPSS에서 AMOS 강의를 맡아주시는 세종대학교 경영학과의 우종필 교수님과 세명대학교 경영학과의 김계수 교수님, 수협 수산경제원 조용준 박사님 또한 제가 AMOS를 공부하는 데 큰 가르침을 주신 분들이어서 이 자리를 빌어 감사의 말씀을 드립니다.

부족한 원고임에도 흔쾌히 출판을 허락해 주시고 기획해 주신 한나래출판사 한기철 사장님과 조광재 이사님 그리고 어려운 편집을 맡아주신 편집자께도 감사를 드립니다.

늘 격려와 사랑으로 감싸주시는 아버지와 제 동생 정윤이, 그리고 늘 제게 힘을 주시는 장인·장모님께도 감사드리며, 무엇보다 저의 평생 동반자이자, 이 책을 쓰게 한 원동력인 제 아내 오은교에게 감사의 말을 전합니다.

2013년 양재동에서 허준 드림

차례

4장 구조방정식모형과 확인적 요인분석 171

참고하세요!

허준의 쉽게 따라하는

Amos 구조방정식모형 고급편

주요 내용

1장

구조방정식모형을 위한 사전 통계분석 지식

01 일반적인 연구의 목적

일반적으로 통계를 이용한 연구(각종 논문, 연구 보고서 등)의 주제들은 무엇이 있을까?

일반적인 연구의 주제 예시

- 새로 개발한 신약과 기존 약과의 약효 차이는 무엇일까?
- 마케팅에서 사회 기업적 광고의 효과는 과연 기업의 매출액에 영향을 줄 것인가?
- 아침밥을 먹은 학생과 그렇지 않은 학생의 경우 수학 성적에 차이가 있는가?
- 우리 회사의 신제품과 가장 유사한 특성을 보이는 경쟁사 제품은 무엇인가?
- 충동적인 소비성향은 대량의 유행성 의류잡화와 관련이 깊을 것인가?
- 아침에 30분 동안의 유산소 운동은 체중을 어느 정도 감소시키는 효과가 있는가?
- 당뇨병에 인슐린을 투여할 때, 주사제와 패치제의 차이가 있는가, 없는가?
- 대학 입학사정관들의 학생 채점 점수들은 서로 간에 상관성이 있는가?

일반적으로 사회과학, 자연과학, 의학 등을 막론하고 과학 분야에서 계량적인(통계적인) 연구의 목적은 여러 가지가 있겠지만, 통계분석적인 관점에서 볼 때 제일 먼저, 어떤 그룹, 집단, 형태 등의 "차이의 검정", 두번째는 요소와 요소 간의 인과관계(상관관계)를 파악하는 것이 가장 일반적인 연구의 목적이 될 수 있다.(물론 그 외에도 여러 가지 요소가 있을 수 있다.)

1 집단 간 차이의 검증과 인과/상관관계 파악을 위한 통계 기법

집단 간의 차이 검증과 인과/상관관계 파악을 위한 통계 기법은 다음과 같은 것이 있다.

연구를 위한 통계 기법

차별화 (차이의 검정) ▶ T-test / Paired t-test / ANOVA / ANCOVA / 프리드만 검정/ Wilks의 검정/ Sign Test / 비율 검정/ MANOVA / 각종 비모수검정(test)/ …

인과/상관관계 ▶ 상관분석/ 일반회귀분석/ 비선형회귀분석/ 곡선추정 기법/ 로지스틱 회귀분석/ 이단계 회귀분석/ 일반화 선형모형(GLM) / 일반화 선형 혼합모형(GLMM) / 일반화 추정방정식(GEE) / "**구조방정식모형**"…

2 인과관계의 파악 … 구조방정식모형

우리가 본격적으로 수행할 "구조방정식모형"은 기본적으로 다양한 상관/인과(원인과 결과) 관계를 파악하는 연구에 주로 사용되는 목적을 가지고 있다.(물론 다른 목적으로 일부 사용될 수 있지만…….)

그리고 통계적인 방법 중 가장 대표적인 상관/인과관계를 살펴보는 방법이 상관분석과 회귀분석이다. 구조방정식모형의 상당한 기반 및 기초가 바로 이 상관분석과 회귀분석이되므로, 구조방정식모형을 하기 전에 (IBM) SPSS Statistics를 이용하여, 상관분석과 회귀분석을 간단히 살펴보고, 본격적으로 구조방정식모형을 시작하면 이해가 빠르다.

또한 추가적으로 구조방정식모형의 주요한 요소인 잠재변수의 이해를 위해서, SPSS Statistics를 이용한 탐색적 요인분석도 살펴본다.

3 구조방정식모형을 위한 사전 이해가 필요한 기초적인 통계분석 기법은?

상관분석 (Correlation) + 회귀분석 (Regression) + 요인(인자)분석 (Factor Analysis)

본격적인 구조방정식모형을 공부해보기 전에 SPSS Statistics를 이용하여 상관분석, 회귀분석, 요인(인자)분석에 대하여 간략히 살펴보기로 하자! 만약 구조방정식을 처음으로 접하는 초보자라면 반드시 위의 통계분석에 대한 이해는 있어야 한다.

02 상관분석

1 상관분석 개요

상관분석이란?

- 연속형(등간 데이터, 비율 데이터) 속성을 가진 2개의 변수(Variable)들 간의 상호 선형적 관계를 살펴보는 분석을 말한다.
- 이들 2변수 사이의 관계의 강도를 상관관계라고 정의한다. 또한 상관분석은 상호 간의 관계이지 인과관계를 정확하게 의미하는 것은 아니다.

상관계수란?

- 2변수 간의 상관성을 보여주는 (모)상관계수를 일반적으로 ρ로 표시하며, 이 값은 $-1 \leq \rho \leq 1$ 사이의 값을 가진다.

상관분석이 사용되는 예

- 기온과 아이스크림 판매량의 관계
- 매장 주차장의 넓이와 고객의 만족도 사이의 관계
- 광고 노출 횟수와 제품 판매량 사이의 관계
- 교육시간과 학생의 성적 향상도의 관계

2 상관분석의 의미

- 상관계수는 -1에서 1 사이의 값을 가지는데, 가운데인 0값이면 2변수 간의 무상관, -1에 가까우면 음의 상관(즉, 한 변수의 값이 커지면 다른 변수의 값은 작아지는 경우), 1에 가까우면 양의 상관(한 변수의 값이 커지면 다른 변수의 값도 커지는 경우)의 의미를 가진다.

- 통계적으로 상관관계가 있다는 것은 확률적으로도 상관성이 있다는 것을 의미한다.
통계적으로 상관성이 있다는 것을 파악하기 위해서, 상관분석에서는 통계적 검정을 하며, 가설은 다음과 같다. (단, 표본 수가 커지면 작은 상관계수에도 대립가설을 채택하는 경우가 많다.)

귀무가설(H_0): $\rho = 0$ (2변수 사이에는 상관이 없다.)

대립가설(H_1): $\rho \neq 0$ (2변수 사이에는 상관이 있다.)

- 일반적으로 산포도를 그려보면, 두 변수 간에 상관관계가 있는지와 그 방향성을 시각적으로 파악할 수 있다.

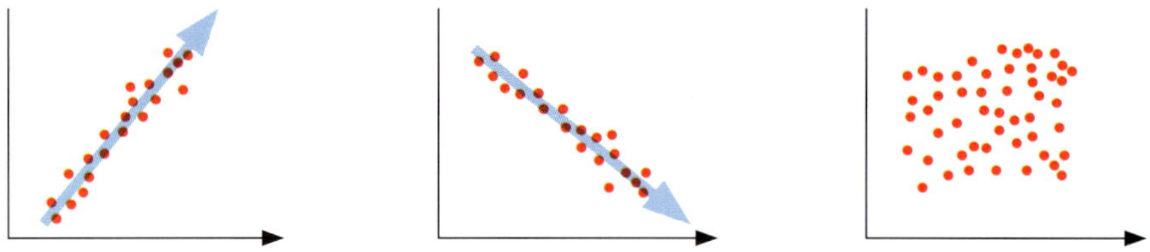

강한 양의 상관관계 강한 음의 상관관계 무상관관계

3 상관분석의 종류

변수의 수에 따른 종류

- **단순상관분석**: 변수의 수가 2개인 경우, 2변수 사이의 상관분석
- **편(부분)상관분석**: 변수의 수는 3개 이상이지만, 다른 변수들을 고정(통제)하고, 나머지 2개 변수 사이의 상관분석
- **다중상관분석**: 2개 이상의 변수들과 복합적으로 특정한 1개의 변수 사이의 상관분석

데이터 유형에 따른 상관분석 종류

데이터 유형	명목형	순서형	연속형
명목형	**Phi, Cramer's V**	Polycholic	Polyserial
순서형	Polycholic	**Spearman**	Polyserial
연속형	Polyserial	Polyserial	**Pearson**

- 이들 중에서 명목형, 순서형, 연속형 변수들의 상관계수를 만들어주는 Phi, Spearman 그리고 Pearson의 상관분석에 대하여 알아보자.

잠깐 데이터의 유형

통계분석에서 사용되는 데이터는 몇 가지 유형을 가지고 있다. 이 데이터의 유형에 따라서 목적이 같더라도 사용되는 통계분석 기법이 다를 수 있다.(반드시 개념을 숙지하고 있을 것. 통계분석의 시작이다.)

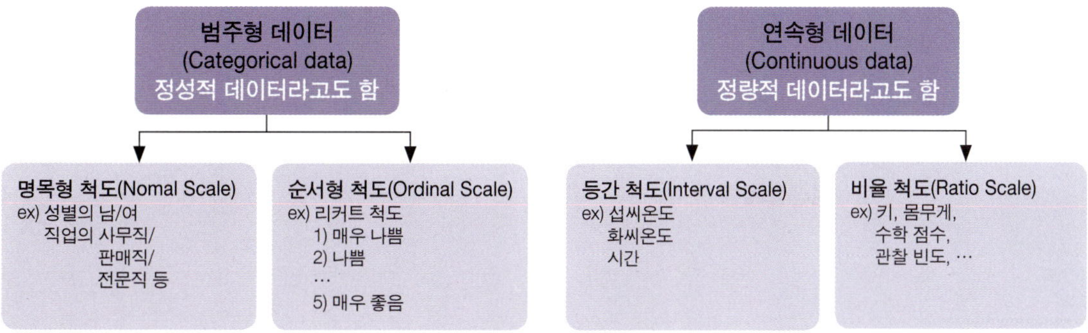

통계분석 기법을 적용할 때 가장 먼저 고려해야 할 것이, 분석자(연구자)가 가지고 있는 데이터의 유형이 무엇이냐는 것이다. 이 유형에 따라서 적용해야 하는 분석 기법이 완전히 달라질 수 있다. 예를 들어 차이 검정 등을 할 때, 연속형의 데이터라면 당연히 t-test나 ANOVA를 수행해야 하고, 범주형의 데이터라면 Chi-square 검정을 고려해야 한다.

또한 회귀분석을 사용할 때에도, 종속변수가 연속형이면 일반 선형회귀모형을 사용해야 하지만, 범주형이라면 로지스틱 회귀분석이나 순서(order) 회귀분석 등을 고려해야 한다.

3.1 Pearson의 상관계수

상관분석의 대명사

Karl Pearson이 개발한 상관계수로, 기본적으로 연속형의 2변수 사이의 관계를 살펴보는 상관계수이다. 가장 보편적으로 사용되고 있으며, 일반적인 상관계수라고 한다면 그것은 Pearson의 상관계수를 의미한다.

기본적인 개념

2개 변수의 변동비율을 선형모형으로 만드는 것으로, 2개 변수 간 강도와 방향성을 최적으로 맞추어주는 1개의 선형식을 만들고, 이때의 **기울기**가 바로 상관계수가 되는 개념이다.

$$r = \frac{\sum_{i=1}^{n}(x_i - \bar{x})(y_i - \bar{y})}{\sqrt{\sum_{i=1}^{n}(x_i - \bar{x})^2}\sqrt{\sum_{i=1}^{n}(y_i - \bar{y})^2}}$$

상관계수의 검정

2개의 변수 x와 y가 있을 때, 표본상관계수 r은 다음과 같다.(단, n은 표본 수)
위의 상관계수 또한 유의성을 검정하게 되는데, 이때 검정통계량 t는 아래와 같고, 이 검정통계량값은 t-분포를 따른다는 가정하에 유의성을 검정한다.

검정통계량 $t = \frac{r\sqrt{N-2}}{\sqrt{1-r^2}}$ **기각역(유의수준 α)** $|t_0| > t_{\frac{\alpha}{2},n-2}$

3.2 Phi 상관계수

명목형 자료들 간의 상관계수

Phi 상관계수는 사류 상관관계(fourfold point correlation)라고도 표현을 하고, 가장 큰 특징은 범주형 데이터 중 2개의 명목형 데이터 사이의 상관관계를 파악하는 지표라고 할 수 있다.

또한 기본적으로 2개의 명목형 데이터가 모두 2개의 범주(예를 들어 성별의 남/여 선호도의 좋음/나쁨)로 구성된 2×2 형태의 데이터에서 상관계수를 생성하는 것이 목적이다.

→ 특히, 의학/간호학/보건학 등에서 자주 사용이 된다.

Phi(파이)계수 공식

A	B
C	D

좌측의 A, B, C, D 값은 각 칸(Cell)에 있는 해당 범주의 빈도수라고 생각하면 된다.(단, A, B는 1개의 변수의 2개 범주이고, C, D 역시 다른 1개 변수의 2개 범주이다.)

C, D Phi 계수의 공식은 아래의 ϕ와 같다.

$$\phi = \frac{BC - AD}{\sqrt{(A+B)(C+D)(A+C)(B+D)}}$$

★ 2×2의 경우 Phi 계수를 이용하고, 그렇지 않은 경우 "Cramer의 V(Cramer's V)" 계수를 사용한다.

3.3 Spearman의 상관계수

순서형 데이터의 상관계수

순서형의 데이터(예를 들어 Likert 척도의 데이터)로 되어져 있는 2개의 변수 사이의 상관계수에 사용되어지는 방법이 Spearman의 상관계수이다.

기본적인 개념은 2변수 사이의 순위(rank)를 매겨, 대응되는 2변수의 순위의 차이를 이용하여 상관계수를 생성하는 원리이다.

Spearman의 상관계수 공식

Spearman의 상관계수는 순위(Rank)가 중복이 있을 때와 중복이 없을 때의 상관계수 산출 공식이 다르다. 아래의 공식에서 x, y는 2개의 서열형 변수 중 각각의 평균으로부터 떨어진 거리인 편차를 의미하고, d는 2개의 변수 사이에 서로 대응하는 범주의 순위 차이를 의미한다.

중복 순위가 없는 경우	중복 순위가 있는 경우
$\rho = \dfrac{\sum_{i=1}^{n} x^2 + \sum_{i=1}^{n} y^2 - \sum_{i=1}^{n} d^2}{2\sqrt{\sum_{i=1}^{n} x^2 \sum_{i=1}^{n} y^2}}$	$\rho = \dfrac{\sum_{i=1}^{n} x^2 + \sum_{i=1}^{n} y^2 - \sum_{i=1}^{n} d^2}{2\sqrt{\sum_{i=1}^{n} x^2 \sum_{i=1}^{n} y^2}}$ 단, $\sum_{i=1}^{n} x^2 = \dfrac{(N^3 - N)}{12} - \sum(\dfrac{t_x^{\ 3} - t_x}{12})$ $\sum_{i=1}^{n} y^2 = \dfrac{(N^3 - N)}{12} - \sum(\dfrac{t_y^{\ 3} - t_y}{12})$ 여기서 t는 각 변수에서 중복 순위의 수, N은 전체 사례 수

4 상관분석의 기본 가정

상관분석은 기본적으로 4개의 통계적 가정을 만족해야 그 결과를 신뢰할 수 있다. 선형모형의 특성상 (오차의) 선형성, (오차의) 등분산성, (오차의) 정규성, 그리고 (오차의) 독립성을 가져야 한다.

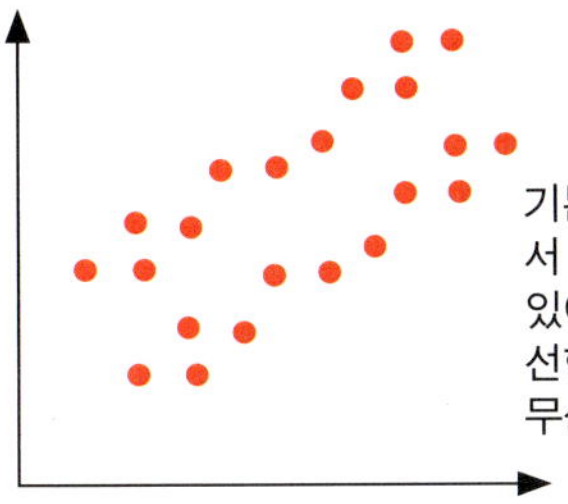

기본적으로 2개 변수 사이에서 선형적인 관계를 가지고 있어야 한다.
선형관계가 없으면 무상관이다.

기본 가정 #1. 선형성

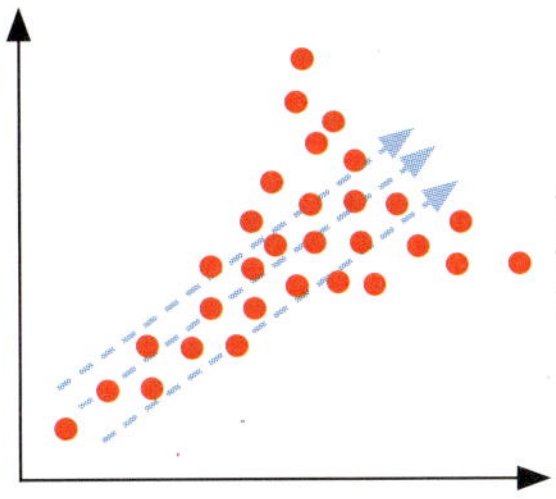

상관분석의 오차항이 있는데, 분산이 모두 고르게 동일해야 한다.

기본 가정 #2. 등분산성

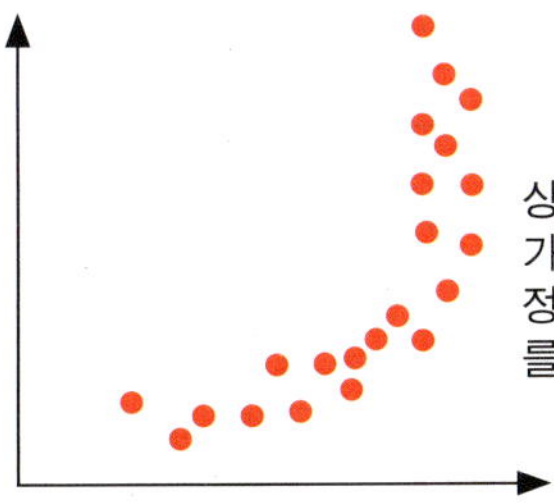

상관분석의 선형식에서 오차가 발생하는데, 이 오차들이 정규분포(Normal Distribution)를 따라야 한다.

기본 가정 #3. 정규성

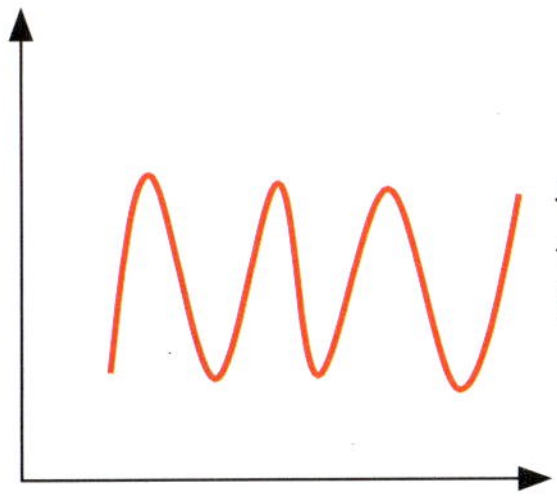

두 변수가 시계열과 같이, 자기상관 등이 없이 모두 독립적인 성격을 가져야 한다.

기본 가정 #4. 독립성

※ 뒤에 나오는 회귀분석도 동일한 가정을 가져야 한다.

5 상관분석의 해석

상관계수의 유의성 검정은 표본 수가 많으면 많을수록 작은 상관에도 유의하게 나타나는 현상이 있다. 이를 보완하기 위하여 Cohen(1988)은 행동과학 분야(behavior science)에서 상관계수값의 절대값을 이용한 해석 방법을 제시하였다.

상관계수 범위	Cohen의 Guide Line
0.5≤r<1	매우 강한 (양의) 상관
0.3≤r<0.5	강한 (양의) 상관
0.1≤r<0.3	중간 (양의) 상관
0≤r<0.1	무(無) (양의) 상관

※ 상관계수가 음수인 경우도 동일함.(음의 상관)

Cohen의 가이드는 행동과학(Behavior Science) 분야의 가이드로 일반적으로 사회과학 분야에서 폭넓게 사용될 수도 있는 좋은 가이드이기는 하지만, 때로는 적용이 안 될 수 있는 분야도 있으므로, 항상 다양한 사전/선행 연구 및 관련 연구 자료를 참고한 다음 적용을 한다.

6 SPSS Statistics를 이용한 상관분석의 실습

상관분석의 실습 데이터

CHAP01_상관분석.sav [데이터집합1] - IBM SPSS Statistics Data Editor

파일(F) 편집(E) 보기(V) 데이터(D) 변환(T) 분석(A) 다이렉트 마케팅(M) 그래프(G) 유틸리

30 :

	선호스포츠	성별	연령	피교육년수	아이폰K의만족도	갤럭시P의만족도
172	야구	남자	61	12	보통	만족
173	야구	여자	32	11	보통	만족
174	야구	여자	86	12	만족	만족
175	야구	여자	66	20	보통	보통
176	야구	남자	58	20	만족	매우만족
177	야구	남자	58	12	보통	만족
178	야구	남자	63	16	만족	보통
179	야구	남자	26	14	보통	보통
180	야구	남자	57	16	불만족	불만족
181	야구	남자	57	6	불만족	불만족
182	야구	남자	61	14	매우만족	매우만족
183	야구	남자	30	16	보통	보통
184	야구	여자	85	12	만족	보통
185	야구	남자	45	20	만족	보통
186	야구	남자	37	15	매우만족	매우만족
187	야구	여자	35	16	불만족	불만족
188	야구	남자	39	13	매우만족	매우만족
189	축구	남자	79	12	만족	매우만족
190	축구	남자	32	17	만족	만족
191	축구	여자	50	6	매우만족	만족
192	축구	여자	56	8	매우만족	매우만족
193	축구	여자	51	17	매우만족	매우만족
194	축구	남자	48	12	매우만족	만족
195	축구	여자	29	13	매우만족	매우만족
196	축구	여자	40	13	보통	만족
197	축구	여자	46	13	매우만족	매우만족
198	축구	여자	37	19	만족	만족
199	축구	여자	43	16	만족	만족

※ 실습 파일명: CHAP01_상관분석.sav

- 전체 372개의 레코드(사례 수)
- 선호 스포츠(명목형): 2개(야구/축구) 범주
- 성별(명목형): 2개(남자/여자) 범주
- 연령(연속형)
- 피교육년수(연속형)
- 아이폰K의 만족도(순서형): 5개(매우불만족/불만족/보통/만족/매우만족) 범주
- 갤럭시P의 만족도(순서형): 5개(매우불만족/불만족/보통/만족/매우만족) 범주
- 본 데이터를 이용하여 다음 3가지의 상관분석을 수행한다.
  - 연속형 간의 Pearson의 상관분석 수행
  - 순서형 간의 Spearman의 상관분석 수행
  - 명목형 간의 Phi 및 Cramer의 V 분석 수행

6.1 연속형 변수의 상관분석

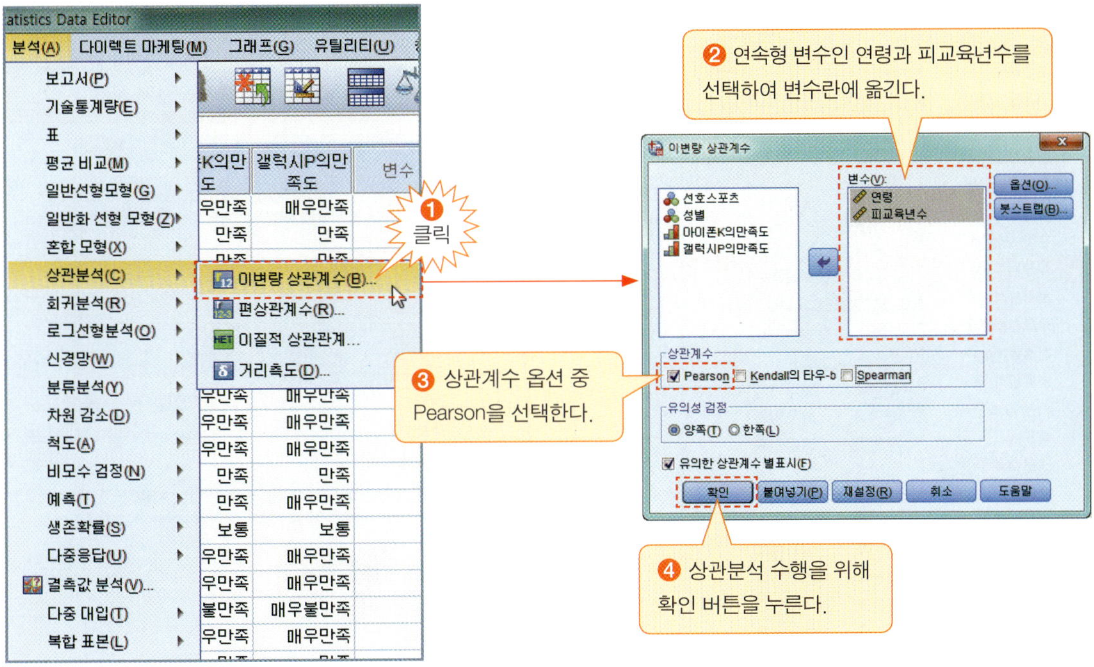

결과

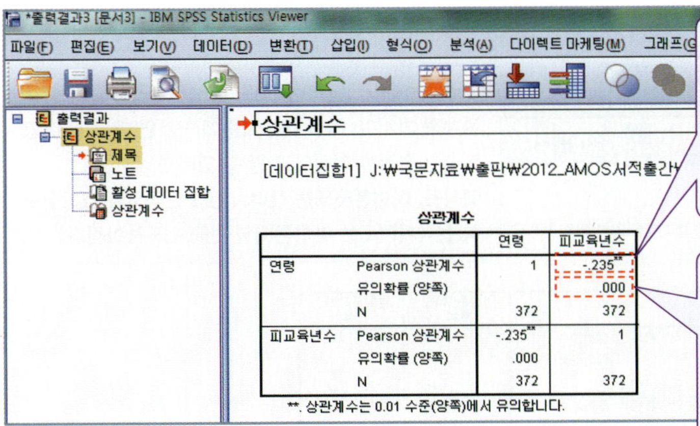

상관계수

		연령	피교육년수
연령	Pearson 상관계수	1	-.235**
	유의확률 (양쪽)		.000
	N	372	372
피교육년수	Pearson 상관계수	-.235**	1
	유의확률 (양쪽)	.000	
	N	372	372

**. 상관계수는 0.01 수준(양쪽)에서 유의합니다.

Pearson의 상관계수가 -0.235이므로 음의 상관관계를 가지며, Cohen의 기준에 따르면, 중간 정도의 상관관계를 가진다고 할 수 있다. **해석은, 연령이 높아질수록 피교육년수는 낮아지는 경향이었다.**

H_0: 상관계수(ρ)=0

H_1: 상관계수(ρ)≠0에서 유의확률 5%에서 p-value가 0.000이고, 이것은 0.05보다 작으므로 H_1을 선택한다. 즉, 통계적인 검정 결과 상관계수는 의미가 있다고 할 수 있다.

상관분석에서 유의확률(p-value)은 참고할 만은 하지만 절대적인 신뢰를 주어서는 안 된다. 표본(N)의 수가 증가하면 유의확률값(p-value)이 낮아지는 경향이 있고, H_1(대립가설)을 선택할 가능성이 높아진다.

따라서 Cohen의 해석과 같은 별도의 해석 기준도 항상 참고해야 한다.

6.2 순서형 변수의 상관분석

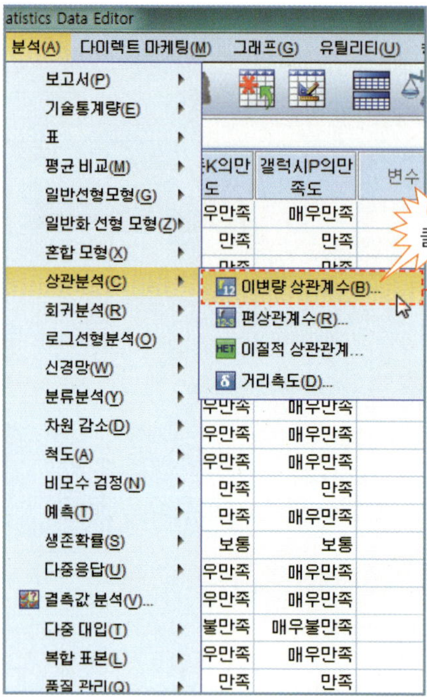

❶ 클릭

❷ 순서형 변수인 아이폰K의만족도와 갤럭시P의만족도를 선택하여 변수란에 옮긴다.

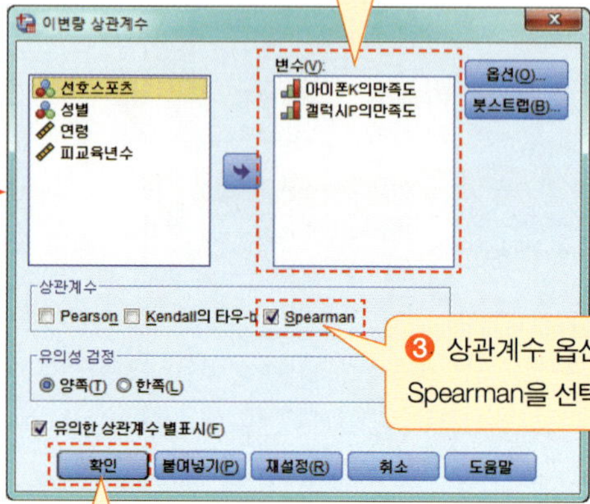

❸ 상관계수 옵션 중 Spearman을 선택한다.

❹ 상관분석 수행을 위해 확인 버튼을 누른다.

결과

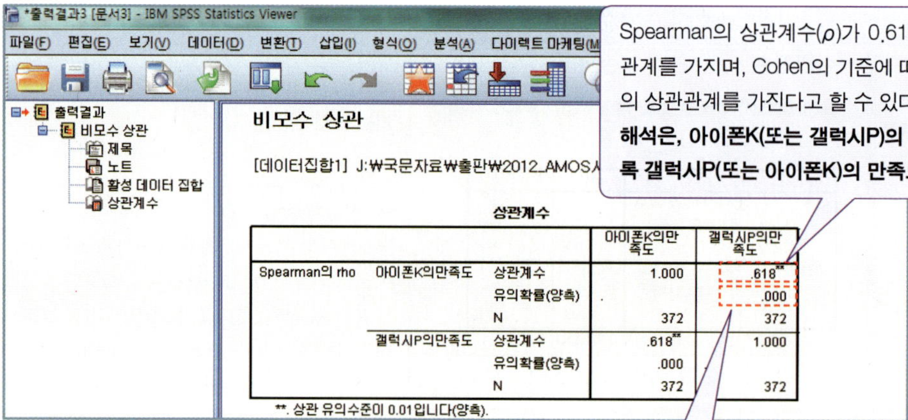

			아이폰K의만족도	갤럭시P의만족도
Spearman의 rho	아이폰K의만족도	상관계수	1.000	.618**
		유의확률(양측)	.	.000
		N	372	372
	갤럭시P의만족도	상관계수	.618**	1.000
		유의확률(양측)	.000	.
		N	372	372

**. 상관 유의수준이 0.01입니다(양측).

Spearman의 상관계수(ρ)가 0.618이므로 양의 상관관계를 가지며, Cohen의 기준에 따르면 매우 강한 양의 상관관계를 가진다고 할 수 있다.
해석은, 아이폰K(또는 갤럭시P)의 만족도가 높아질수록 갤럭시P(또는 아이폰K)의 만족도도 높아진다.

H_0: 상관계수(ρ) = 0
H_1: 상관계수(ρ) ≠ 0에서 유의확률 5%에서 p-value가 0.000이고, 이것은 0.05보다 작으므로 H_1 선택. 즉, 통계적인 검정 결과 상관계수는 의미가 있다고 할 수 있다.(아이폰K와 갤럭시P의 만족도는 유의한 양의 상관관계가 있다.)

Spearman의 상관계수(ρ)는 앞의 연속형의 Pearson의 상관계수와 동일하게 해석한다.

6.3 명목형 변수의 상관분석

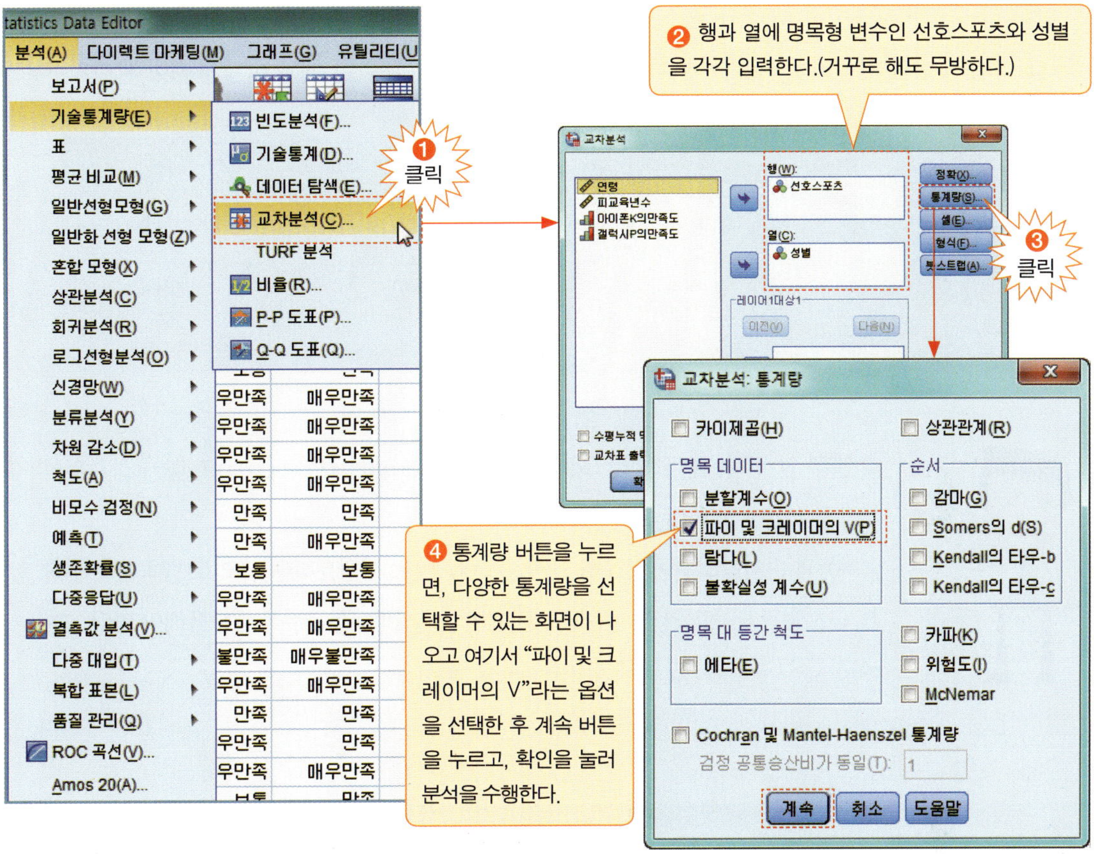

결과

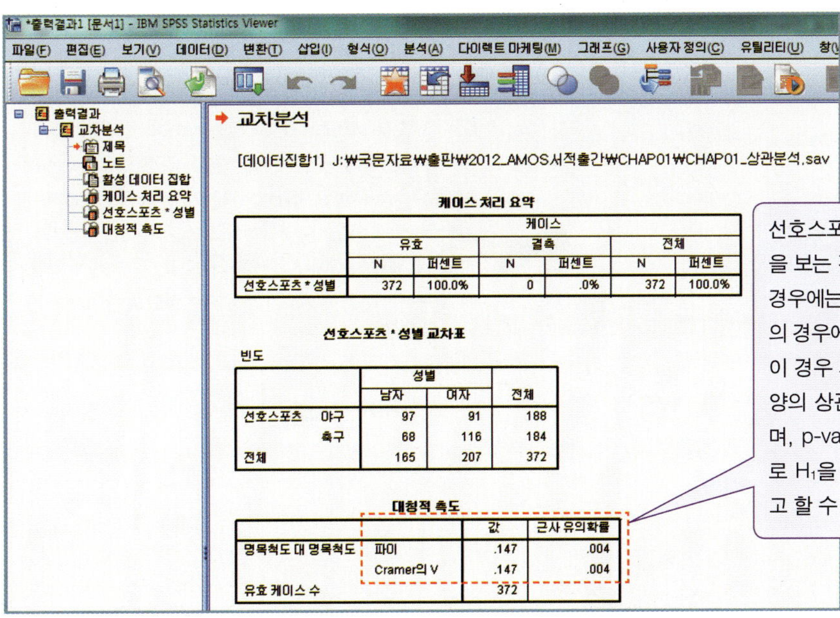

교차분석

[데이터집합1] J:₩국문자료₩출판₩2012_AMOS서적출간₩CHAP01₩CHAP01_상관분석.sav

케이스 처리 요약

	케이스					
	유효		결측		전체	
	N	퍼센트	N	퍼센트	N	퍼센트
선호스포츠 * 성별	372	100.0%	0	.0%	372	100.0%

선호스포츠 * 성별 교차표

빈도

		성별		전체
		남자	여자	
선호스포츠	야구	97	91	188
	축구	68	116	184
전체		165	207	372

대칭적 측도

		값	근사 유의확률
명목척도 대 명목척도	파이	.147	.004
	Cramer의 V	.147	.004
유효 케이스 수		372	

선호스포츠와 성별과의 상관계수값을 보는 것은 본 예제와 같이 2×2인 경우에는 파이(Phi)값을, 그리고 그 외의 경우에는 Cramer의 V값을 본다. 이 경우 파이값이 0.147이므로 약한 양의 상관관계가 있다고 할 수 있으며, p-value 역시 $0.004 < 0.05$이므로 H_1을 선택하여, 상관관계가 있다고 할 수 있다.

7 이종(異種) 유형 간의 상관분석

만약 상관관계를 파악할 때 명목형과 순서형, 연속형과 순서형, 순서형과 명목형, 그리고 연속형과 명목형 등 서로 다른 데이터 유형 간의 상관분석을 할 때는 어떻게 해야 할까?

데이터 유형	명목형	순서형	연속형
명목형	**Phi, Cramer's V**	Polycholic	Polyserial
순서형	Polycholic	**Spearman**	Polyserial
연속형	Polyserial	Polyserial	**Pearson**

이 경우 앞서 학습한 Phi 및 Cramer의 V, Spearman, Pearson 등과 다른 상관분석 기법을 사용해야 한다.

명목형과 순서형의 상관분석을 할 때는 Polycholic 상관분석을, 그리고 명목형과 연속형, 순서형과 연속형의 상관분석을 할 때는 Polyserial 상관분석을 수행해야 한다.

→ SPSS Statistics를 이용하여 실습하여 보자.

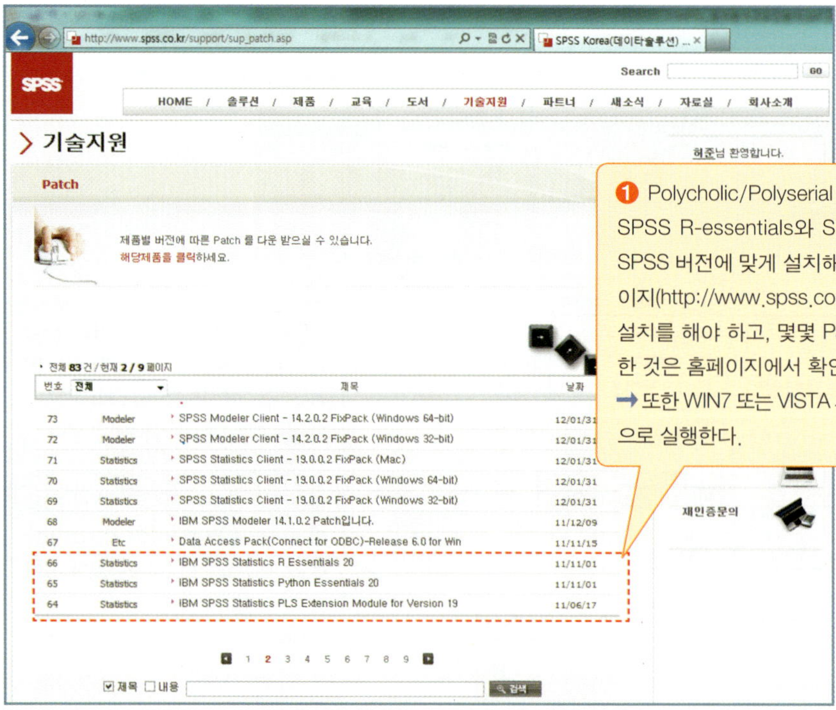

❶ Polycholic/Polyserial 상관분석을 하기 위해서는 SPSS R-essentials와 SPSS Python Essentials을 SPSS 버전에 맞게 설치해야 한다. SPSS Korea 홈페이지(http://www.spss.co.kr)에 와서 Down-load하여 설치를 해야 하고, 몇몇 Patch도 설치해야 한다.(자세한 것은 홈페이지에서 확인한다.)

→ 또한 WIN7 또는 VISTA 사용자는 반드시 관리자 권한으로 실행한다.

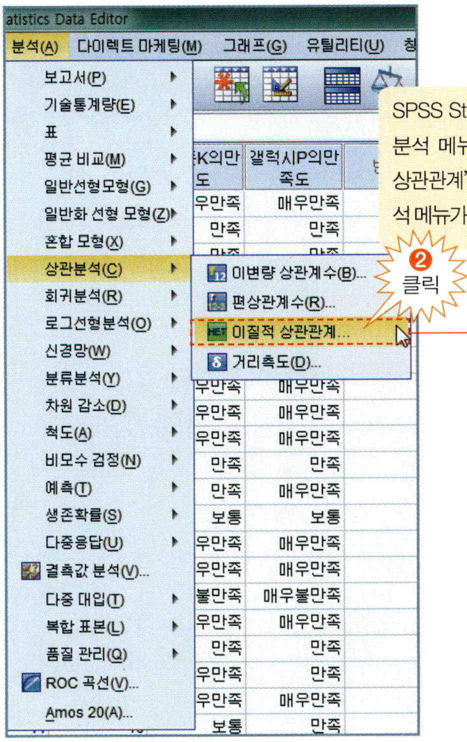

SPSS Statistics 상관분석 메뉴에 "이질적 상관관계"라는 추가분석 메뉴가 생성된다.

❸ 연속형, 명목형, 순서형 3가지 유형의 데이터를 아래와 같이 선택한다.

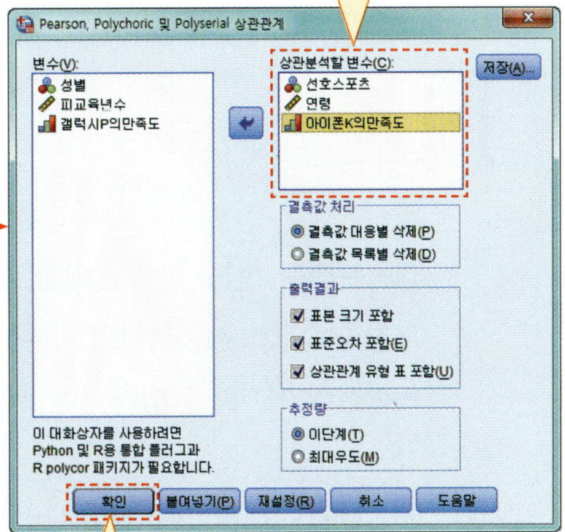

❹ 모든 설정이 완료되면 확인 버튼을 눌러 실행한다.

결과

이질적 상관관계

[데이터집합2] J:₩국문자료₩출판₩2012_AMOS

상관관계

Pearson, Polyserial 및 Polychoric 상관관계

변수	통계량	선호스포츠	연령	아이폰K의만족도
선호스포츠	상관관계	1.000	-.114	.066
	표준 오차	.000	.064	.072
	N	372.000	372.000	372.000
연령	상관관계	-.114	1.000	.082
	표준 오차	.064	.000	.058
	N	372.000	372.000	372.000
아이폰K의만족도	상관관계	.066	.082	1.000
	표준 오차	.072	.058	.000
	N	372.000	372.000	372.000

R Hetcor 패키지에 의해 계산된 상관관계

명목형인 선호스포츠와 연속형인 연령과의 상관계수는 -0.114로 나타났다.(다른 상관계수와 동일하게 해석 ➞ 약한 음의상관)

명목형인 선호스포츠와 순서형인 아이폰K 만족도와의 상관계수는 0.066로 나타났다.(다른 상관계수와 동일하게 해석 ➞ 거의 무상관)

연속형인 연령과 순서형인 아이폰K 만족도와의 상관계수는 0.082로 나타났다.(다른 상관계수와 동일하게 해석 ➞ 거의 무상관)

상관관계 유형

상관관계 유형

변수	선호스포츠	연령	아이폰K의만족도
선호스포츠		Polyserial	Polychoric
연령	Polyserial		Polyserial
아이폰K의만족도	Polychoric	Polyserial	

상관관계의 유형을 보여주고 있다. 연속형과 범주형과의 관계는 Polyserial, 그리고 범주형 중 명목형과 순서형의 상관은 Polychoric이라는 것을 보여준다.

1 상관분석은 2변수 상호 간의 연관성을 파악하는 주요/기초적인 통계적 방법이다. 또한 연속형의 상관분석의 기본적인 가정은 선형성, (오차의) 등분산성, (오차의) 정규성, 독립성이라고 할 수 있다.

2 상관분석은 데이터의 유형에 따라 다양한 방법을 사용한다. 명목형 데이터는 Phi 및 Cramer의 V 방법, 순서형은 Spearman 방법 그리고 가장 자주 사용되고 보편적인 Pearson 방법이 있다.

3 상관분석을 통한 상관계수는 표본 수(n)가 많으면 통계적 유의성이 높아지는 경향 등이 있어서, 절대적 기준의 Cohen의 가이드 등을 통해서 해석을 하기도 한다.

03 회귀분석(Regression)

회귀분석의 정의

조사 및 관찰된 연속형의 변수들에 대하여, 독립변수(설명변수)와 종속변수(반응변수, 목적변수) 사이의 인과관계를 선형적 모형식으로 만드는 분석을 의미한다.

1개의 종속변수와 1개의 독립변수로 구성된 회귀분석을 단순회귀분석, 1개의 종속변수와 2개 이상의 독립변수로 구성된 회귀분석을 다중회귀분석이라고 한다.

회귀분석을 수행하는 목적

회귀분석의 목적을 세분화하면 여러 가지가 있을 수 있겠지만, 가장 큰 목적 2가지는 바로 인과관계의 파악과 예측이라고 할 수 있다.
그 중에서도 종속변수와 독립변수 사이의 인과관계를 파악하여, 독립변수들이 종속변수에 미치는 영향력을 파악하는 것이 가장 중요한 목적이 될 것이다.
따라서 회귀분석은 가장 대표적인 인과관계 분석 기법이라고 할 수 있다. 또한, 인과관계가 선형식으로 표현된 경우, 이를 이용한 예측이 가능하게 된다.
(향후 구조방정식모형과 목적에서 연결성이 강하다.)

1 회귀분석(Regression)의 역사

Sir. Francis Galton
(1822~1911, Wikipedia)

영국의 우생학자이며 유전학자인 Francis Galton(진화론자인 C. R. Darwin의 사촌)은 부모와 자녀의 키의 연관성을 연구하면서, 부모의 키는 자녀와 연관성이 있는데, 특히 선형적 관계를 가진다는 것을 파악하였다. 또한 전체적으로 자녀의 키들은 키가 커지거나 작아지는 것이 아니라 전체 평균으로 돌아가려는(Regress) 경향이 있다는 가설을 세워 연구하고자 하였는데, 그때 여기서 이 연구 방법을 회귀분석이라고 이름한 데서 회귀분석이 유래하였다.

Karl Pearson
(1857~1936, Wikipedia)

이 연구 후에 Francis Galton에게 영향을 받았던 영국의 수학자(통계학자) Karl Pearson이, 아들과 아버지의 키의 관계를 조사한 결과를 바탕으로 선형 함수관계를 도출해서 수학적인 회귀분석의 정리를 완료하였다.

※ 출처: Wikipedia

2 단순회귀분석

단순회귀분석

1개의 연속형 종속변수와 1개의 연속형 독립변수로 이루어진 데이터에서 인과관계(이를 통한 예측까지 포함)를 선형으로 적합하는 분석을 말한다.

가장 기본적인 회귀분석이며, 상당 부분 상관분석과 유사한 부분이 많다.

단순회귀모형

y를 종속변수, x를 독립변수라고 할 때 α는 선형식의 절편(또는 상수항)이라고 할 수 있으며 변하지 않는다. β는 회귀계수라고 하고, 보통 1차식에서는 기울기(변화량)라고 표현하기도 한다. ε는 독립변수 x가 종속변수 y를 설명하지 못하는 나머지, 즉 오차 또는 잔차라고 할 수 있다. (단, i는 회귀분석을 위한 케이스라고 할 수 있다.)

$$y_i = \alpha + \beta x_i + \varepsilon_i$$

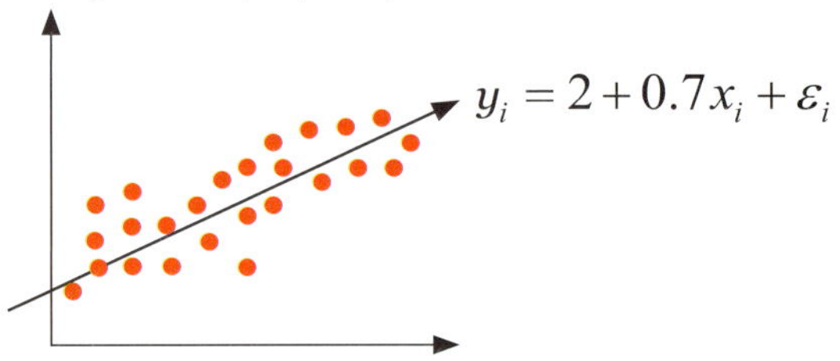

※ 종속변수를 반응변수, 목적변수라고도 하며, 독립변수를 설명변수라는 표현도 자주 사용한다.

3 단순회귀분석의 원리

회귀분석의 원리

x와 y축으로 이루어진(다중회귀분석이면 축이 더 많이 확장됨) 2차원 좌표가 아래와 같이 있다고 하자.

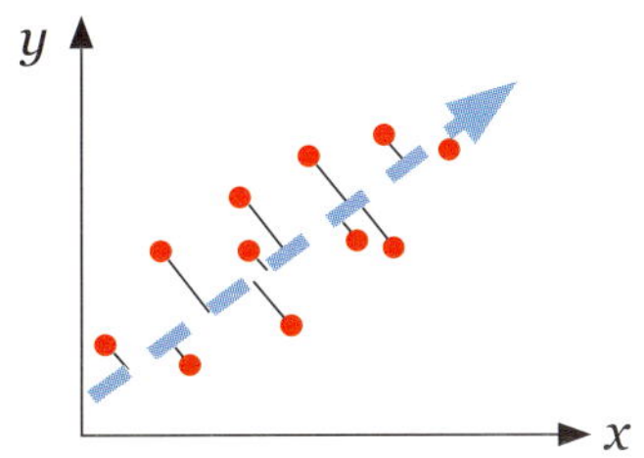

위의 그림에서 점들 사이를 관통할 수 있는 직선은 셀 수 없이 많을 수 있다. 이들 셀 수 없는 수많은 직선들이 있을 때 점들과 이들 직선과의 거리를 잔차(Residual)라고 할 때, 이들 잔차가 최소가 되게 하는 1개 직선을 찾는 것이 바로 회귀분석의 원리이다.

어떻게 잔차가 최소가 되는 1개의 직선을 찾을 수 있을까?

가장 간단한 방법으로 각 점(관측값)으로부터 1개의 직선(회귀선)과의 거리(즉, 잔차)의 합이 0이 되도록 하는 방법이 있을 수 있다. 그러나 이 경우 0 값으로 상쇄될 수 있도록 하는 것이 매우 복잡하고, 상당한 계산이 필요할 수 있다.

두 번째 방법은 거리인 잔차의 절대값의 합을 내어, 그 값이 최소가 되게 하는 방법이나 거리인 잔차를 제곱하여 그 값이 최소가 되게 하는 방법이다. 여기서, 잔차의 제곱을 합하여 최소가 되게 하는 방법을 최소제곱법(Least Square Method)이라 하고, 이것이 현재 가장 정설적인 방법으로 SPSS 등 대다수의 통계분석 패키지에서 채택을 하고 있다. 최소제곱법은 0으로 상쇄시킬 필요가 없어 간단히 계산되고, 2개 이상의 회귀선이 채택될 수 있는 문제도 해결하고, 절대값으로 하는 것보다 수학적으로 다루기 편리한 부분이 있다.

※ 참조: 시각화 통계분석의 원리, 원태연, SPSS ACADEMY, 2000.

4 단순회귀분석에서의 잔차

잔차(오차)

일반적으로 오차(error)는 모집단 회귀모형에서 독립변수 x로 종속변수 y를 설명할 수 없는 부분을 의미한다. 잔차(residual)는 표본집단의 회귀모형에서 오차항을 의미한다. 정확하게 잔차라는 것은 오차항을 추정한 값이라고 할 수 있다.(분석을 하는 입장에서는 궁극적으로 동일한 의미로 생각해도 좋다.)

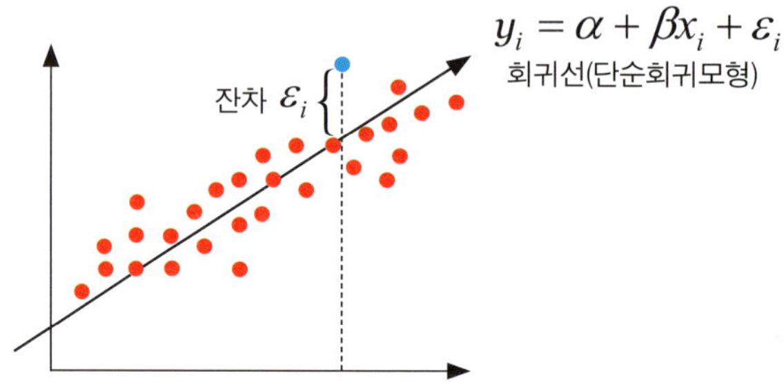

회귀분석에서는 일반적으로 이 오차(잔차)는 분석자가 어떻게 할 수 없는 부분이다.(구조방정식모형은 좀 다르다.) 그러나 이 오차항 자체가 특정한 가정을 따라야 지만 회귀분석 자체를 신뢰하고 믿을 수가 있기 때문에 중요하다. 이는 앞서 수행한 상관분석과도 동일한 의미라고 할 수 있다.

잔차(오차)의 가정

1) 등분산성: 오차항은 모든 독립변수의 값에 대해서 동일한 분산을 가진다.

2) 독립성: 모든 오차항들은 서로 간에 독립이다.(서로 영향을 주지 않는다.)

3) 정규성: 모든 오차항들은 정규분포 $N(0, \sigma^2)$를 따른다.

4) 선형성: 오차항은 선형성을 따른다.

5) 오차항의 평균값(기대값)은 0이다.

6) 오차항은 확률변수(Random Variable)이다.

참고 기본적인 원천 데이터(Raw Data)의 가정

※ 오차의 가정 이외에 회귀분석을 수행하는 원천 데이터(Raw Data) 또한, 기본 가정을 가지고 있다.

1) 데이터의 독립변수들이 기본적으로 상호간 독립이어야 한다.
2) 종속변수를 비롯한 데이터들이 연속형의 정규분포를 따라야 한다.
3) 데이터들의 기본적인 분산이 등분산이어야 한다.

통계적으로 위의 가정을 만족한 상태의 데이터를 이용한 경우에만 회귀모형이 신뢰성이 있다고 할 수 있다. 그러나 잔차(오차)의 가정은 판별 및 확인해볼 수 있는 방법들이 있는 반면 Data의 가정은 그렇지 못하다.

→ 따라서 회귀분석을 수행하기 전에 이들 잔차(오차)의 가정을 꼭 확인해야 한다.

5 단순회귀분석 프로세스

모형설정 (종속변수/독립 변수 설정 등) → 잔차의 가정 확인을 통한 회귀 모형의 적합성 확인(검정) → 이상치로 인한 문제점 발생 여부 확인 → 회귀분석 결과 해석 및 재수행

모형설정 (종속변수/독립 변수 설정 등)
- 분석자의 주제 설정 (가설설정)
- 종속변수와 독립변수의 설정 및 자료수집
- 코딩 작업
- 선행논문, 자료 등

잔차의 가정 확인을 통한 회귀 모형의 적합성 확인(검정)
- 잔차의 등분산성 검증
- 잔차의 정규성 검증
- 잔차의 독립성 검증
- 잔차의 선형성 검증

이상치로 인한 문제점 발생 여부 확인
- 이상치 검증
- 이상치로 인한 문제점 발생 시 이상치 제거 또는 여러 방법을 통해 처리 후 재수행

회귀분석 결과 해석 및 재수행
- 회귀 결정계수를 통한 모형의 설명력 파악
- 회귀계수의 유의성 검정
- 최종 회귀식의 선정 및 영향력 등의 해석

5.1 단순회귀분석 프로세스–모형설정

- **1단계**: 연구자의 경우 단순회귀모형이 사용되는 주제를 설정한다.

  - 회귀분석은 주로 인과관계를 파악하는 것을 주제로 설정한다.

  ex1) 교육시간이 직원의 업무 능력에 영향을 미치는가?

  ex2) 식사 시 반찬의 수가 아이들의 두뇌 발달에 영향을 미치는가?

- **2단계**: 주제가 설정되면 단순회귀분석을 위해서 종속변수와 독립변수를 선정하고 가설을 세운다.

  ex1) 종속변수: 업무능력점수, 독립변수: 교육시간

  H_0: 교육시간이 업무능력점수에 영향을 주지 않는다.

  H_1: not H_0

  방법: 회귀분석을 통해서 독립변수 교육시간의 회귀계수가 유의수준 5% 내에서 유의하다면, H_1(대립가설) 채택

  ex2) 종속변수: 지능지수(IQ), 독립변수: 하루 동안의 3끼 식사 평균 반찬의 수

  H_0: 반찬의 수가 지능지수(IQ)에 영향을 주지 않는다.

  H_1: not H_0

  방법: 회귀분석을 통해서 독립변수 반찬의 수 회귀계수가 유의수준 5% 내에서 유의하다면, H_1(대립가설) 채택

- **3단계**: 각종 설문지 조사 등을 통한 데이터의 수집, 통계 패키지 활용을 위한 코딩(Coding) 작업을 수행한다.

- **4단계**: 관련된 사전연구나 선행연구 등을 참조한다.(제일 먼저 고려할 수도 있는 부분이다.)

5.2 단순회귀분석 프로세스─잔차의 가정 확인

(잔차의) 등분산성

잔차의 등분산성은 표준화 예측값과 표준화 잔차의 산점도를 통해서 확인할 수 있다.

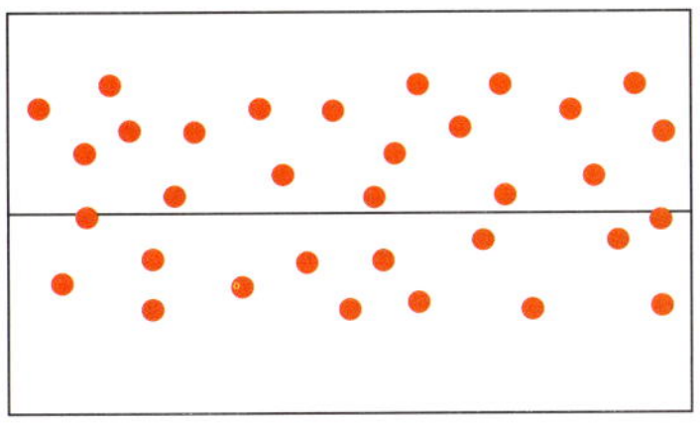

이상적인 잔차의 모습(등분산)

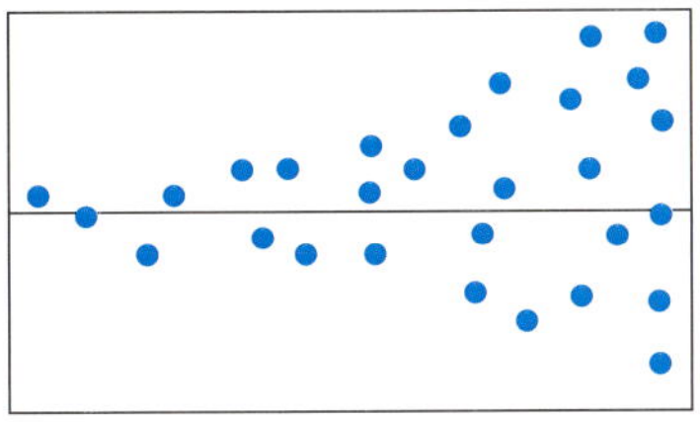

이분산

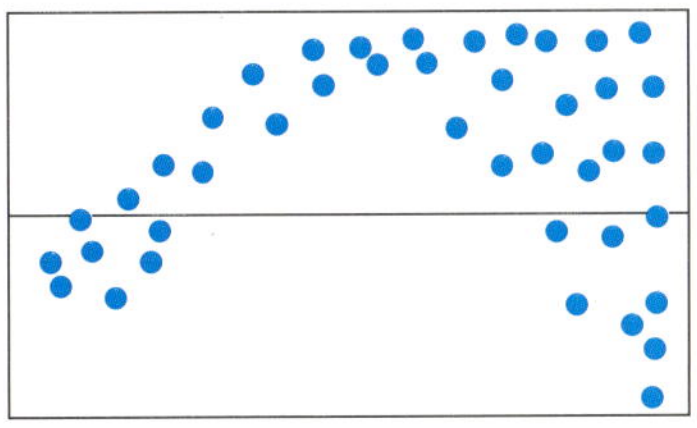

비선형적인 이분산이 있음

잔차도표 방법 이외에 "**Breusch-Pagan 검정**"이라는 것을 이용하여 이분산성을 검정할 수 있다.

(잔차의) 정규성

p-p 도표를 통해서 확인할 수 있다.

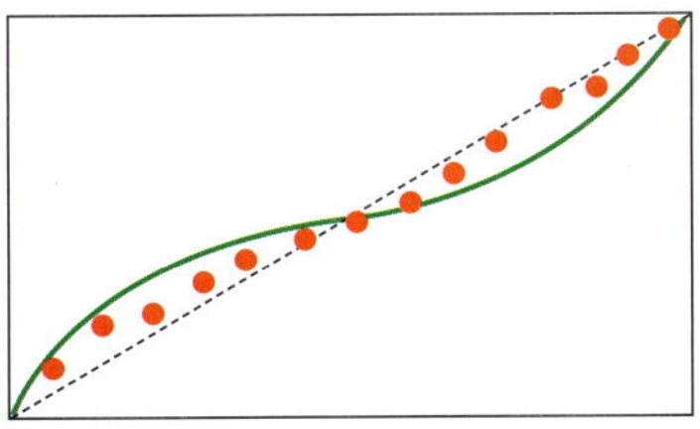

정규분포(S자가 대각선에 붙어 직선이 될수록 정확한 정규분포)

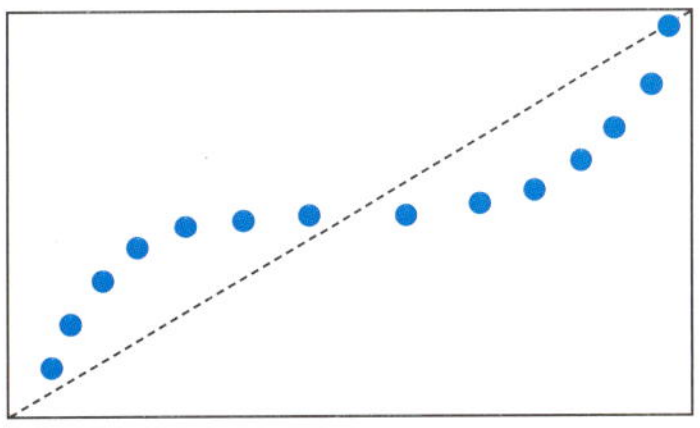

균일분포

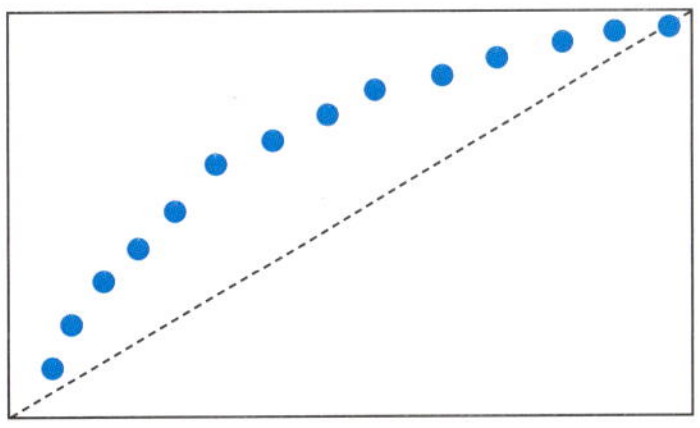

(F분포 같은) 우편향분포

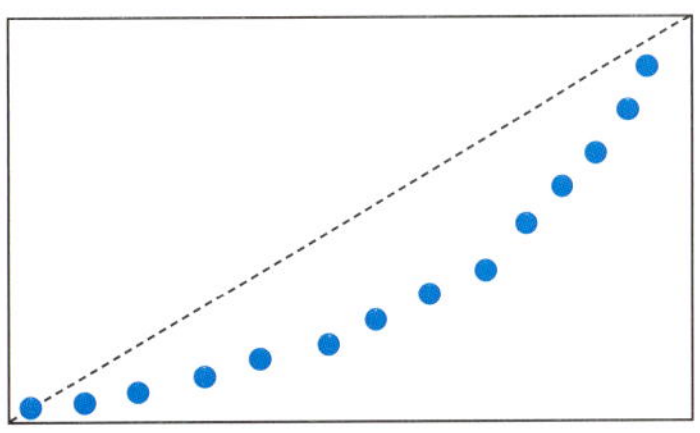

좌편향분포

※ 참조: 시각화 통계분석의 원리, 원태연, SPSS ACADEMY, 2000.

(잔차의) 독립성

- 잔차의 독립성은 D-W(Durbin-Watson) 통계량 검정을 통해서 확인할 수 있다.

- **D-W(Durbin-Watson) 통계량**: 잔차가 독립성을 가진다는 것은 자기상관(auto-correlation)이 없다는 것을 의미한다. 자기상관이 있는 경우는 같은 변수 내에서 앞(또는 뒤) 시점의 데이터가 뒤(또는 앞) 시점의 데이터에 영향을 주는 것으로, 이렇게 자기상관이 있는 경우에는 회귀분석이 아니라 보통 시계열(time-series)분석을 이용하거나 회귀치료를 통해서 보정을 해야 한다.
  → 즉, 자기상관이 있다는 것은 회귀분석을 이용할 수 없고, 독립성이 깨진다는 것을 의미한다.

- D-W 통계량은 0~4까지의 값을 가진다.

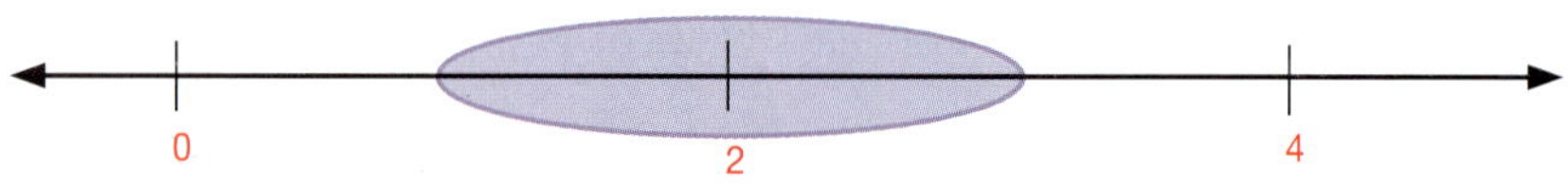

- D-W 통계량의 경우 가운데 2값을 가지면 완전한 독립이고, 대략 1~3 사이의 값을 가지면 독립이라고 판정을 한다. 그러나 D-W 통계량값이 0(양의 자기상관)이나 4(음의 자기상관)에 가까우면 자기상관이 있다고 판정을 한다.

(잔차의) 선형성

- 잔차의 선형성 또한 예측값과 표준화 잔차의 산점도를 통해서 확인할 수 있다.

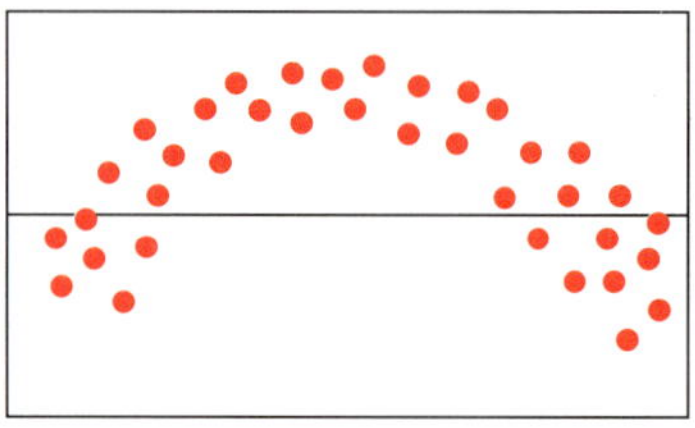

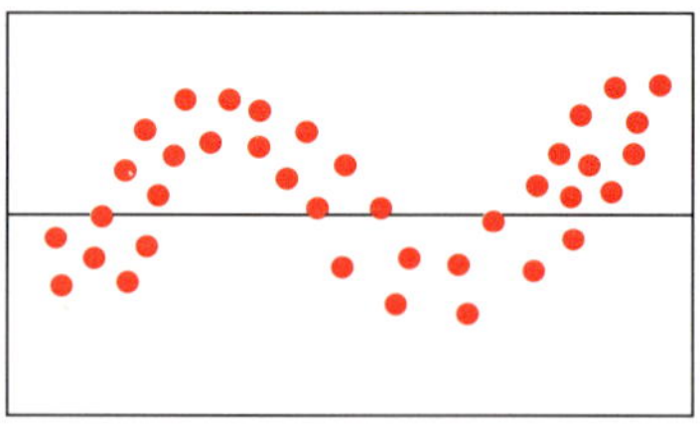

잔차도표의 모습이 위와 같이 되어져 있다면, 이는 비선형(2차식 이상)일 가능성이 높다.

→ **이 경우에는 곡선추정 방법이나 비선형회귀분석을 이용해야 한다.**

※ 참조: 시각화 통계분석의 원리, 원태연, SPSS ACADEMY, 2000.

5.3 단순회귀분석 프로세스–이상치의 확인

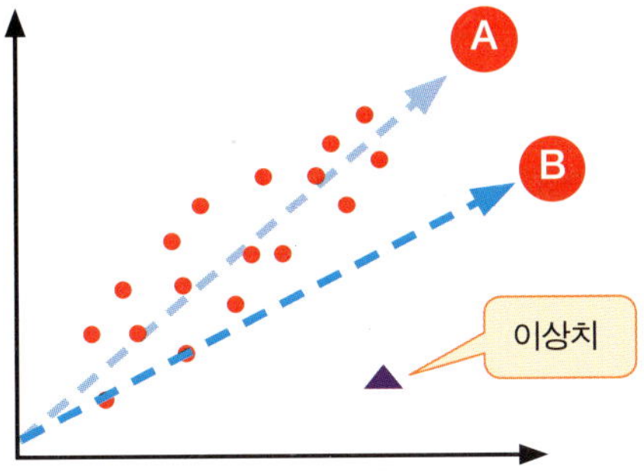

- 이상치(outlier)는 일반적인 패턴을 벗어나서 비상식적이거나 또는 각종 오류 등으로 발생하는 관측값을 의미한다.
- (단순)회귀분석은 이런 이상치에 매우 민감할 수 있다. 좌측 그림에서 보면 원래 패턴은 회귀선이 A와 같은 형태로 나오는 것이 바람직하지만, 실제로는 이상치로 인하여 회귀선이 A가 아닌 B처럼 나오게 된다.
- 단순 최소제곱의 의미에는 부합하지만, 제대로 실제 상황을 반영하지 못하는 잘못된 회귀식이라고 할 수 있다.

따라서 회귀분석에 있어서 이상치는 반드시 제거 또는 수정이 되어야 한다!

이상치 파악 방법

회귀분석 내에서 이상치를 파악하는 방법은

1) 표준화된 잔차값이 +3을 넘거나 또는 -3보다 작을 때
2) 표준화된 Difference from fit values(적합값과의 거리) 값이 +2를 넘거나 -2보다 작을 때
3) Cook의 거리(Cook's Distance)가 +1을 넘거나 -1보다 작을 때 이상치로 의심 또는 판정을 한다.

Cook의 거리

특정 Case를 제외 시 전체 잔차가 어느 정도 변경될 수 있는지를 알려주는 거리 척도.
작을수록 잔차의 변동이 적고, 클수록 잔차의 변동이 커진다.

잠깐 회귀분석의 검정/확인 과정 중 문제가 생기면?

(단순)회귀분석을 수행할 때, 오차항의 가정을 위배하거나 이상치 등이 발생하면 어떻게 하지요?

등분산 가정 위배 회귀치료를 해본다. 회귀치료라는 것은 예를 들어, 변수에 제곱근(Root) 또는 로그(log) 등을 취해서 분산을 줄여 잔차의 변동량 등을 변화시키는 것으로 회귀분석의 가정 위배 시 활용되는 기법이다.

독립성 가정 위배 자기상관이 있는 경우이므로, 기본적으로 시계열분석의 자기회귀분석을 이용하는 것이 일반적이다. → 우선적으로 회귀치료의 여러 방법을 적용해 보기도 한다.

정규성 가정 위배 기본적으로 회귀치료를 해보는 것도 좋은 방법이지만, 이 경우 일반화된 선형모형, 더미(Dummy) 회귀 등 단순회귀분석이 아닌 다른 선형모형을 이용하는 것도 좋은 방법이다.

선형성 가정 위배 역시 적절한 회귀치료를 시도해보고, 아닌 경우 비선형회귀분석이나 곡선추정 모형을 적용하여 본다.

이상치 문제 발생 이상치가 발생하는 경우 일단 이상치를 제거하는 것이 가장 쉬운 방법이고, 그것이 여의치 않은 경우 Robust 회귀분석을 수행하는 것도 좋은 방법이다.

물론 위의 방법 이외에 다양한 방법이 있을 수 있으며, 최악의 경우에는 재조사 및 관측을 통해서 다시 데이터를 수집하는 등의 극단적인 결정이 필요할 때도 있다.

5.4 단순회귀분석 프로세스–결과의 해석

결정계수 R^2

데이터의 분산비(Ratio)를 의미하며, 앞서 배운 상관계수를 제곱한 값이다.
무엇보다도 먼저 이 결정계수를 해석하는 것이 중요하다.

일반적으로 회귀분석에서 결정계수는 독립변수가 종속변수를 설명해주는 설명량을 나타내므로, 높은 결정계수값은 좋은 회귀모형임을 나타낸다고 할 수 있다.
결정계수는 $0 \le R^2 \le 1$ 값을 가지며, 일반적으로 결정계수가 0.65~0.7 이상이어야 좋은 회귀모형이라는 의견도 있지만, 절대적인 것은 아니다.(특히 많은 사회과학 분야에서 사용하고 있는 설문지를 통한 5점 Likert 척도를 이용한 회귀분석은 좋은 결정계수를 가지기 어렵다.)

수정된 결정계수 $adj.R^2$

결정계수는 문제점을 가지고 있는데, 단순회귀분석이 아닌 다중회귀분석의 경우에선 독립변수의 수가 증가할수록 결정계수도 높아지는 경향이 있다는 것이다. 이것을 보완한 것이 수정된 결정계수(adjusted coefficient of determination)이다.

$$adj.R^2 = 1-(1-R^2)\frac{n-1}{n-p-1}$$

위의 식에서 R^2은 결정계수, n은 전체 케이스의 수, p는 독립변수의 수를 의미한다.

결정계수와 수정된 결정계수를 비교해보면, 일반적으로 수정된 결정계수가 값이 작은 편이며, 결정계수와 수정된 결정계수값의 차이가 작은 경우 안정된 회귀모형이라고 할 수 있다.

회귀분석을 해석할 때에는 결정계수(또는 수정된 결정계수)를 이용하여, 모형의 설명량을 파악해보는 것을 최우선으로 한다.
→ 설명력이 낮은 경우에는 모형의 수정을 고려해야 한다.

회귀모형의 유의성 검정 ▶

회귀모형으로 구축한 표본 회귀선이 통계적으로 타당한지 않은지를 검정하는 과정이다. 다시 말하면, 독립변수의 변동에 의해서 종속변수가 변동하는지를 검정하는 과정으로 ANOVA(분산분석)를 이용하여 검정을 한다.

H_0: 회귀모형이 타당하지 않다.

H_1: 회귀모형이 타당하다.

→ 본 ANOVA 분석이 H_0를 채택하는 경우 더 이상의 회귀분석을 진행할 수 없다.

회귀분석의 해석 ▶

- 회귀분석의 절편과 회귀계수(기울기)값을 파악하고, 표준화된 회귀계수값도 파악한다.
- 다음 회귀계수 및 절편의 유의성 검정(t-검정)을 통해서 계수의 유의성을 파악한다.
- 회귀계수와 절편을 이용하여 최종 회귀식을 선정한다. 선정된 회귀식을 이용하여 독립변수가 종속변수에 미치는 영향력과 인과관계를 파악한다.
- 회귀식을 이용하여 예측값을 도출한다.

6 SPSS Statistics를 이용한 단순회귀분석의 실습

단순회귀의 실습 데이터

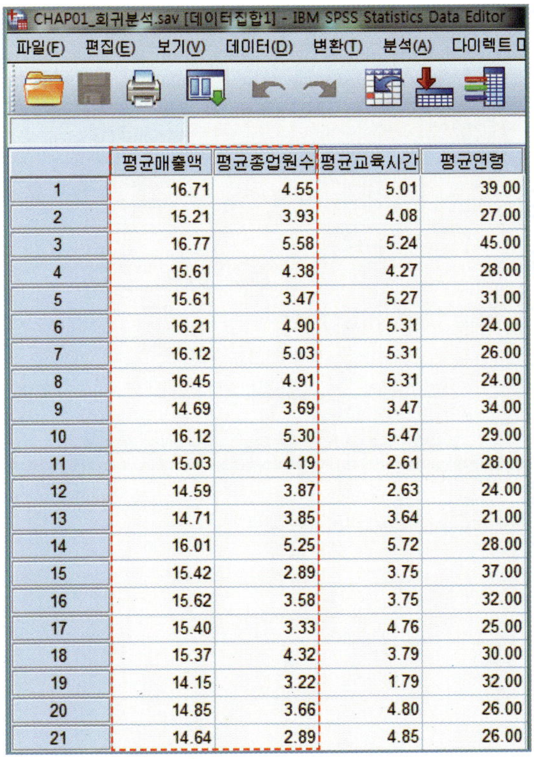

	평균매출액	평균종업원수	평균교육시간	평균연령
1	16.71	4.55	5.01	39.00
2	15.21	3.93	4.08	27.00
3	16.77	5.58	5.24	45.00
4	15.61	4.38	4.27	28.00
5	15.61	3.47	5.27	31.00
6	16.21	4.90	5.31	24.00
7	16.12	5.03	5.31	26.00
8	16.45	4.91	5.31	24.00
9	14.69	3.69	3.47	34.00
10	16.12	5.30	5.47	29.00
11	15.03	4.19	2.61	28.00
12	14.59	3.87	2.63	24.00
13	14.71	3.85	3.64	21.00
14	16.01	5.25	5.72	28.00
15	15.42	2.89	3.75	37.00
16	15.62	3.58	3.75	32.00
17	15.40	3.33	4.76	25.00
18	15.37	4.32	3.79	30.00
19	14.15	3.22	1.79	32.00
20	14.85	3.66	4.80	26.00
21	14.64	2.89	4.85	26.00

※ 실습 파일명: CHAP01_회귀분석.sav

전체 213개의 중소기업의 데이터이다.

- 평균매출액: 종속변수(단위,10억 원)
- 평균종업원수: 독립변수(단위, 백 명)
- 평균교육시간: 독립변수(단위, 개월)
- 평균연령: 독립변수(단위, 년)

- 본 예제는 단순회귀분석을 이용하여, 평균매출액과 평균종업원수의 인과관계를 파악하고자 하는 것이 목적이다.
- 즉, 평균종업원수에 따라서 평균매출액에 영향을 주는지 확인하는 모형이다.(상식적으로는 당연하다.)
- 단순회귀분석을 위해 종속변수는 평균매출액, 독립변수는 평균종업원수를 사용한다.

6.1 단순회귀분석의 실습

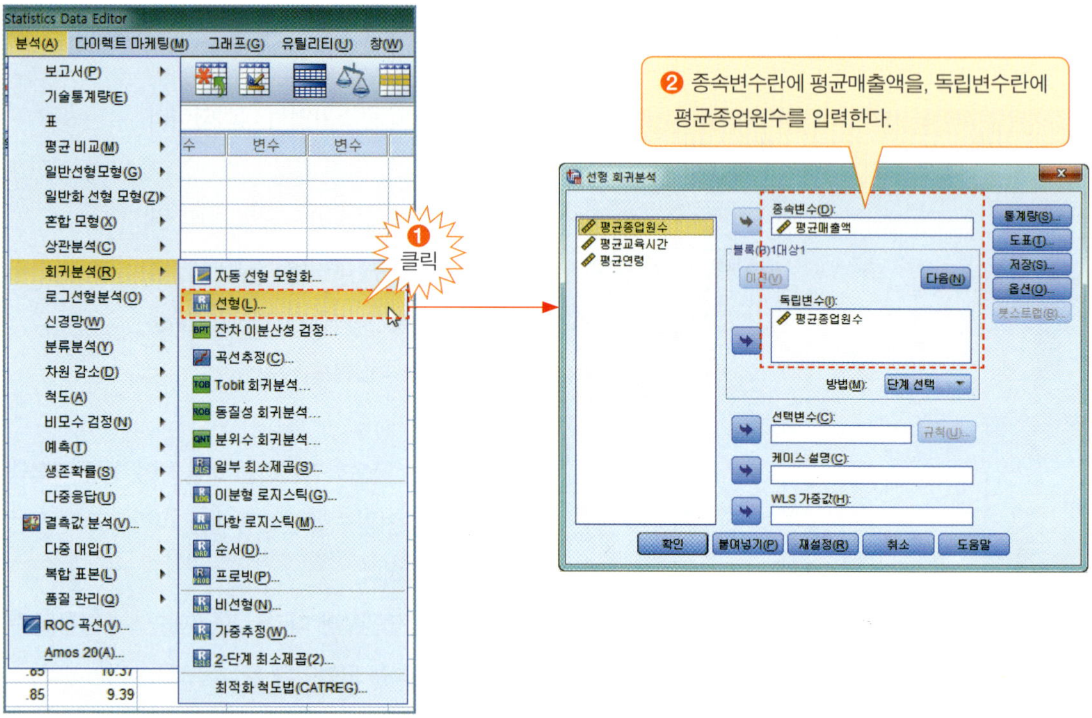

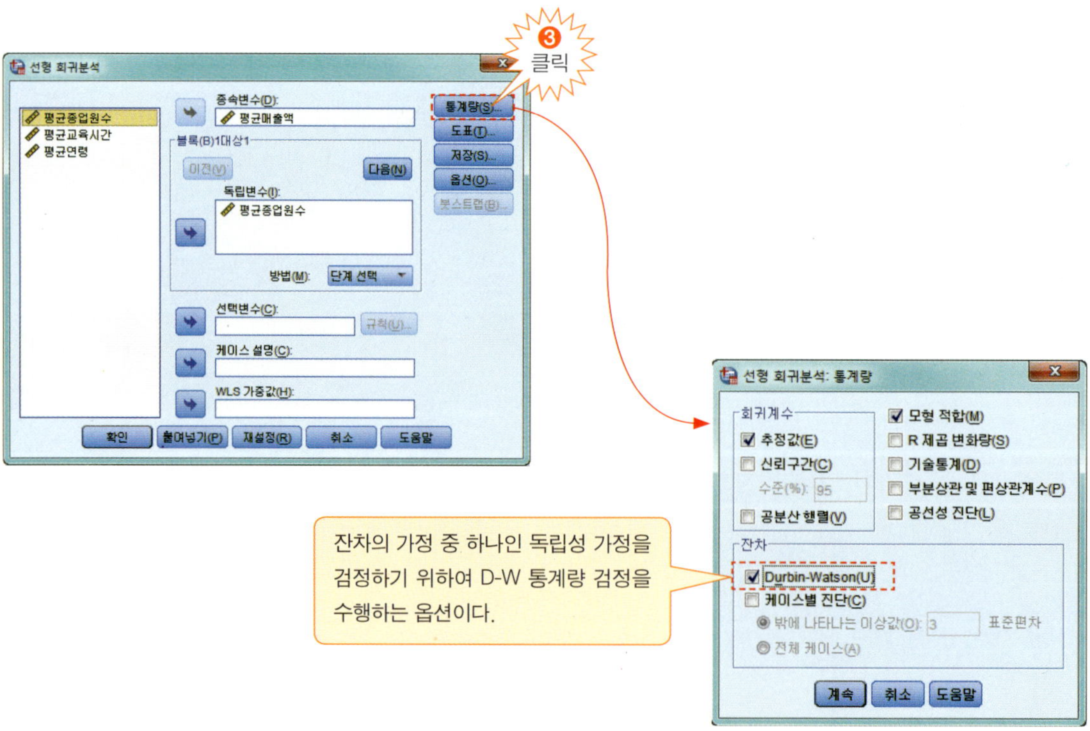

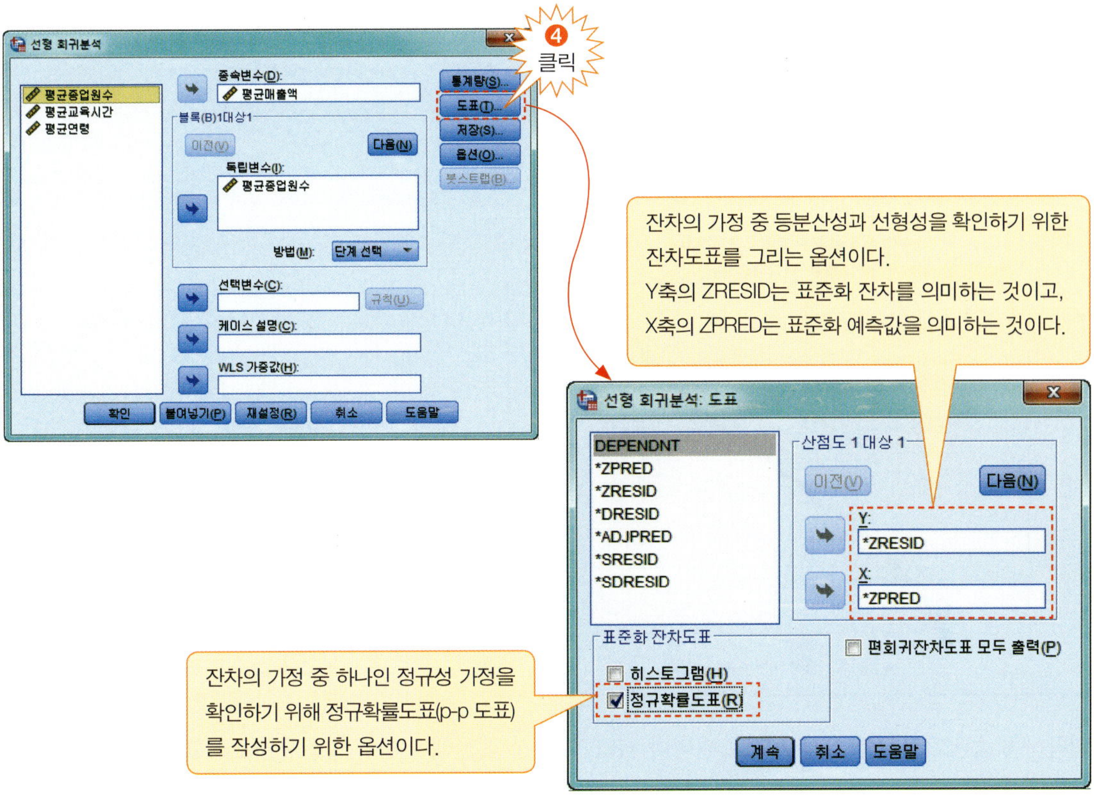
④ 클릭
잔차의 가정 중 등분산성과 선형성을 확인하기 위한 잔차도표를 그리는 옵션이다.
Y축의 ZRESID는 표준화 잔차를 의미하는 것이고, X축의 ZPRED는 표준화 예측값을 의미하는 것이다.
잔차의 가정 중 하나인 정규성 가정을 확인하기 위해 정규확률도표(p-p 도표)를 작성하기 위한 옵션이다.
선형 회귀분석: 도표

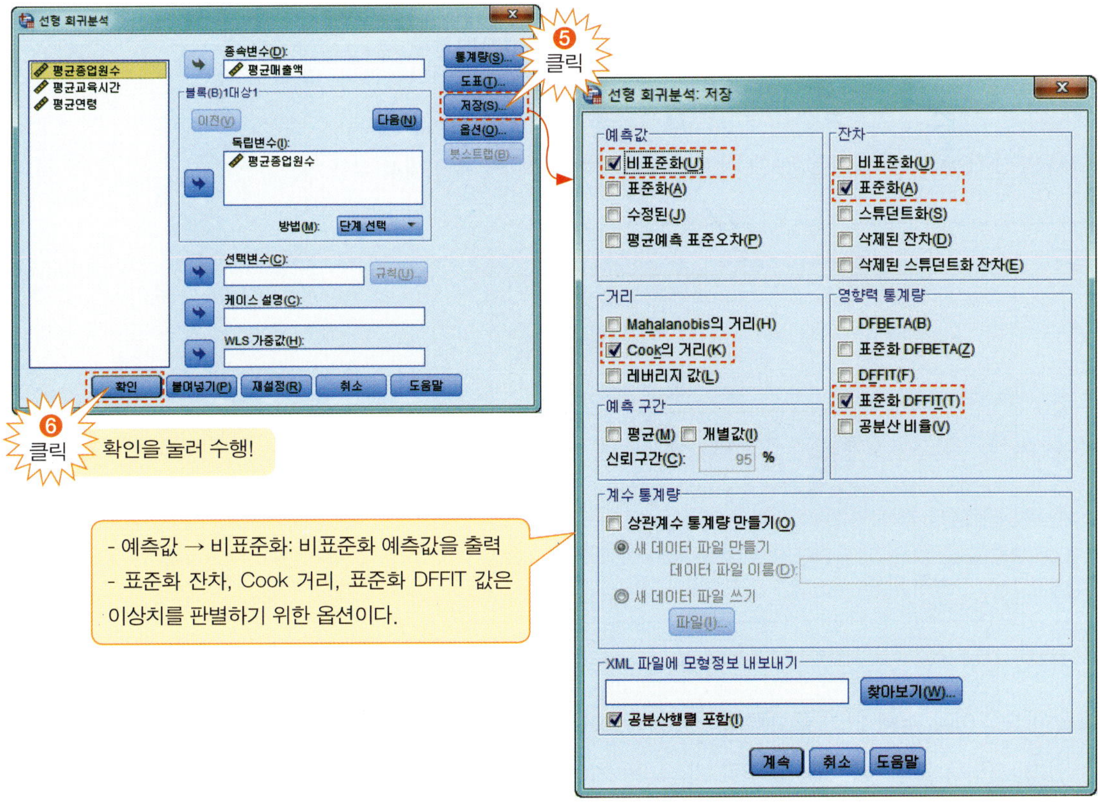
⑤ 클릭
⑥ 클릭
확인을 눌러 수행!
- 예측값 → 비표준화: 비표준화 예측값을 출력
- 표준화 잔차, Cook 거리, 표준화 DFFIT 값은 이상치를 판별하기 위한 옵션이다.
선형 회귀분석: 저장

결과

잔차의 정규성 확인을 위한 정규확률도표(p-p 도표)

(SPSS Statistics 결과 아래쪽에 위치해 있다.)

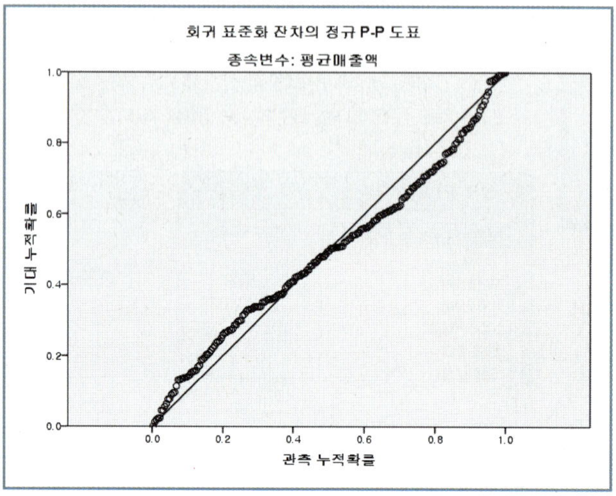

대각선을 중심으로 약한 S자 형태로 나타나 있다. 대각선 직선에 가까워야 정규분포라고 할 수 있으며, 이 경우는 기본적으로 종 모양이지만 약간 높이가 완만한 형태의 정규분포 모양을 가지고 있다고 할 수 있다.

→ 전반적으로 정규분포를 따르고 있다고 해도 무방하다고 판단된다.

잔차의 등분산성과 선형성을 파악하는 잔차도표

(역시 SPSS Statistics 결과물 중 맨 아래쪽에 위치해 있다. → 주의해서 찾을 것)

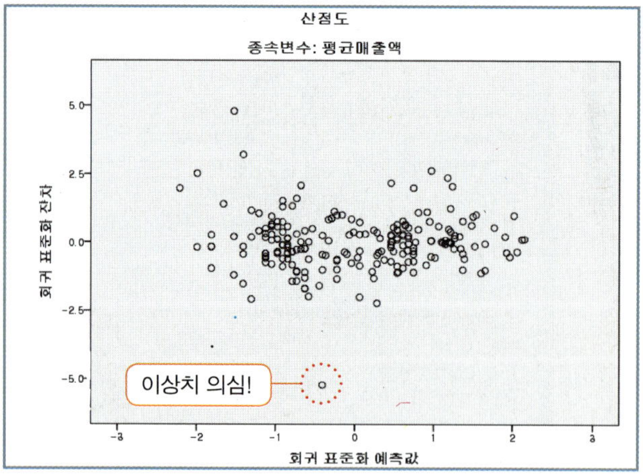

특별한 모양이나 추세 없이 골고루 잘 산포해 있어서, 잔차의 등분산성과 선형성을 가지고 있다고 판단할 수 있다. 그러나 일부 값에서 이상치로 의심되는 케이스(case)가 있다고 할 수 있다.

➡ 회귀 모형

[데이터집합1] J:₩국문자료₩출판₩2012_AMOS서

진입/제거된 변수b

모형	진입된 변수	제거된 변수	방법
1	평균종업원수	.	입력

a. 요청된 모든 변수가 입력되었습니다.
b. 종속변수: 평균매출액

R 제곱이 바로 결정계수이고, 수정된 R 제곱이 수정된 결정계수를 의미한다.(일반적으로 수정된 결정계수가 결정계수보다 값이 작다.)
R 제곱(결정계수)이 0.718이므로, 평균종업원수라는 독립변수는 종속변수 평균매출액을 약 71.8% 설명하는 변수임을 알 수 있다.
→ 상당히 설명력이 높은 회귀모형이라고 할 수 있다.

모형 요약b

모형	R	R 제곱	수정된 R 제곱	추정값의 표준오차	Durbin-Watson
1	.847a	.718	.716	.60383	1.789

a. 예측값: (상수), 평균종업원수
b. 종속변수: 평균매출액

잔차의 독립성을 검정하는 D-W(Durbin-Watson) 통계량이 나타나는 부분이다. 값이 1.789로 2에 가까운 값을 가지므로 자기상관이 거의 없다고 할 수 있어 잔차의 독립성 조건을 만족한다고 할 수 있다.

회귀모형의 유의성을 검정하는 ANOVA(분산분석) 표이다. 가설은
H_0: 회귀모형이 유의하지 않다.
H_1: 회귀모형이 유의하다.
인데, 95% 신뢰수준에서 유의확률값이 0.000으로 0.05보다 작으므로 H_1을 채택하고, 따라서 본 회귀모형은 유의하다고 할 수 있다.(p-value = 0.000 < 0.05)

분산분석b

모형		제곱합	자유도	평균 제곱	F	유의확률
1	회귀 모형	195.583	1	195.583	536.409	.000a
	잔차	76.934	211	.365		
	합계	272.517	212			

a. 예측값: (상수), 평균종업원수
b. 종속변수: 평균매출액

계수a

모형		비표준화 계수		표준화 계수	t	유의확률
		B	표준오차	베타		
1	(상수)	11.709	.154		75.872	.000
	평균종업원수	.949	.041	.847	23.161	.000

a. 종속변수: 평균매출액

비표준화 계수의 (상수)값과 평균종업원수가 바로 회귀식의 상수(절편)항과 회귀계수(기울기)가 된다. 따라서 본 회귀식 모형은

평균매출액(y) = 11.709 + 0.949*평균종업원수(x) + ε_{ij}(오차항)

이라고 할 수 있다.

상수항과 회귀계수에 대한 유의성 검정을 하는 검정통계량(t)과 결과(유의확률)

예를 들어 평균종업원수 회귀계수에 대한 유의성 검정의 가설은
H_0: 회귀계수 = 0
H_1: 회귀계수 ≠ 0
이며, 이때 유의확률값 p-value = 0.000이고, 이는 95% 신뢰수준에서 0.05보다 작으므로 H_1을 채택하고, 회귀계수는 의미가 있는 값이라고 할 수 있다.
상수항도 동일하게 검정 및 해석을 한다.

※ 위 결과를 보면, 본 (단순)회귀분석 모형은 기본적으로 잔차의 가정에 크게 위배되지 않으면서, 매우 설명력이 있는 회귀모형임을 알 수 있고, 거기에 평균종업원수라는 독립변수는 평균매출액에 영향이 있는 변수임을 알 수 있다.

비표준화 예측값 결과를 통해서 보여지는,
회귀식 $y = 11.709 + 0.949x$
를 통해 나온 값이다.
ex) 11.709+0.949*5.67≒17.09

표준화 잔차값

Cook의 거리값

표준화 DFFIT값
(적합값과의 거리)

	평균매출액	평균종업원수	평균교육시간	평균급여액	PRE_1	❶ ZRE_1	❷ COO_1	❸ SDF_1
130	17.69	5.67	2.89	9.84	17.09058	.98723	.01222	.15634
131	14.40	3.00	2.94	9.47	14.55256	-.24719	.00020	-.02007
132	14.81	3.50	2.94	9.76	15.02785	-.36282	.00032	-.02514
133	14.33	3.40	2.97	9.58	14.93739	-.99777	.00248	-.07042
134	14.25	2.77	2.98	9.83	14.34078	-.14740	.00009	-.01332
135	16.21	4.44	2.99	10.02	15.92583	.47626	.00089	.04218
136	16.30	4.85	3.00	9.61	16.31437	-.01765	.00000	-.00192
137	14.08	2.77	3.03	9.60	14.34078	-.43538	.00078	-.03935
138	13.90	2.83	3.03	10.09	14.39832	-.83214	.00267	-.07307
139	11.61	3.22	3.04	9.84	14.76435	-5.22678	.07549	-.41565
140	14.43	2.77	3.04	9.88	14.34078	.15586	.00010	.01408
141	15.89	4.25	3.04	9.89	15.74155	.25404	.00021	.02052
142	15.20	4.38	3.04	9.22	15.86829	-1.10129	.00450	-.09492

위의 저장된 값 ❶, ❷, ❸ 모두 이상치를 판별하기 위한 지표라고 할 수 있다. 위의 결과에서

표준화 잔차값(ZRE_1)은 +3을 넘거나 -3보다 작으면, 이상치로 의심할 수 있고,
Cook의 거리값(COO_1)은 +1을 넘거나 -1보다 작으면, 이상치로 의심할 수 있고,
표준화 DFFIT값(SDF_1)은 +2를 넘거나 -2보다 작으면, 이상치로 의심할 수 있다.

예를 들어, 위의 그림에서 139번 데이터를 보면 표준화 잔차값이 -5.22678로 이상치로 의심이 간다고 할 수 있다.(COO_1값과 SDF_1 값은 나름 양호하다.) 이상치가 분명하다고 연구자가 판단이 되는 경우 139번 데이터 전체를 삭제하고 다시 한 번 회귀분석을 수행할 수도 있다.

7 다중회귀분석

다중회귀분석 (Multiple Linear Regression)

단순회귀분석의 확장 개념으로 1개의 연속형 종속변수와 2개 이상의 연속형 독립변수로 이루어진 회귀분석을 의미한다.(만약 순서형이나 명목형의 독립변수를 사용할 시에는 더미(Dummy)화시켜서 사용을 한다.)

여러 개의 독립변수가 있어서 당연히 여러 개의 회귀계수가 나타나게 되며, 여러 개의 독립변수가 동시에 종속변수에 미치는 영향을 파악할 수 있다. 실제 연구 등에서는 거의 다중회귀분석이 사용된다.

다중회귀분석의 공식과 원리

다중회귀분석의 경우 독립변수가 여러 개(n개)가 생성됨에 따라, 각 독립변수에 따른 변화량을 나타내는 회귀계수가 독립변수의 수만큼 생성되게 된다. 또한 상수(절편)항은 단순회귀와 동일하다. 다중회귀분석의 선형식은 아래와 같다.(y: 종속변수, $x_1 \sim x_n$: 독립변수, ε_i: 오차)

$$y = \beta_0 + \beta_1 x_1 + \beta_2 x_2 + \cdots + \beta_n x_n + \varepsilon_i$$

다중회귀분석 또한 기본적으로 단순회귀분석의 원리와 동일하게, 여러 개의 데이터들 중 잔차의 제곱을 최소로 하는 직선 1개를 찾는 것이라고 할 수 있다. 그것이 다만 여러 개의 독립변수가 있기 때문에 다차원 공간에서 찾는 것이 다를 뿐이다. 또한, 잔차(오차)의 가정과 데이터 가정 또한 단순회귀분석과 동일하다.

8 다중회귀분석과 단순회귀분석의 차이점

다중회귀분석은 단순회귀분석과는 다른 2가지 차이점을 가지고 있는데 "다중공선성"과 "변수선택"이 그것이다.

다중공선성(Multiple Collinearity)

- 다중회귀분석은 2개 이상의 독립변수가 회귀분석 모형에 포함이 되게 되며, n개의 독립변수들 간에는 서로 선형독립(linearly independency)임을 가정하고 있다. 이는 다중회귀분석에서 어떤 1개의 변수가 변화할 때, 그 변수의 영향력(회귀계수)만큼 종속변수가 변해야 하고, 이것이 다른 독립변수에 영향을 주지 않는 것을 의미한다.

- 그러나 실제 모형에 있어서, 회귀모형에 포함된 독립변수들 간의 상호 상관성이 너무 높아서, 이런 선형독립의 가정이 깨지고, 실제 포함된 독립변수들이 각자 미치는 영향력(회귀계수)만큼만 가지고 선형모형이 만들어져야 하는데, 그렇지 못하여 회귀계수 등이 독립적이지 않은 형태로 생성되는 현상을 "다중공선성"이라고 한다.

- 일반적으로 종속변수에 영향을 강하게 미치는 독립변수들 간의 상관성이 높은 경우 발생이 많이 된다.(따라서 다중공선성을 일으키는 독립변수 간 상관분석을 하면 상관계수값이 매우 높게 나오는 것이 일반적이다.)

- 단순회귀분석이 아닌 다중회귀분석에서만 발생을 하며, 무엇보다 다중공선성 발생 시 회귀분석은 더 이상 그 계수와 영향력을 신뢰할 수 없게 되어, 회귀모형 자체를 사용할 수 없게 되는 다중회귀분석의 암(癌)과 같은 존재가 바로 다중공선성이다.

변수선택(Variable Selection)

- 다중회귀분석에서 여러 개의 독립변수가 있는 경우 어떤 독립변수는 종속변수에 영향을 많이 미치고, 어떤 독립변수는 그렇지 않을 수 있다.(또한 모두 강하게 영향을 미치거나 모두 약하게 미칠 수도 있다.)

- 이렇게 독립변수에 따라 영향을 미치는 것이 다른 경우에 굳이 모든 독립변수를 전부 사용하는 것이 아니라, 가장 적은 독립변수를 사용하면서, 가장 높은 설명력을 가지는 독립변수 사용의 ROI(Return On

Invest: 투자 대비 효과)를 고민해 볼 수 있다.

- 변수선택은 몇 가지 방법과 기준을 통해서, 다중회귀모형에 들어간 독립변수들 중 영향을 미치는 변수만을 남기고 나머지는 제거하여, 효율적인 회귀모형을 만드는 방법이라고 할 수 있다.

- 실제 경제(예측) 모형과 같이 상당히 많은 수의 독립변수들을 사용하는 상황에서 자주 사용이 되어진다.

9 다중회귀분석의 다중공선성

다중공선성의 발생 원인

- 다중회귀분석 내의 유사한 성격의 독립변수의 중복 사용(ex: 총매출액과 순수매출액, 경기물가지수와 체감물가지수 등)
- 전체 데이터의 케이스(또는 레코드) 수는 적은데 비해, 과도한 양의 독립변수의 사용(ex: 전체 케이스 수: 30건, 독립변수의 수가 20개 이상인 경우)
- 조사 및 관측 등 데이터 수집 시의 문제

다중공선성의 증상 (또는 의심되는 경우)

- 독립변수들 간의 상관관계를 파악했을 때 상관관계가 매우 강한 경우
- 변수선택 시 특정한 독립변수를 추가하거나 제거할 때 다른 독립변수의 회귀계수들이 엄청나게 변동이 심한 경우
- 일반적인 상식이나 선행연구에 비해서 특정 독립변수의 회귀계수값이 비대하게 크게 나오는 경우(의심되는 경우)
- 각 회귀계수의 유의성 검정은 유의하지 않은데, 전체 모형의 적합성 검정(ANOVA)만 매우 유의하게 나오는 경우
- 일반적인 상식이나 선행연구와 달리 특정 독립변수의 회귀계수의 부호가 바뀌어서 나오는 경우
- 중요하다고 생각되는 독립변수가 유의하지 않거나, 그 신뢰구간이 굉장히 큰 경우

※ **참조:** SPSS PASW 회귀분석, 서혜선, 양경숙, 김나영, 김희영, 김미경, 한나래출판사, 2009.

다중공선성의 문제점

- 결정계수(수정된 결정계수 포함)가 상식 이상으로 커져서, 모형의 설명력의 신뢰성이 사라진다.
- 회귀계수 자체가 매우 비대하게 커져서 회귀모형의 가치가 없어진다.
- 회귀계수 부호가 바뀔 수 있어서, 독립변수 영향력에 대한 해석을 반대로 할 수 있다.
- 전반적으로 분산이 커지고 연구자가 생각하는 중요 독립변수가 영향력이 없어질 수 있다.

다중공선성의 식별 방법

분산 팽창인자(VIF: Variance Inflation Factor)

- 회귀모형의 설명력을 나타내는 결정계수(R^2)를 이용한 다중공선성 지표가 바로 분산팽창인자 VIF 지수이다.

- $VIF_i = \dfrac{1}{1-R_i^2}$ (단, R_i^2는 i번째 독립변수와 나머지 독립변수와의 상관관계)

- 모든 독립변수에 수행해서, VIF가 가장 큰 값이 10 이상이면 다중공선성 을 의심한다.(즉, VIF$\geq$10이면, 다중공선성이 있는 것으로 의심)

분산비율과 상태지수(CI: Condition Index)

- 회귀모형을 구성하는 고유값(eigenvalue)은 n개의 독립변수가 있을때, $n+1$개를 가지게 되고, 이들 중 가장 작은 값이 0에 가까우면 독립변수들 간에 강한 선형 종속성이 있다는 원리를 이용한 다중공선성 지표(최소의 고유값 = 최대의 상태지표값)

- $n+1$개의 상태지수 중에서 가장 큰 값이 10이 넘어가면 다중공선성이 경계되고, 15가 넘어가면 다중공선성이 의심이 된다고 할 수 있다. 또한 100 이상이 되면 아주 심각한 다중공선성이 있다고 판단한다.

- 각 독립변수의 회귀계수의 분산 중 몇 %가 고유벡터에 설명되는지에 대한 측도가 분산비율이 되고, 최대 상태지수의 변수의 고유벡터가 90% 이상되는 변수가 2개 이상이면 또한 다중공선성이 의심된다.

다중공선성 발생 시 조치 방법

- 다중공선성을 발생시키는 변수들 중(보통 2개 이상이 있게 된다.) 1개를 제거시키고 다시 회귀분석을 수행한다. → 가장 손쉽고 빠른 방법이다.
- PLS(Partial Least Square: 부분최소제곱) 회귀분석을 수행하거나, Ridge(능형) 회귀분석을 수행한다.

10 다중회귀분석의 변수선택

변수선택 (Variable Selection)

- 다중회귀분석에서 영향력이 높은 변수만을 선택적으로 이용하여 회귀모형을 개발하는 변수선택은 총 4가지의 방법이 있다.(정확하게는 5가지 방법이 있다.)

- 변수선택은 적은 독립변수로 가장 설명력이 높은 회귀모형을 만들 수 있으며, 이로 인하여 회귀모형의 간결성을 높이고, 예측모형을 간편하게 만든다.

변수선택 방법

단계선택법

독립변수들을 하나씩 추가 또는 제거를 계속해서 반복하면서 가장 최적의 회귀모형을 찾는 방법이다. 일반적으로 가장 많은 시간이 걸리는 방법이지만, 전진선택법과 후진제거법의 문제점을 보완하는 가장 보편적인 방법이다.

전진(선택)법

가장 간단한 절편(상수)항만 있는 모형에서, 유의한 변수들(종속변수들과 상관계수가 가장 높은 순서대로)만 추가하는 방식의 모형이다. 최적 설명력(결정계수)을 가지면 중단된다.

후진(제거)법

모든 독립변수를 전부 입력한 상태에서, 유의하지 않은 변수들(종속변수와의 편상관계수가 가장 낮은 변수)을 하나씩 제거하면서 최적 설명력을 찾는 방법이다.

제거(변수)법

후진제거법은 변수를 1개씩 제거시켜서 최적을 찾는 반면, 제거(변수)법은 동일한 단계에 유의하지 않은 변수들을 동시에 제거하는 방법이다.

(전체)입력법

모든 독립변수들을 그대로 모두 사용하는 방법으로, 변수선택 방법이라고 보기는 어렵지만, 특히 최적의 모형을 찾는 목적이 아닌 여러 변수에 있어서 인과관계를 파악하는 것이 목적인 경우에 많이 사용된다.

11 다중회귀분석의 모형선택(Regression Model Selection)

변수선택과 모형선택

- 변수선택은 1개의 회귀모형 내에서 독립변수들을 추가, 제거하여 최적모형을 찾는 것이라면, 모형선택은 개념은 비슷하지만, 좀 더 광범위한 개념을 가진다. 즉, 전체 모형의 적합성을 기준으로 더 좋은 모형을 찾아내는 것을 의미한다.

- 따라서 모형선택의 경우 독립변수의 수가 여러 형태이든 또는 독립변수의 종류가 다르더라도, 모형 간의 비교를 할 수 있는 장점이 있다.

- 그러나 모형선택 또한 일종의 방향성 제시 및 분석자 참고 수준이므로, 최종 결정은 다양한 방법을 시도 후 연구자(분석자)가 결정을 하도록 한다.

모형선택 방법

아카이케 정보 기준 (AIC: Akaike's Information Criteria)

다른 모형과 비교하여, 값이 작으면 좋은 모형이다.(n은 케이스 수, p는 독립변수의 수, SSE는 오차 변동량을 의미한다.)

$$AIC = n\log\frac{SSE}{n} + 2p$$

슈왈츠 베이지안 기준 (SBC: Schwarz Baysian Information Criteria)

다른 모형과 비교하여, 역시 값이 작으면 좋은 모형이다.(n은 케이스 수, p는 독립변수의 수, SSE는 오차 변동량을 의미한다.)

$$SBC = n\ln\frac{SSE}{n} + p * \ln(n)$$

아메미야 예측 기준 (Amemiya's Prediction Criteria)

다른 모형과 비교하여, 역시 값이 작으면 좋은 모형이다.(n은 케이스 수, p는 독립변수의 수, R^2은 결정계수를 의미한다.)

$$APC = \frac{(1-R^2)(n+p)}{n-p}$$

멜로우즈 예측 기준 (Mellow's Prediction Criteria)	다른 모형과 비교하여, 역시 값이 작으면 좋은 모형이다.(n은 케이스 수, p는 특정 독립변수의 수, S^2은 잔차 평균제곱을 의미한다.) $$C_P = \frac{SSE_P}{S^2} - N + 2P$$
기타	기타 모형선택 방법으로 결정계수를 이용하는 방법(결정계수가 1에 가까울수록 설명력이 좋다.)과 MSE(Mean Square Error: 평균제곱오차, 작을수록 좋다.)가 있다.

※ 참조: SPSS PASW 회귀분석, 서혜선, 양경숙, 김나영, 김희영, 김미경, 한나래출판사, 2009.

12 SPSS Statistics를 이용한 다중회귀분석의 실습

다중회귀분석 실습 데이터

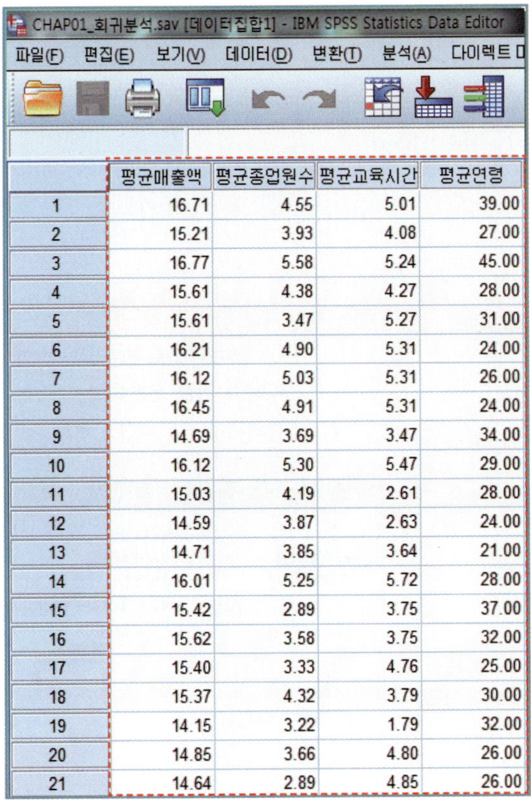

	평균매출액	평균종업원수	평균교육시간	평균연령
1	16.71	4.55	5.01	39.00
2	15.21	3.93	4.08	27.00
3	16.77	5.58	5.24	45.00
4	15.61	4.38	4.27	28.00
5	15.61	3.47	5.27	31.00
6	16.21	4.90	5.31	24.00
7	16.12	5.03	5.31	26.00
8	16.45	4.91	5.31	24.00
9	14.69	3.69	3.47	34.00
10	16.12	5.30	5.47	29.00
11	15.03	4.19	2.61	28.00
12	14.59	3.87	2.63	24.00
13	14.71	3.85	3.64	21.00
14	16.01	5.25	5.72	28.00
15	15.42	2.89	3.75	37.00
16	15.62	3.58	3.75	32.00
17	15.40	3.33	4.76	25.00
18	15.37	4.32	3.79	30.00
19	14.15	3.22	1.79	32.00
20	14.85	3.66	4.80	26.00
21	14.64	2.89	4.85	26.00

- 전체 213개의 중소기업의 데이터로 단순회귀분석 데이터와 동일하다. 다만 단순회귀분석에서는 종속변수인 평균매출액과 단 1개의 독립변수 평균종업원수만을 사용했지만, 이번에는 독립변수에 평균교육시간과 평균연령까지 추가하여 총 3개의 독립변수를 사용하여 회귀모형을 생성한다.

- 평균매출액: 종속변수(단위,10억 원)
- 평균종업원수: 독립변수(단위, 백 명)
- 평균교육시간: 독립변수(단위, 개월)
- 평균연령: 독립변수(단위, 년)

※ 실습 파일명: CHAP01_회귀분석.sav

12.1 SPSS 실습–다중회귀분석

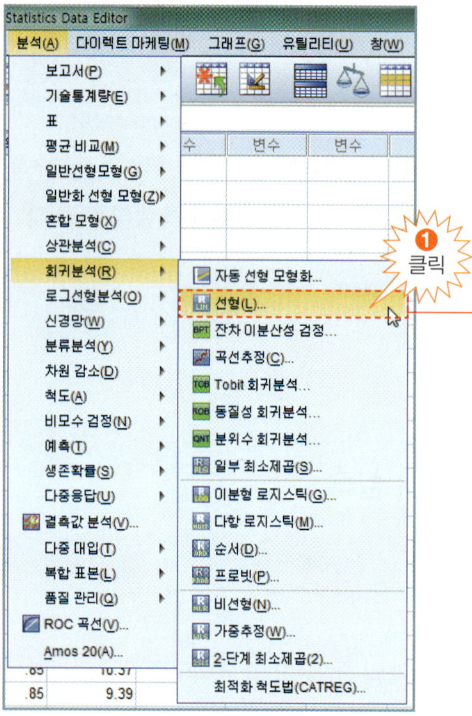

❷ 종속변수에는 평균매출액을, 독립변수에는 평균종업원수, 평균교육시간, 평균연령 등 3개의 변수를 선택한다.

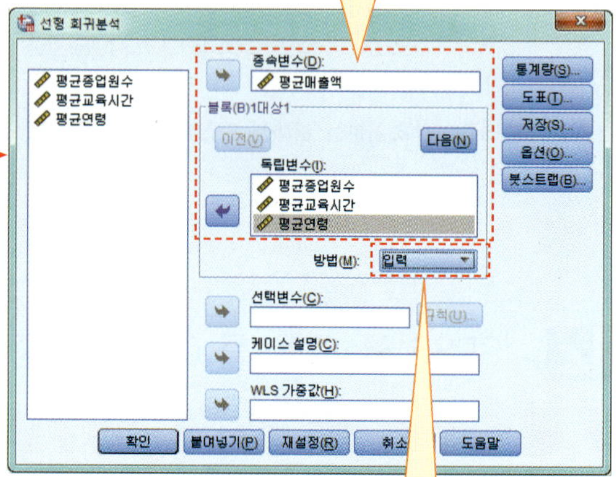

❸ 변수선택 방법을 지정하는 곳이다. 3개의 독립변수를 모두 사용하는 "입력"을 선택한다.

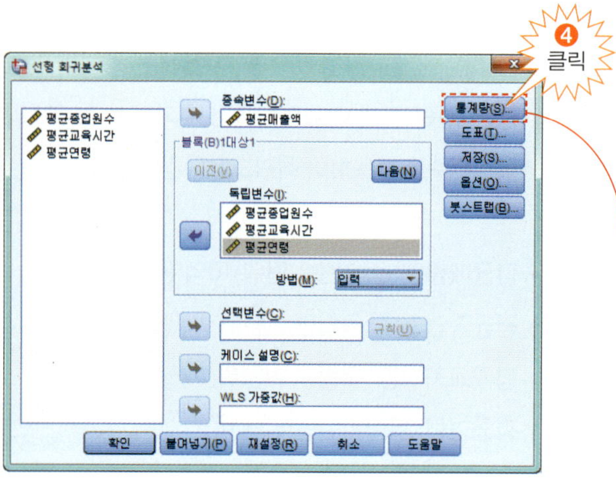

다중공선성을 진단하고 파악하기 위한 옵션이다.(다중회귀의 경우 반드시 수행한다.)

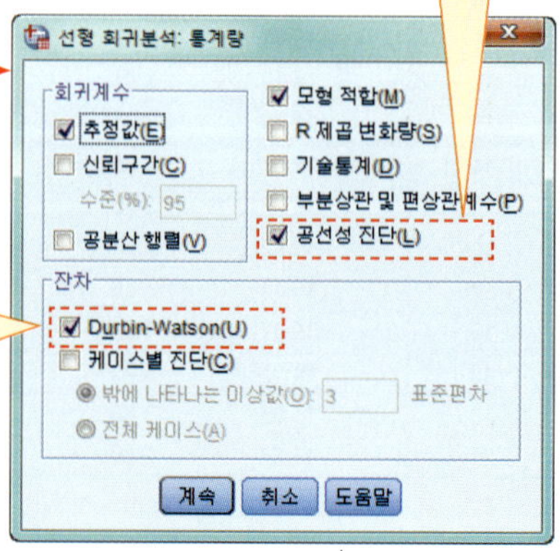

잔차의 독립성을 파악하기 위한 D-W 통계량을 확인하는 옵션이다.

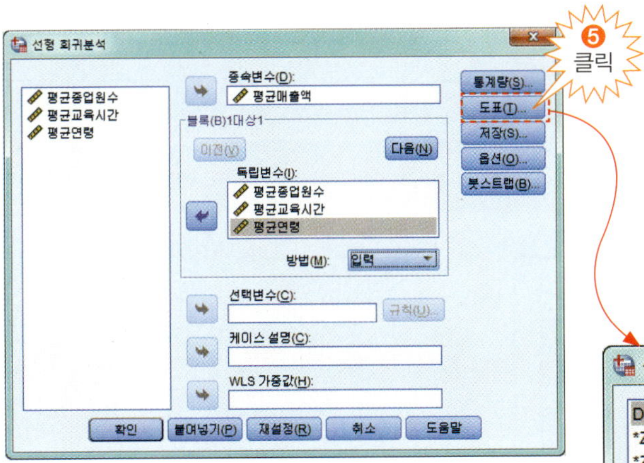

잔차의 가정 중 등분산성과 선형성을 확인하기 위한 잔차도표를 그리는 옵션이다.
Y축의 ZRESID가 표준화 잔차를 의미하는 것이고, X축의 ZPRED가 표준화 예측값을 의미하는 것이다.

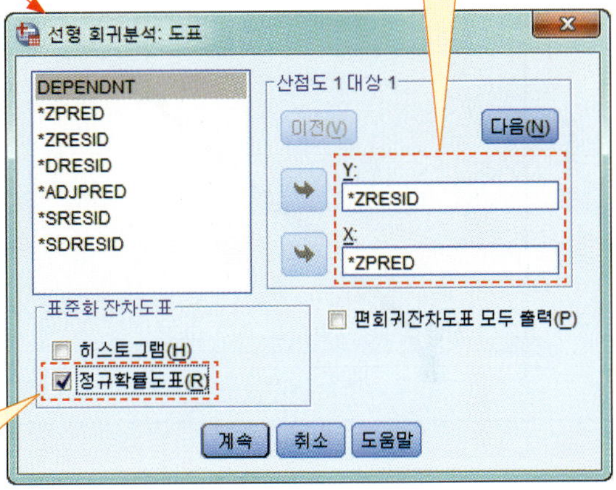

잔차의 가정 중 하나인 정규성 가정을 확인하기 위해 p-p 도표를 작성하기 위한 옵션이다.

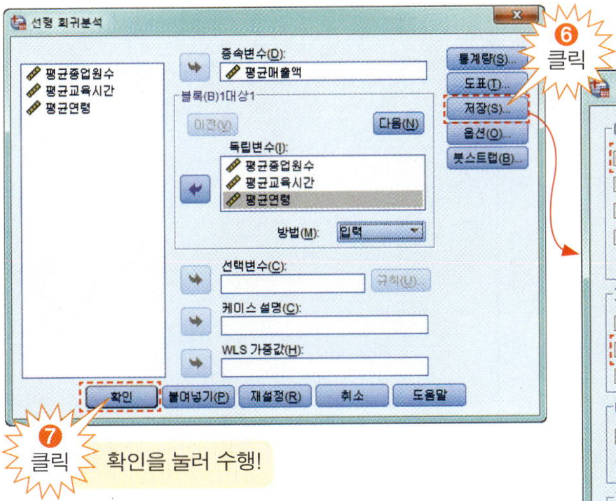

확인을 눌러 수행!

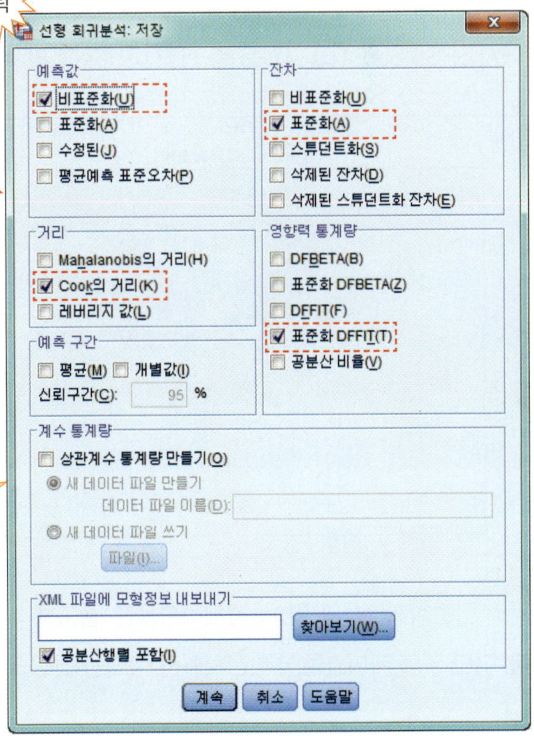

- 예측값 비표준화: 비표준화 예측값을 출력
- 표준화 잔차, Cook 거리, 표준화 DFFIT 값은 이상치를 판별하기 위한 옵션이다.

결과

잔차의 정규성 확인을 위한 p-p 도표

(SPSS Statistics 결과 아래쪽에 위치해 있다.)

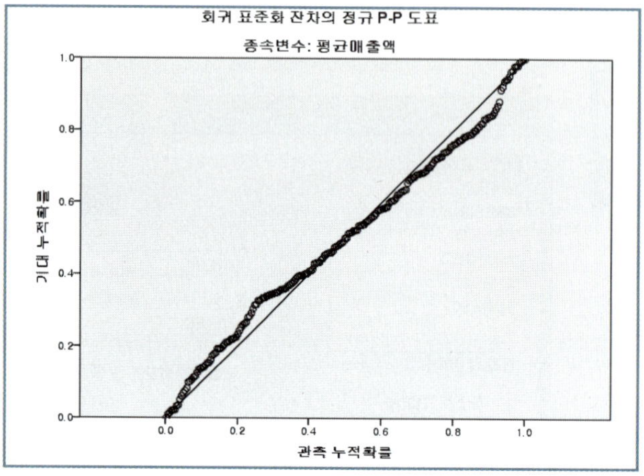

앞의 단순회귀분석보다 좀 더 대각직선에 가까운 것을 알 수 있다. 이는 본 다중회귀분석이 다변량 정규분포에 근사하고 있다는 것을 알 수 있다.

잔차의 등분산성과 선형성을 파악하는 잔차도표

(역시 SPSS Statistics 결과물 중 가장 아래쪽에 위치해 있다.)

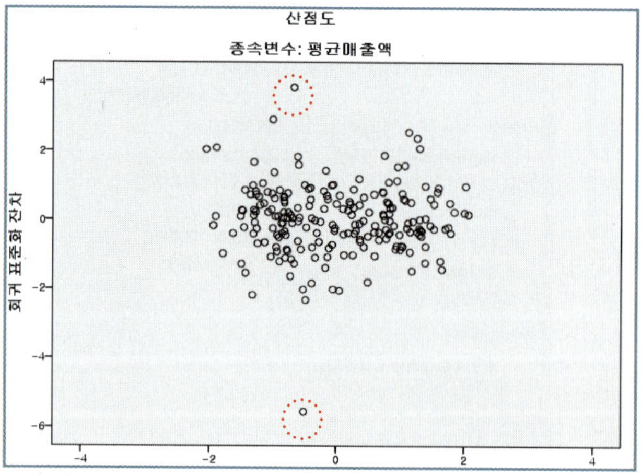

앞의 단순회귀분석과 같이, 전체적으로는 골고루 퍼져 있어, 선형성과 등분산성을 만족한다고 할 수 있는데, 다만 몇몇 케이스들이 이상치처럼 나타난 것을 알 수 있다.

진입/제거된 변수[b]

모형	진입된 변수	제거된 변수	방법
1	평균연령, 평균교육시간, 평균종업원수[a]	.	입력

a. 요청된 모든 변수가 입력되었습니다.
b. 종속변수: 평균매출액

모형 요약[b]

모형	R	R 제곱	수정된 R 제곱	추정값의 표준오차	Durbin-Watson
1	.878[a]	.771	.767	.54673	1.889

a. 예측값: (상수), 평균연령, 평균교육시간, 평균종업원수
b. 종속변수: 평균매출액

분산분석[b]

모형		제곱합	자유도	평균 제곱	F	유의확률
1	회귀 모형	210.043	3	70.014	234.225	.000[a]
	잔차	62.474	209	.299		
	합계	272.517	212			

a. 예측값: (상수), 평균연령, 평균교육시간, 평균종업원수
b. 종속변수: 평균매출액

결정계수값을 보면 0.771로 약 77.1%를 3개의 독립변수가 설명해주는 것을 알 수 있다. 또한 수정된 결정계수가 0.767로 결정계수와 큰 차이가 없어 안정적인 모형이라 할 수 있다.

잔차의 독립성을 검정하는 D-W 통계량 값이다. 1.889로 2에 가까우므로 자기상관이 없이 잔차들 간에 독립적이라고 할 수 있다.

회귀모형의 유의성을 검정하는 ANOVA (분산분석) 표이다. 가설은

H_0: 회귀모형이 유의하지 않다.
H_1: 회귀모형이 유의하다.

인데, 95% 신뢰수준에서 유의확률값이 0.000으로 0.05보다 작으므로 H_1을 채택하고, 따라서 본 회귀모형은 유의하다고 할 수 있다.(p-value = 0.000 < 0.05)

최종 회귀모형은
평균매출액(y) = 11.582 + 0.740*평균종업원수 + 0.243*평균교육시간 − 0.002*평균연령
이라고 할 수 있다.

3개의 독립변수를 보면, 평균종업원수와 평균교육시간은 p-value = 0.000으로 95% 신뢰도에서 0.05보다 작으므로 유의한 반면, 평균연령은 p-value = 0.733으로 유의하지 않게 나왔다.

계수[a]

모형		비표준화 계수		표준화 계수			공선성 통계량	
		B	표준오차	베타	t	유의확률	공차	VIF
1	(상수)	11.582	.208		55.701	.000		
	평균종업원수	.740	.048	.660	15.469	.000	.602	1.660
	평균교육시간	.243	.035	.296	6.944	.000	.602	1.660
	평균연령	-.002	.005	-.011	-.341	.733	1.000	1.000

a. 종속변수: 평균매출액

다중공선성을 판단하는 VIF(분산팽창인자)의 경우 평균종업원수와 교육시간이 가장 큰 값으로 1.660이다. 이는 일반적인 VIF 지수의 다중공선성 판정 기준인 10보다 작으므로, 다중공선성이 없는 것으로 판단된다. (3개 변수 모두 독립적이라고 할 수 있다.)

공선성 진단[a]

모형	차원	고유값	상태지수	분산비율			
				(상수)	평균종업원수	평균교육시간	평균연령
1	1	3.843	1.000	.00	.00	.00	.00
	2	.101	6.158	.02	.04	.26	.26
	3	.034	10.563	.06	.58	.71	.20
	4	.022	13.344	.91	.38	.03	.54

a. 종속변수: 평균매출액

다중공선성을 진단하는 다른 방법인 상태지수 역시 가장 큰 값이 13.344로 그다지 크게 의심할 여지가 있다고 할 수 없다. (이 정도의 값은 거의 다중공선성을 의심하지 않아도 된다.)

본 회귀모형은 다행히 다중공선성이 없는 것으로 판단된다!

비표준화 예측값 결과를 통해서 산출된 회귀식 $y = 11.582 + 0.740x_1 + 0.243x_2 - 0.002x_3$을 통해 나온 값이다.

표준화 잔차값

Cook의 거리값

표준화 DFFIT값 (적합값과의 거리)

	평균매출액	평균종업원수	평균교육시간	평균연령	PRE_1	ZRE_1	COO_1	SDF_1
127	17.07	4.85	5.83	24.00	16.53974	.96441	.00386	.12430
128	14.95	3.91	2.83	21.00	15.12321	-.32247	.00043	-.04152
129	15.17	4.09	4.87	26.00	15.74285	-1.05002	.00207	-.09092
130	17.69	5.67	5.89	23.00	17.16097	.96159	.00635	.15933
131	14.40	3.00	2.94	28.00	14.45964	-.10304	.00002	-.00875
132	14.81	3.50	2.94	32.00	14.82261	-.02533	.00000	-.00246
133	14.33	3.40	2.97	22.00	14.77562	-.80609	.00168	-.08199
134	14.25	2.77	2.98	26.00	14.30769	-.10228	.00002	-.00946
135	16.21	4.44	5.99	28.00	16.26841	-.10060	.00004	-.01288
136	16.30	4.85	3.00	17.00	15.86557	.80137	.00655	.16168
137	14.08	2.77	3.03	39.00	14.29496	-.39705	.00084	-.05798
138	13.90	2.83	3.03	23.00	14.37021	-.86765	.00190	-.08707
139	11.61	3.22	3.04	29.00	14.64709	-5.55819	.05124	-.48951
140	14.43	2.77	3.04	26.00	14.32258	.20542	.00009	.01893
141	15.89	4.25	3.04	23.00	15.41962	.86941	.00315	.11215
142	15.20	4.38	3.04	24.00	15.51652	-.57292	.00149	-.07700
143	13.53	2.20	3.04	20.00	13.90814	-.69560	.00261	-.10211
144	13.96	2.64	3.16	29.00	14.24557	-.51574	.00064	-.05049
145	14.08	3.91	3.22	29.00	15.20200	-2.05606	.00917	-.19308

이상치 기준 중 표준화 잔차값의 기준을 벗어난 유일한 경우이다.
필요시 이 139번 데이터를 제거하고 다시 회귀 분석을 수행해도 좋다.

12.2 SPSS 실습–다중회귀분석의 단계적 선택법

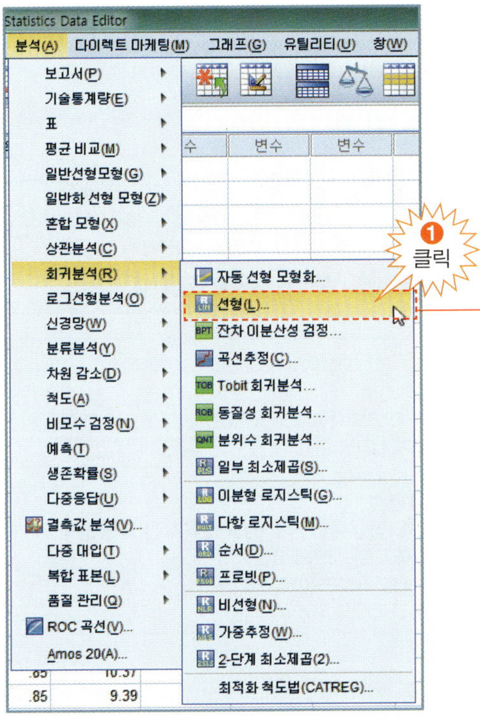

❷ 종속변수와 독립변수는 앞의 다중회귀분석 예제와 동일하게 수행한다.

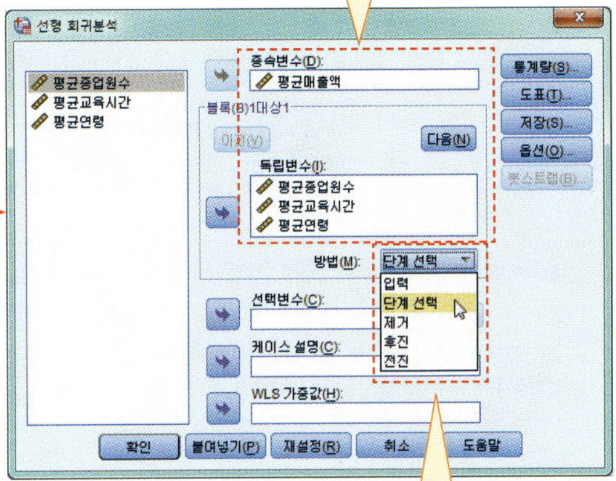

❸ 변수선택 방법에서 "단계 선택"을 선택한다. 단계 선택 방법이 시간이 약간 더 걸리지만, 후진(제거)법이나 전진(선택)법의 단점을 보완한 가장 효과적인 변수선택 방법이라고 할 수 있다.

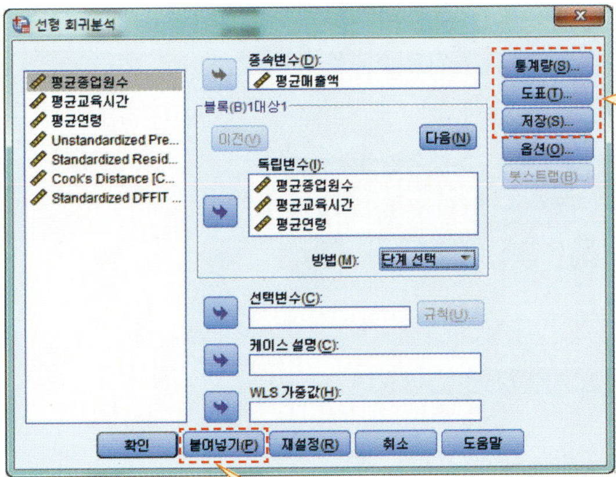

❹ 통계량 옵션, 도표 옵션, 저장 옵션 모두 앞의 다중회귀분석 예제와 동일하게 옵션을 선택한다.

❺ 일반적으로 단계 선택만 수행하기 위해서는 "확인" 버튼을 누르면 그대로 수행이 된다. 그러나 모형선택까지 수행하기 위해서는 반드시 SPSS Syntax를 이용해야 한다.(SPSS의 대화상자에서는 모형선택을 위한 각종 지표들을 수행하는 옵션 화면이 없다.)
SPSS Syntax 사용을 위해 "붙여넣기" 버튼을 누른다.

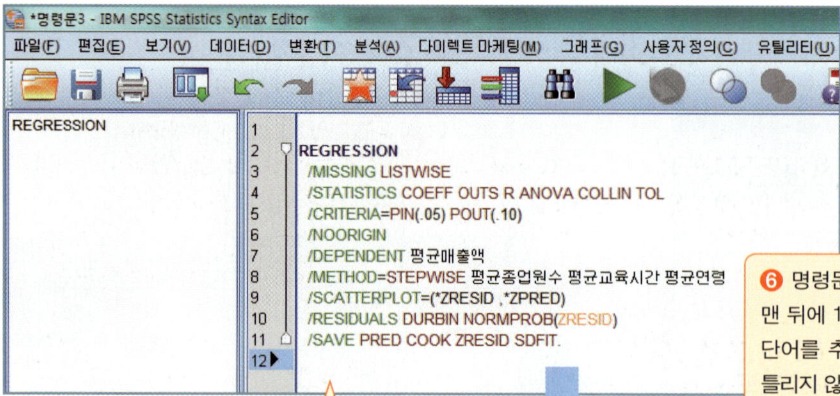

❻ 명령문 중에서 STATISTICS란에 맨 뒤에 1칸 띄고 SELECTION이라는 단어를 추가로 입력한다.(Spelling이 틀리지 않도록 주의한다.)

앞의 붙여넣기 버튼을 누르면, 이와 같은 SPSS Syntax(명령문) 창이 나타난다. 이 Syntax가 바로 SPSS 내의 회귀분석이 수행되는 명령문이라고 보면 된다.

```
REGRESSION
 /MISSING LISTWISE
 /STATISTICS COEFF OUTS R ANOVA COLLIN TOL SELECTION
 /CRITERIA=PIN(.05) POUT(.10)
 /NOORIGIN
 /DEPENDENT 평균매출액
 /METHOD=STEPWISE 평균종업원수 평균교육시간 평균연령
 /SCATTERPLOT=(*ZRESID ,*ZPRED)
 /RESIDUALS DURBIN NORMPROB(ZRESID)
 /SAVE PRED COOK ZRESID SDFIT.
```

❽ 전체 syntax를 마우스로 Drag한 다음 "선택 실행" 버튼을 누른다. 이 선택 실행 버튼이 바로 앞의 대화상자의 확인 버튼과 동일한 효과를 나타낸다.

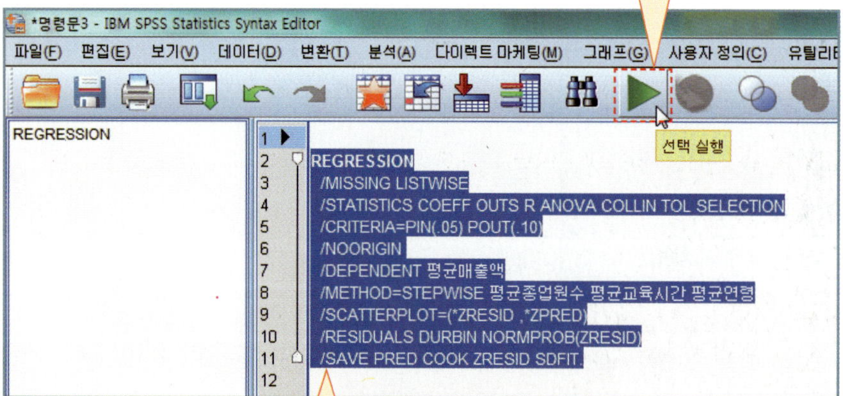

❼ 먼저, 명령문을 마우스로 Drag를 하여 그림과 같이 선택을 한다.

결과

잔차의 정규성 확인을 위한 p-p 도표

(SPSS Statistics 결과 아래쪽에 위치해 있다.)

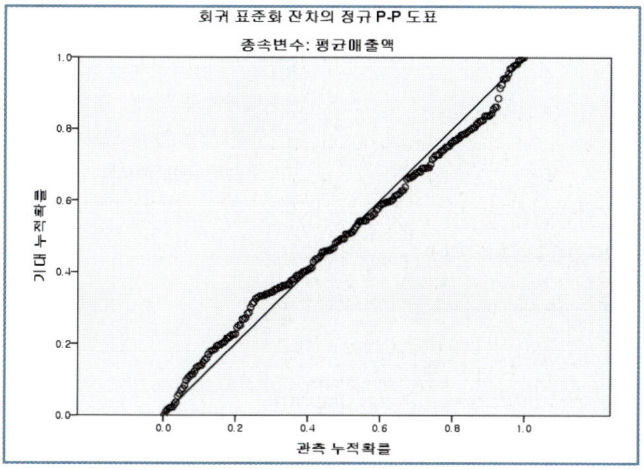

앞의 단계 선택을 하지 않은 경우와 거의 유사한 것을 알 수 있다. 본 다중회귀분석이 다변량 정규분포에 근사하고 있다는 것을 알 수 있다.

잔차의 등분산성과 선형성을 파악하는 잔차도표

(역시 SPSS Statistics 결과물 중 맨 아래쪽에 위치해 있다.)

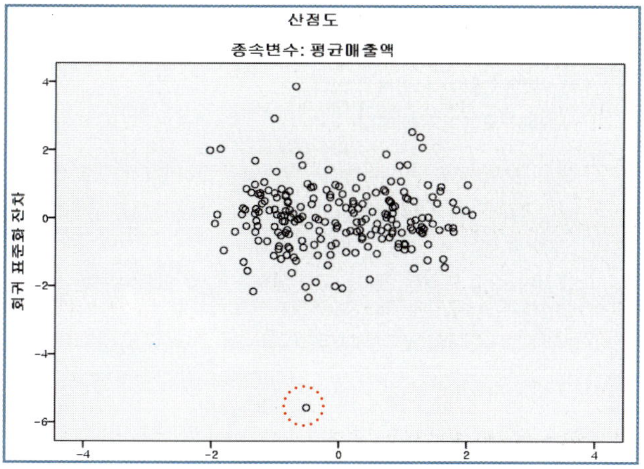

역시 앞의 모든 독립변수를 이용한 다중회귀분석과 유사한 결과를 보이고 있고, 이상치 1~2개를 제외하고는 전체적으로 잘 퍼져 있어, 잔차의 등분산성과 선형성을 만족한다고 판단이 되어진다.

단계선택법에 의해 1번 모형은 1개의 독립변수 평균종업원수만 진입했고, 2번 모형은 독립변수가 위의 평균종업원수와 함께 평균교육시간이라는 2개를 가지고 만든 모형이라는 것을 알 수 있다.

진입/제거된 변수[a]

모형	진입된 변수	제거된 변수	방법
1	평균종업원수		단계선택 (기준: 입력할 F의 확률 <= .050, 제거할 F의 확률 >= .100).
2	평균교육시간		단계선택 (기준: 입력할 F의 확률 <= .050, 제거할 F의 확률 >= .100).

a. 종속변수: 평균매출액

잔차의 독립성을 보여주는 D-W 통계량의 경우 2번 모형에 대해서만 출력하여 준다. → 1.891로 2값에 근사한 것을 알 수 있다.(즉, 자기 상관없이 독립적이다.)

모형 요약[c]

모형	R	R 제곱	수정된 R 제곱	추정값의 표준오차	선택기준				Durbin-Watson
					Akaike 정보기준	Amemiya 예측기준	Mallows의 예측기준	Schwarz Bayesian 기준	
1	.847[a]	.718	.716	.60383	-212.908	.288	48.374	-206.185	
2	.878[b]	.771	.768	.54558	-255.135	.236	2.116	-245.051	1.891

a. 예측값: (상수), 평균종업원수
b. 예측값: (상수), 평균종업원수, 평균교육시간
c. 종속변수: 평균매출액

1번 모형(a)과 2번 모형(b)의 독립변수에 대한 설명

1번 모형과 2번 모형의 결정계수를 나타낸다. 독립변수의 수가 2개인 2번 모형의 설명력이 1번 모형보다 높은 것을 알 수 있다.
1번모형 vs. 2번 모형 = 71.8% vs. 77.1%

모형선택 결과이다.(SPSS Syntax로 작업된 부분) 4개의 지표 모두 작은 값이 좋은 모형임을 의미한다. 4개 지표 모두 1번 모형보다는 2번 모형의 값이 작아서, 비교적 1번 모형보다는 2번 모형이 더욱 효과적인 모형이라는 것을 보여준다.(특히 Mallow의 Cp값은 월등하게 낮다.)

분산분석[c]

모형		제곱합	자유도	평균 제곱	F	유의확률
1	회귀 모형	195.583	1	195.583	536.409	.000[a]
	잔차	76.934	211	.365		
	합계	272.517	212			
2	회귀 모형	210.008	2	105.004	352.764	.000[b]
	잔차	62.509	210	.298		
	합계	272.517	212			

a. 예측값: (상수), 평균종업원수
b. 예측값: (상수), 평균종업원수, 평균교육시간
c. 종속변수: 평균매출액

회귀모형의 유의성을 검정하는 ANOVA(분산분석) 표이다.
2개 모형에 대해 전부 ANOVA(분산분석) 표가 출력이 되는데, 모두 동일하게 가설은

H_0: 회귀모형이 유의하지 않다.
H_1: 회귀모형이 유의하다.

이고, 모두 95% 신뢰수준에서 유의확률값이 0.000으로 0.05보다 작으므로 H_1을 채택하고, 따라서 본 회귀모형은 유의하다고 할 수 있다.(p-value = 0.000 < 0.05)
그러나 최종 모형은 2번째 모형이라고 할 수 있으며, 1번 모형은 참조로 보면 좋을 것이다.

최종 회귀모형: 평균매출액(y)
$= 11.530 + 0.740$*평균종업원수 + 0.243*평균교육시간

독립변수인 평균종업원수와 교육시간 모두 통계적으로 유의하다.(유의해야지만 단계 선택에서 일반적으로 선택이 되어진다.)

계수[a]

모형		비표준화 계수 B	비표준화 계수 표준오차	표준화 계수 베타	t	유의확률	공선성 통계량 공차	공선성 통계량 VIF
1	(상수)	11.709	.154		75.872	.000		
	평균종업원수	.949	.041	.847	23.161	.000	1.000	1.000
2	(상수)	11.530	.142		81.308	.000		
	평균종업원수	.740	.048	.660	15.505	.000	.602	1.660
	평균교육시간	.243	.035	.296	6.961	.000	.602	1.660

a. 종속변수: 평균매출액

VIF 지수 역시 1.660으로 다중공선성이 없는 것으로 판단이 되어진다. (VIF = 1.660 < 10)

제외된 변수[c]

모형		베타 입력	t	유의확률	편상관계수	공선성 통계량 공차	공선성 통계량 VIF	공선성 통계량 최소공차한계
1	평균교육시간	.296[a]	6.961	.000	.433	.602	1.660	.602
	평균연령	-.013[a]	-.351	.726	-.024	1.000	1.000	1.000
2	평균연령	-.011[b]	-.341	.733	-.024	1.000	1.000	.602

a. 모형내의 예측값: (상수), 평균종업원수
b. 모형내의 예측값: (상수), 평균종업원수, 평균교육시간
c. 종속변수: 평균매출액

3개의 독립변수 중에서 평균연령은 회귀모형에서 제외된 것을 알 수 있다.
제외된 변수가 종속변수 대비 유의성 검정 결과와 각종 지표들이 출력됨을 볼 수 있다.

공선성 진단[a]

모형	차원	고유값	상태지수	분산비율 (상수)	분산비율 평균종업원수	분산비율 평균교육시간
1	1	1.963	1.000	.02	.02	
	2	.037	7.324	.98	.98	
2	1	2.913	1.000	.01	.01	.01
	2	.058	7.074	.61	.00	.57
	3	.029	10.047	.38	.99	.42

a. 종속변수: 평균매출액

역시 다중공선성 지표 중 하나인 상태지수 역시 10.047이 가장 큰 값으로, 이는 일반적인 기준에 비추어 보더라도 크게 다중공선성을 발생시킬 것이라고 판단이 되어지지 않으므로, 다중공선성은 없다고 판단한다.

	평균매출액	평균종업원수	평균교육시간	평균연령	PRE_1	ZRE_1	COO_1	SDF_1
136	16.30	4.85	3.00	17.00	15.84606	.83883	.00664	.14100
137	14.08	2.77	3.03	39.00	14.31575	-.43600	.00052	-.03951
138	13.90	2.83	3.03	23.00	14.36150	-.85351	.00190	-.07543
139	11.61	3.22	3.04	29.00	14.64950	-5.57433	.06694	-.48461
140	14.43	2.77	3.04	26.00	14.31939	.21170	.00012	.01916
141	15.89	4.25	3.04	23.00	15.41109	.88686	.00379	.10652
142	15.20	4.38	3.04	24.00	15.50986	-.56192	.00176	-.07262
143	13.53	2.20	3.04	20.00	13.89380	-.67079	.00229	-.08274
144	13.96	2.64	3.16	29.00	14.24791	-.52111	.00086	-.05058
145	14.08	3.91	3.22	29.00	15.20451	-2.06501	.01207	-.19182
146	13.82	2.89	3.22	30.00	14.44882	-1.16079	.00328	-.09932
147	16.52	4.58	5.24	24.00	16.19267	.60649	.00127	.06153

역시 139번 데이터의 표준화 잔차가 -5가 넘어서(일반적인 기준 표준화 잔차가 +3보다 크고 -3보다 작으면, 이상치로 의심) 139번이 이상치로 의심이 된다. 사실 139번 데이터의 경우 평균매출액이 11.61로 다른 것들과 비교하여 월등하게 매출액이 작은 편임을 알 수 있다.(예제 데이터의 평균매출액을 탐색해볼 필요가 있다.)

참고 가변수 회귀분석(Dummy Regression)

회귀분석에서는 반드시 연속형의 독립변수만 사용해야 하나요? 범주형(순서형, 명목형)은 사용할 수 없나요?

아니오! 범주형도 독립변수로 사용할 수 있습니다. 그러나 사용을 위해서는 가변수(Dummy Variable)로 만들어야 합니다.
이런 회귀분석을 가변수(Dummy) 회귀분석이라고 합니다.

가변수 예제 #1

성별(남, 여)을 독립변수로 사용하는 경우

가변수 코딩 방법

남자를 1, 여자를 0으로 다시 코딩(Coding)을 수행한다. (반대로 해도 무방. 즉, 여자는 1 남자는 0)

가변수 적용/해석 방법

다른 독립변수와 동일하게 0과 1로 코딩한 성별변수를 그대로 회귀분석의 독립변수로 투입한다.(남자가 1, 여자가 0으로 코딩한 경우)
성별의 회귀계수가 나오면, 남자는 회귀계수만큼 더해주고, 여자는 해당 회귀계수를 계산하지 않는다.

가변수 예제 #2

선호도(상, 중, 하)를 독립변수로 사용하는 경우

가변수 코딩 방법

가변수 2개를 만든다.
D1, D2라고 한다.

	D1	D2
상	1	0
중	0	1
하	0	0

가변수 적용/해석 방법

역시 다른 독립변수와 동일하게 D1과 D2라고 코딩한 변수 2개를 그대로 회귀분석의 독립변수로 투입한다.(좌측과 같이 코딩한 경우)
D1과 D2의 계수가 계산되어진 경우 만약 해당 케이스가 "상"인 경우 D1 계수를 더해주고, "중"인 경우 D2 계수를 더해주며, "하"인 경우 어떤 계수도 더해주지 않으면 된다.

1 회귀분석은 대표적인 인과관계를 파악하는 분석 방법으로 기본적으로 연속형의 종속변수와 독립변수를 기반으로 분석이 되어진다.
상관분석과 같이 잔차의 독립성, 등분산성, 정규성, 선형성의 기본 가정을 가지고 있으며, 이에 대한 사전 검증이 되어야 한다.

2 회귀분석은 이상치에도 매우 민감하다.(상관분석도 마찬가지임) 따라서 회귀분석을 수행할 때에는 반드시 이상치 확인도 필요하다.

3 단순회귀분석은 (연속형) 종속변수 1개에 (연속형) 독립변수 1개인 것을 의미하고, 다중회귀분석은 단순회귀분석을 확장한 형태로 독립변수가 2개 이상인 경우를 의미한다.
또한 회귀분석 후에는 결정계수를 통해서 모형의 설명력을 확인하고, 모형의 전체 유의성 또한 ANOVA를 통해서 검정한 다음, 회귀모형을 생성하고 회귀계수의 유의성을 검정한다.

4 다중회귀분석의 경우에는 다중공선성이라는 개념과 확인 사항이 단순회귀분석과 비교하여 추가가 되며, 반드시 이것을 점검해야 한다. 다중공선성을 확인하기 위해서 분산팽창인자(VIF)와 상태지수(CI)라는 검정지표가 있다.

5 또한 다중회귀분석에서는 모형의 효율성을 위해서 변수선택이라는 것이 있다. 이는 독립변수 중 불필요한 독립변수는 제거 후 유의미한 독립변수만으로 회귀모형을 만드는 것으로, 전진선택법, 후진제거법, 제거변수법, 단계선택법 등의 방법이 있고, 이와 유사한 확장 개념으로 모형선택이 있다.

04 (탐색적) 요인분석

1 요인분석이란?

요인분석이란?

- 여러 개의 변수들 중에서 유사한 항목끼리 묶어서, 원래의 변수의 수보다 작은 요인(Factor)으로 축소시켜 상호 관계를 분석하는 방법을 말한다.(인자분석이라는 표현을 사용하기도 한다.)
- 차원 축소 형식으로 원래의 변수의 수보다 작은 요인으로 축소시킬 때, 기존 변수들이 가진 정보의 손실을 최소화하는 기준으로 정보를 압축시킨 요인을 생성한다.

요인분석의 특징

- 요인분석은 종속변수와 독립변수로 구분하는 것이 없이, 변수들 집합(set)만 있으면 된다.
- 변수 집합에서 주어진 변수들 간의 유사성을 생성하고 요인을 생성할 뿐 별도의 모집단 추정을 하는 것은 없는 분석이다.

요인분석의 기능

- 여러 개의 변수들을 단순하게 몇 개의 요인으로 묶어서, 변수 수의 절약을 가져오고, 여러 개의 변수들이 공통적으로 의미하는 추상적 의미의 변수를 구체화시킬 수 있도록 한다.(일종의 잠재변수 생성이라고도 한다.)
- 여러 개의 변수를 축약한 요인을 이용하여, 그 후 군집분석이나 회귀분석, 상관분석, 판별분석 등의 2차 분석으로 연결이 가능해진다.

탐색적 요인분석

- 일반적으로 요인분석이라고 하면, 통계적 알고리즘에 의해서 가장 유사한 변수들끼리 묶어서 요인을 만들어주는 탐색적 요인분석을 의미하고, IBM SPSS Statistics에서 이 기능을 제공한다.

- 이 탐색적 요인분석에 대비되는 것이 바로 확인적 요인분석이라고 하는 것이며, 후에 살펴보게 될 구조방정식모형의 요인분석은 확인적 요인분석을 이용한다.

(탐색적) 요인분석의 단점

- 유사한 변수끼리 요인이 되어 요인의 상식적 설명력이 높아져야 하는데, 데이터의 조사 결과에 따라 엉뚱한 변수끼리 묶여서 요인으로의 설명력이 낮아질 수 있다.

- 요인의 수, 각종 회전 방법 등에 연구자의 주관이 많이 개입될 수 있다.

- 여러 개의 변수들을 이용해 만들어진 요인의 명칭을 부여하고 활용하는 데 전적으로 연구자의 주관이나 개입이 반드시 필요하다.

(탐색적) 요인분석에 적합한 데이터

- 요인분석에 활용되는 데이터는 기본적으로 연속형 데이터를 활용하는 것이 원칙이다.**(그러나 대다수의 설문지를 이용한 연구의 경우 5점 Likert 척도를 사용한 순서형 데이터를 연속형으로 간주하고 많이 활용한다.)**

- 최소한의 표본 수는 50개 이상이어야 하며, 되도록 100개 이상이 되는 것을 권장한다.(또한 변수 수의 최소한 2배 이상의 데이터 수를 확보하는 것을 기준으로 하기도 한다.) 무엇보다도 데이터는 되도록 많을수록 좋은 요인분석 결과를 도출할 수 있다.

2 요인분석의 원리와 개념

사례로 놀이공원(Amusement Park)의 7개 항목에 대한 만족도에 대해서, 이용자들에게 설문조사를 5점 만점을 통해서 수행한 결과가 다음과 같다.

이용자ID	입장료	식음료가격	할인쿠폰	놀이기구 수의 만족도	놀이기구의 재미 만족도	대중교통편	주차장시설
AA	1	2	3	3	4	5	5
BB	2	1	1	4	4	4	5
CC	2	2	2	4	4	5	5
DD	2	2	2	4	3	5	5
EE	1	1	2	4	4	4	5
FF	2	1	1	3	3	4	4
GG	1	2	1	3	3	5	5

요인1: 가격 요인 (입장료, 식음료가격, 할인쿠폰)

요인2: 놀이기구 요인 (놀이기구 수의 만족도, 놀이기구의 재미 만족도)

요인3: 교통 요인 (대중교통편, 주차장시설)

위의 사례를 보면 7개의 변수(입장료, …, 주차장시설)가 3개의 요인변수(가격, 놀이기구, 교통)로 축소된 것을 알 수 있다.

요인분석의 원리는 여러 개의 변수들 중에서 응답자(케이스) 기준으로 패턴이 비슷한 변수를 찾아내고, 이들을 1개의 요인으로 묶어서, 1개로 변수화시키는 것이라고 할 수 있다. 즉, 비슷하게 묶인 패턴을 하나로 변수화시키는 것이라고 보면 된다.(위의 사례에서 실제값을 보면 추측할 수 있다.)

요인분석의 원리 ▶ 유사한 변수들을 찾는 방법은 일단 여러 개의 변수들을 상관관계를 계산할 수 있는 행렬(matrix) 형태로 만든 다음, 이들 상관행렬을 입력 변수로 하여 각종 요인추출법(주성분 분석법, 최소제곱요인 추출법 등)에 의거하여 유사한 변수들을 묶고, 요인으로 만드는 것이다.

따라서 기본적으로 요인분석에 사용되는 변수들 간에 같은 요인으로 묶이기 위해서는 상관성이 높아야 하며, 일반적으로 0.3 이상의 상관성을 가지지 못하면 요인분석의 적합성에 부적합하다고 할 수 있다.

일반적인 요인분석 프로세스(Process)

요인분석의 주제 설정 → **요인추출 방법 결정** → **요인회전 방법 결정** → **요인점수 계산과 결과의 해석**

요인분석의 주제 설정
- 연구 주제 설정
- 표본크기 설정
- 변수 문항의 개발(측정 방법 포함)
- 선행연구를 통한 대략적인 요인 수 선정
- 대략적으로 묶이게 될 요인 가정화
- 데이터의 조사/수집/코딩

요인추출 방법 결정
- 요인을 추출할 방법 선정
- 요인 수의 결정
- 요인회전 없는 경우에서 결과의 전체적인 파악 및 검토

요인회전 방법 결정
- 요인회전 방법의 결정
- 요인회전 후 수행 결과의 파악 및 검토

요인점수 계산과 결과의 해석
- KMO 및 Bartlett의 구형성 검정
- 공통성 및 설명된 총분산의 해석(고유값)
- 성분행렬의 해석
- 최종 요인 선정 및 명명
- 요인점수의 생성

3 요인추출

요인추출 방법이란 여러 개의 변수를 그보다 작은 요인으로 축약시키는 방법을 의미한다. 축약시키는 방법은 여러 가지가 있지만 가장 보편적인 방법은 "**주성분(Principal Component) 방법**"이라고 할 수 있다.

요인추출 방법

주성분 분석법

주성분 분석법(Principal Component)은 전체 분산의 변동량을 이용하여 요인을 만들어내는 방법으로, SPSS를 비롯하여 가장 보편적으로 사용되는 방법이고, 특히 가장 작은 수의 요인으로 압축하고자 할 때 효과적이다.

가중되지 않은 최소제곱법

가중되지 않은 최소제곱법(Unweighted Least Square)은 공통요인 분석 방법 중 하나로 기본 상관행렬과 관측 상관행렬 차이가 최소의 제곱합을 가지는 요인끼리 묶어주는 방법이다.

일반화 최소제곱법

일반화 최소제곱법(Generalized Least Square)과 가중되지 않은 최소제곱법과의 차이점은, 각 요인의 고유치(고유값)가 높은 변수가 좀 더 가중이 되어져서 요인을 생성한다는 점이다.

최대우도법

최대우도법(Maximum likelihood) 또한 공통요인 분석 방법 중 하나로, 관측 상관행렬로부터 모상관행렬을 추정하는 데 가장 적합한 요인을 추출하는 방법이다.

주축요인 추출법

주축요인 추출법(Principal Axis Factoring)은 공통성(Communality)에 대한 변화량을 수렴하는 점까지 반복 계산하여, 적합한 요인들을 추출하는 방법이다.

알파요인 추출법

알파요인 추출법(Alpha Factoring)은 표본으로부터 모집단을 간주시키는 요인추출 방법으로, 특히 이 방법을 이용한 경우 요인들의 신뢰도(Crombach's alpha) 값이 최대값이 되도록 만들어준다.

이미지요인 추출법

이미지요인 추출법(Image Factoring)은 Guttman이 개발한 이미지 이론을 기반으로 한 요인추출법으로, 대량의 표본과 많은 변수를 가질 때 적합한 방법으로 알려져 있다.

요인추출에서 주성분 분석법과 공통요인 분석법

- 요인추출 방법에서 가장 많이 활용되는 방법은 주성분 분석법이다.
- 주성분 분석법은 사전 선행연구 등으로 사전 지식이 충분하고, 최소의 요인으로 축소하고자 할 때 사용되는 방법이다. 공통요인 분석 방법은 분산을 구성하는 사전 지식 등이 부족할 때 사용을 하면 적절하다.
- 그러나 각종 실행상의 문제점으로 인해 공통요인 분석 방법보다는 주성분 분석법이 더욱 많이 활용된다.
- 변수의 수가 30개 이상이거나, 변수의 공통성이 모두 0.6 이상일 때는 2개의 방법이 모두 비슷한 결과를 도출한다.

요인추출에서 주성분 분석법과 공통요인 분석법

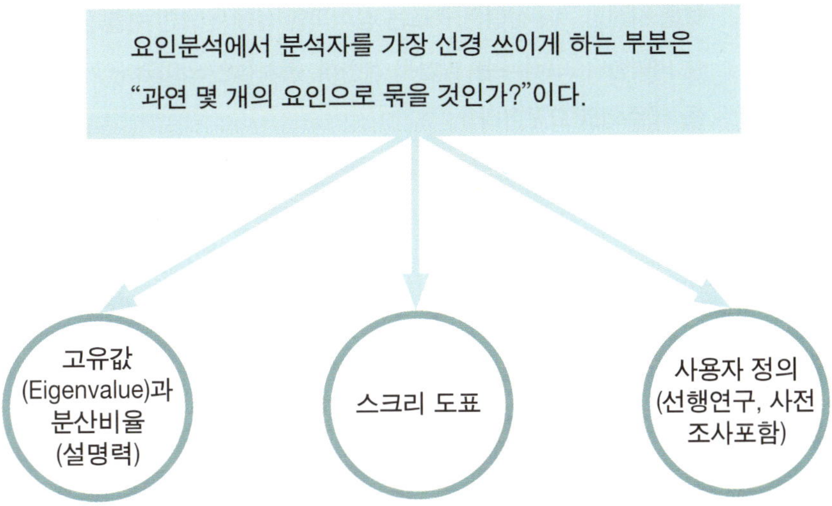

고유값 및 분산비율

가장 많이 활용되는 방법은 고유값과 분산비율을 이용하는 방법이다. 고유값(eigenvalue)의 의미는 요인적재값의 제곱의 합을 의미하며, 이는 궁극적으로 해당 요인이 전체에서 차지하는 분산 변동량, 즉 설명력을 얘기한다.

일반적인 기준으로 이 고유값이 1 이상이 되는 요인들로 구성된 것을 기준으로 요인 수를 지정한다. 또는 고유값이 의미하는 분산비율의 누적 설명량이 60~70%가 되는 요인 수를 최종 요인 수로 지정하기도 한다.

Scree 도표

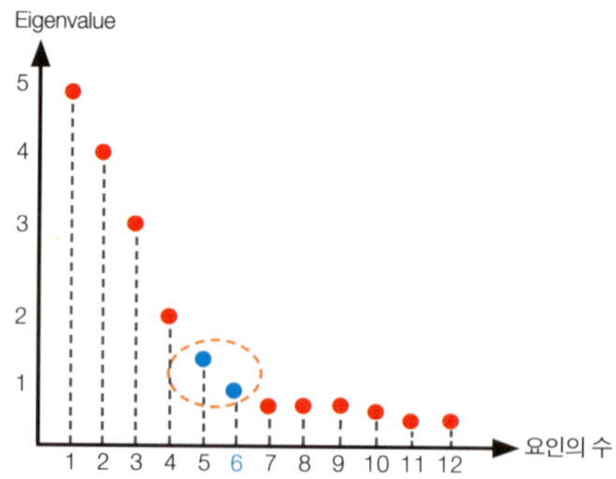

Scree라는 것은 팔꿈치를 의미하며, Scree 도표는 요인의 수와 고유치 간의 산점도를 그린 것으로 요인의 수가 늘어날수록 고유치는 점점 낮아지게 된다.
Scree 도표상에서 급격하게 꺾이는 부분의 요인의 수를 정한다. 예를 들어, 위의 그림 사례에서는 5 또는 6개에서 요인 수를 정한다.

사용자 정의 (선행연구, 사전조사)

특별한 계량적 기준 없이 분석자가 지정을 하는 방식이다.
보통 사전연구나 선행연구 또는 상식적인 선에서 요인 수를 임의대로 결정하는 것을 의미한다. 그러나 본 방법은 계량적, 통계적인 의미와 근거 등에 취약하므로 사용 시 주의를 요구한다.

4 요인회전

여러 개의 변수를 이용하여, 몇 개의 요인으로 축소(축약)시킬 때, 어떤 변수가 어떤 요인에 포함이 되는지를 명확하게 파악하기 어려운 경우가 있다. 이때 요인축을 회전시켜주면 더욱 명확하게 변수들이 어떤 요인에 포함되는지 파악하기 쉽게 되어, 좀 더 자세한 요인분석을 할 수 있게 된다.

일반적으로 요인회전은 옵션 사항이지만, 거의 모든 경우에서 수행을 해야 한다고 보면 된다.

요인회전은 크게 직각 회전과 사각 회전 2개의 방식이 있다. 직각 회전은 회전축 자체의 직각(90°)은 유지하면서, 회전축을 요인 특성이 가장 명확할 때까지 회전을 시키는 방법을 의미한다.→ 특히 요인 간 독립성이 보장된다.

직각 회전 (Orthogonal Factor Rotation)

- **Vari-Max**: 가장 일반적으로 활용되는 직각 회전 방법. 요인적재값 제곱의 분산이 최대가 되도록 요인의 축을 회전시키는 방법이다.
- **Quarti-Max**: 행을 중심으로, 요인들 중에서 큰 값은 더 크게, 작은 값은 더 작게 되도록 요인축을 최대한 직각 회전시키는 방법이다. 변수의 해석은 용이하지만 요인 설명은 부족한 것이 단점이다.
- **Equi-Max**: 위의 Vari-Max와 Quarti-Max의 방법을 혼합한 방법으로, 그런 만큼 논의성도 많은 방법이다.

사각 회전 (Oblique Factor Rotation)

- **Oblimin**: Oblimin이라는 것은 회전축을 이동시킬 때, 직각을 유지하지 않고, 90°가 아닌 요인의 각도에 맞추어 회전을 시켜서, 최대한 요인 특성을 맞추는 방법이다.
- **Pro-Max**: 위의 Oblimin과 동일한 사각 회전의 한 방법이다. 최적의 사각을 찾는 속도가 빨라서 대용량 자료에 적합한 방법이다.

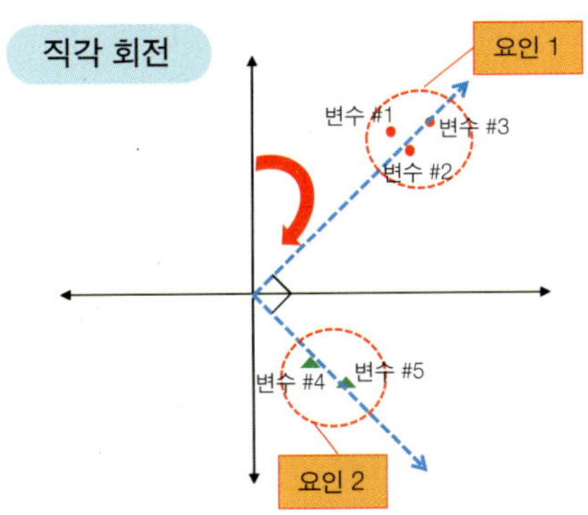

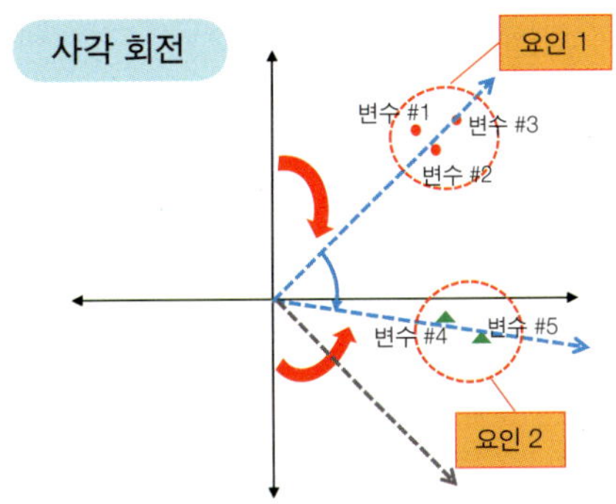

- 직각 회전에서 직각이 가지는 의미는 요인들 간에 상관성이 0이 되게끔 만든다는 것을 의미한다. 즉, 요인들 간에 완전 독립이 되게 하는 것이다. 따라서 이 경우 요인 간에 상관분석을 수행하면, 상관계수가 0이 나온다.
- 독립된 요인들이고, 서로 간에 전혀 무상관인 요인들로 만들어주는 것이며, 이것은 회전 전의 결과와도 부합하여, 직각 회전 방식을 주로 사용한다.

- 사각 회전은 이론적으로 직각 회전보다 요인과 요인을 이루고 있는 변수들 간의 관계를 더욱 뚜렷하게 할 수 있는 장점이 있다.
- 각도가 90° 보다 작은 경우에는 요인 간의 양의 상관관계, 90° 보다 큰 경우에는 음의 상관관계를 가진다.
- 그러나 실제 적용 시 절차 문제와 내부 알고리즘의 일부 문제로 논란의 소지 등도 있어, 특별하지 않은 경우 외에는 잘 사용을 하지 않는 편이다.

5 요인분석의 결과 해석

구형성 검정

1. 구형성 검정이란?

- 요인분석의 적합성을 파악하고, 적절한 변수와 Case를 이용한 요인분석이었는지를 살펴보는 검정 방법이다.

2. KMO(Keiser-Meyer-Olkin) 검정

- 변수 간의 편상관을 파악하는 척도로 요인분석에 사용된 변수의 수와 Case 수가 적절한지 파악하는 검정 방법이다.
- 일반적으로 KMO 검정값이 0.8 이상이면 적절하다고 판단한다.(절대적 기준은 아님)

3. Bartlett의 검정

- 요인분석 수행 시 내부 변수들 간의 상관계수 행렬이 대각 행렬인지를 검정한다.
- 대각 행렬이라면 변수 간의 상관성이 없어, 요인분석에 적합한 독립성을 가지고 있는 것을 의미하며, 그렇지 아니하면 변수 자체가 요인분석에 부적합하다는 것을 의미한다.

공통성 (Communality)

- 공통성이란 0에서 1 사이의 값을 가지며, 요인들을 구성하고 있는 변수들의 분산이 해당 요인들을 설명하는 설명력이라고 할 수 있다.(따라서 공통성이 높은 변수들이 요인 구성에 큰 역할을 한다고 할 수 있다.) **일반적으로 0.5 이상은 되어야지만 의미 있는 설명력을 가진다고 할 수 있으며,** 0.5 이하의 공통성을 가지면 제거도 고려해본다.(물론 필요시 제거를 안 해도 무방하다.)

요인적재값 (성분행렬 또는 회전된 성분행렬)

- 요인적재값(Factor Loading)이란 각 변수와 요인 간의 상관관계 값을 의미하며, 요인들과 변수와의 상관관계가 가까울수록(음의 방향, 양의 방향 모두) 가까운 요인의 구성 변수로 포함되어 진다. SPSS Statistics에서는 성분행렬표(회전을 시켰을 경우에는 회전된 성분행렬표)에 요인적재값이 나타나며, -1～+1 사이의 값을 가진다.
- 일반적으로 유의성 판단 기준(성분행렬의 요인적재값이 ±0.5 이상인 경우 실제적으로 유의성을 가지는 변수라고 할 수 있다.)이 되기도 한다. 또한 요인적재값은 표본크기와 요인분석에 사용되는 변수의 수와도 관련이 깊다. 일반적으로 표본의 크기가 작고 변수의 수가 적은 데이터일수록 요인적재값이 커야지만 의미 있는 요인분석이라고 할 수 있다.

요인의 명명(命名)

- 요인을 구성하고 있는 변수들의 공통되는 사항을 이용하여 적절한 요인명을 생성한다.

- 예를 들어 1번 요인을 구성하고 있는 A, B, C의 변수들이

  A변수 - "나는 할인가격을 중시한다."
  B변수 - "나는 물건 구매 시 쿠폰을 반드시 소지한다."
  C변수 -"내가 물건 구매 시 가장 중요시하는 요소는 가격이다."

  라는 3개의 변수로 이루어져 있다면, 1번 요인의 이름은 "가격중시성"이 될 것이다.

- 만약 요인 안에 포함된 변수명이 전혀 엉뚱한 것이 포함되었다면, 그 항목을 제거 후 다시 요인분석을 수행하거나, 다른 요인회전 방법 등을 활용해본다.

요인점수와 요인성분 계수행렬

- 요인분석은 여러 개의 변수를 몇 개의 요인으로 축약시켜 다른 분석(회귀, 판별, 군집분석 등)에 활용하는 목적으로 많이 이용이 된다.

- 그렇게 위해서는 요인들이 다시 변수화되어져야 하는데, 이렇게 요인들이 점수화되어, 변수화된 것을 요인점수라고 한다. 이 요인점수를 다른 분석에서 변수로 사용한다.

- SPSS Statistics에서는 요인들의 요인점수 계산을 위한 요인성분 계수행렬이 출력되고, 이를 기반으로 요인점수가 저장이 되어진다.

- 뒤에 있을 구조방정식모형에서는 이 요인점수가 바로 구조방정식모형의 잠재변수와 밀접한 연관이 있게 된다.

6 SPSS Statistics를 이용한 (탐색적) 요인분석의 실습

요인분석 실습 데이터

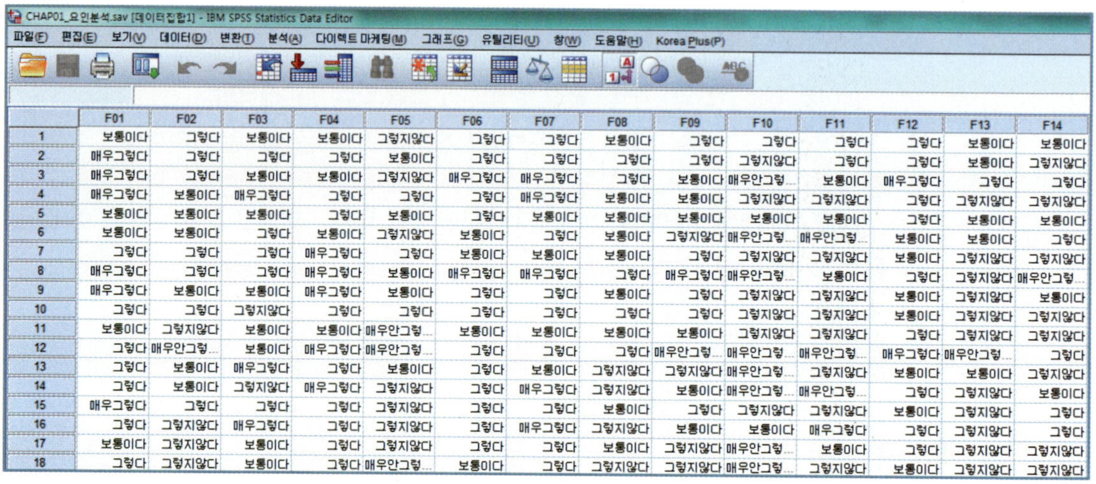

	F01	F02	F03	F04	F05	F06	F07	F08	F09	F10	F11	F12	F13	F14
1	보통이다	그렇다	보통이다	보통이다	그렇지않다	그렇다	그렇다	보통이다	그렇다	그렇다	그렇다	그렇다	보통이다	보통이다
2	매우그렇다	그렇다	그렇다	그렇다	보통이다	그렇다	그렇다	그렇다	그렇다	그렇지않다	그렇다	그렇다	보통이다	그렇지않다
3	매우그렇다	그렇다	보통이다	보통이다	그렇지않다	매우그렇다	매우그렇다	그렇다	보통이다	매우안그렇...	보통이다	매우그렇다	그렇다	그렇다
4	매우그렇다	보통이다	매우그렇다	그렇다	그렇다	그렇다	매우그렇다	보통이다	보통이다	그렇지않다	그렇지않다	그렇다	그렇지않다	그렇지않다
5	보통이다	보통이다	보통이다	그렇다	보통이다	그렇다	보통이다	보통이다	보통이다	보통이다	보통이다	그렇다	보통이다	보통이다
6	보통이다	보통이다	그렇다	보통이다	그렇지않다	보통이다	그렇다	보통이다	그렇지않다	매우안그렇...	매우안그렇...	보통이다	보통이다	그렇다
7	그렇다	그렇다	그렇다	매우그렇다	그렇다	보통이다	보통이다	보통이다	그렇다	그렇지않다	그렇지않다	보통이다	그렇지않다	그렇지않다
8	매우그렇다	그렇다	그렇다	매우그렇다	보통이다	매우그렇다	매우그렇다	그렇다	매우그렇다	매우안그렇...	보통이다	그렇다	그렇지않다	매우안그렇...
9	매우그렇다	보통이다	보통이다	매우그렇다	보통이다	그렇다	그렇다	보통이다	그렇다	그렇지않다	그렇지않다	보통이다	그렇지않다	보통이다
10	그렇다	그렇다	그렇지않다	그렇다	그렇다	그렇다	그렇다	그렇다	그렇다	그렇지않다	그렇지않다	보통이다	그렇지않다	그렇지않다
11	보통이다	그렇지않다	보통이다	보통이다	매우안그렇...	보통이다	보통이다	보통이다	보통이다	그렇지않다	그렇지않다	그렇다	그렇지않다	그렇지않다
12	그렇다	매우안그렇...	보통이다	매우그렇다	매우안그렇...	그렇다	그렇다	그렇다	매우안그렇...	매우안그렇...	매우안그렇...	매우그렇다	매우안그렇...	그렇다
13	그렇다	보통이다	매우그렇다	그렇다	보통이다	그렇다	보통이다	그렇지않다	그렇지않다	매우안그렇...	그렇지않다	보통이다	보통이다	그렇지않다
14	그렇다	보통이다	그렇지않다	매우그렇다	그렇지않다	그렇다	매우그렇다	그렇지않다	보통이다	매우안그렇...	매우안그렇...	그렇다	그렇지않다	보통이다
15	매우그렇다	그렇다	그렇다	그렇다	그렇지않다	그렇다	그렇다	보통이다	그렇다	그렇지않다	그렇지않다	보통이다	그렇지않다	그렇다
16	그렇다	그렇지않다	매우그렇다	그렇다	그렇지않다	그렇다	매우그렇다	그렇지않다	보통이다	보통이다	매우그렇다	그렇다	그렇지않다	그렇다
17	보통이다	그렇지않다	보통이다	그렇다	그렇지않다	그렇다	그렇다	보통이다	그렇지않다	매우안그렇...	보통이다	그렇다	그렇지않다	그렇지않다
18	그렇다	그렇지않다	보통이다	그렇다	매우안그렇...	보통이다	그렇다	그렇지않다	그렇지않다	매우안그렇...	그렇지않다	보통이다	그렇지않다	그렇지않다

- 본 데이터는 206명의 소비자들을 대상으로 의류 구매 시 행동패턴 14가지에 대하여, 설문지로 조사한 데이터이다.
- 모두 1~5점 Likert 척도로 조사를 했으며, 모든 변수의 범주는 다음과 같다.

  1. 매우 안 그렇다. 2. 그렇지 않다. 3. 보통이다. 4. 그렇다. 5. 매우 그렇다.

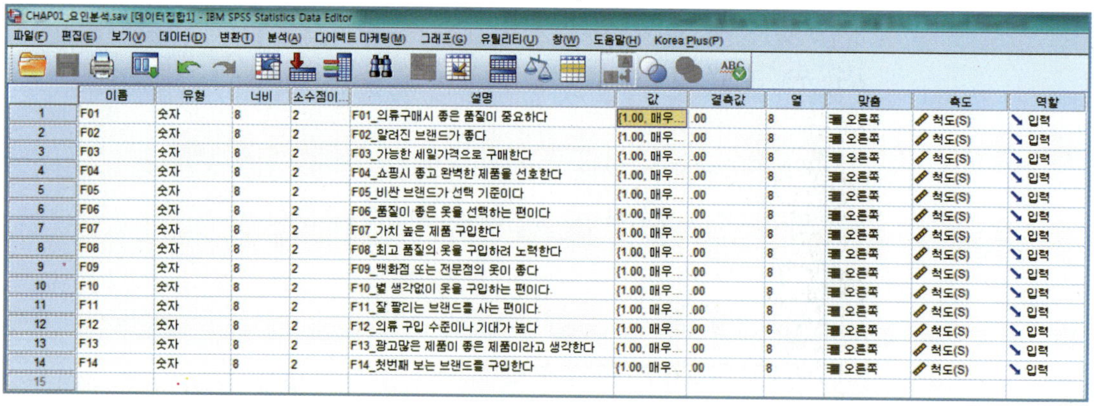

	이름	유형	너비	소수점이...	설명	값	결측값	열	맞춤	측도	역할
1	F01	숫자	8	2	F01_의류구매시 좋은 품질이 중요하다	{1.00, 매우...	.00	8	오른쪽	척도(S)	입력
2	F02	숫자	8	2	F02_알려진 브랜드가 좋다	{1.00, 매우...	.00	8	오른쪽	척도(S)	입력
3	F03	숫자	8	2	F03_가능한 세일가격으로 구매한다	{1.00, 매우...	.00	8	오른쪽	척도(S)	입력
4	F04	숫자	8	2	F04_쇼핑시 좋고 완벽한 제품을 선호한다	{1.00, 매우...	.00	8	오른쪽	척도(S)	입력
5	F05	숫자	8	2	F05_비싼 브랜드가 선택 기준이다	{1.00, 매우...	.00	8	오른쪽	척도(S)	입력
6	F06	숫자	8	2	F06_품질이 좋은 옷을 선택하는 편이다	{1.00, 매우...	.00	8	오른쪽	척도(S)	입력
7	F07	숫자	8	2	F07_가치 높은 제품 구입한다	{1.00, 매우...	.00	8	오른쪽	척도(S)	입력
8	F08	숫자	8	2	F08_최고 품질의 옷을 구입하려 노력한다	{1.00, 매우...	.00	8	오른쪽	척도(S)	입력
9	F09	숫자	8	2	F09_백화점 또는 전문점의 옷이 좋다	{1.00, 매우...	.00	8	오른쪽	척도(S)	입력
10	F10	숫자	8	2	F10_별 생각없이 옷을 구입하는 편이다	{1.00, 매우...	.00	8	오른쪽	척도(S)	입력
11	F11	숫자	8	2	F11_잘 팔리는 브랜드를 사는 편이다	{1.00, 매우...	.00	8	오른쪽	척도(S)	입력
12	F12	숫자	8	2	F12_의류 구입 수준이나 기대가 높다	{1.00, 매우...	.00	8	오른쪽	척도(S)	입력
13	F13	숫자	8	2	F13_광고많은 제품이 좋은 제품이라고 생각한다	{1.00, 매우...	.00	8	오른쪽	척도(S)	입력
14	F14	숫자	8	2	F14_첫번째 보는 브랜드를 구입한다	{1.00, 매우...	.00	8	오른쪽	척도(S)	입력
15											

- 14개의 요인분석을 위한 변수들의 질문 문항들이다.
- 변수명이 길어서 일단 기본 변수명은 F01, …, F14로 정의하였고, 변수 설명란에 설문지 문항을 입력하였다.

※ 실습 파일명: CHAP01_요인분석.sav

6.1 SPSS 실습 – 요인분석

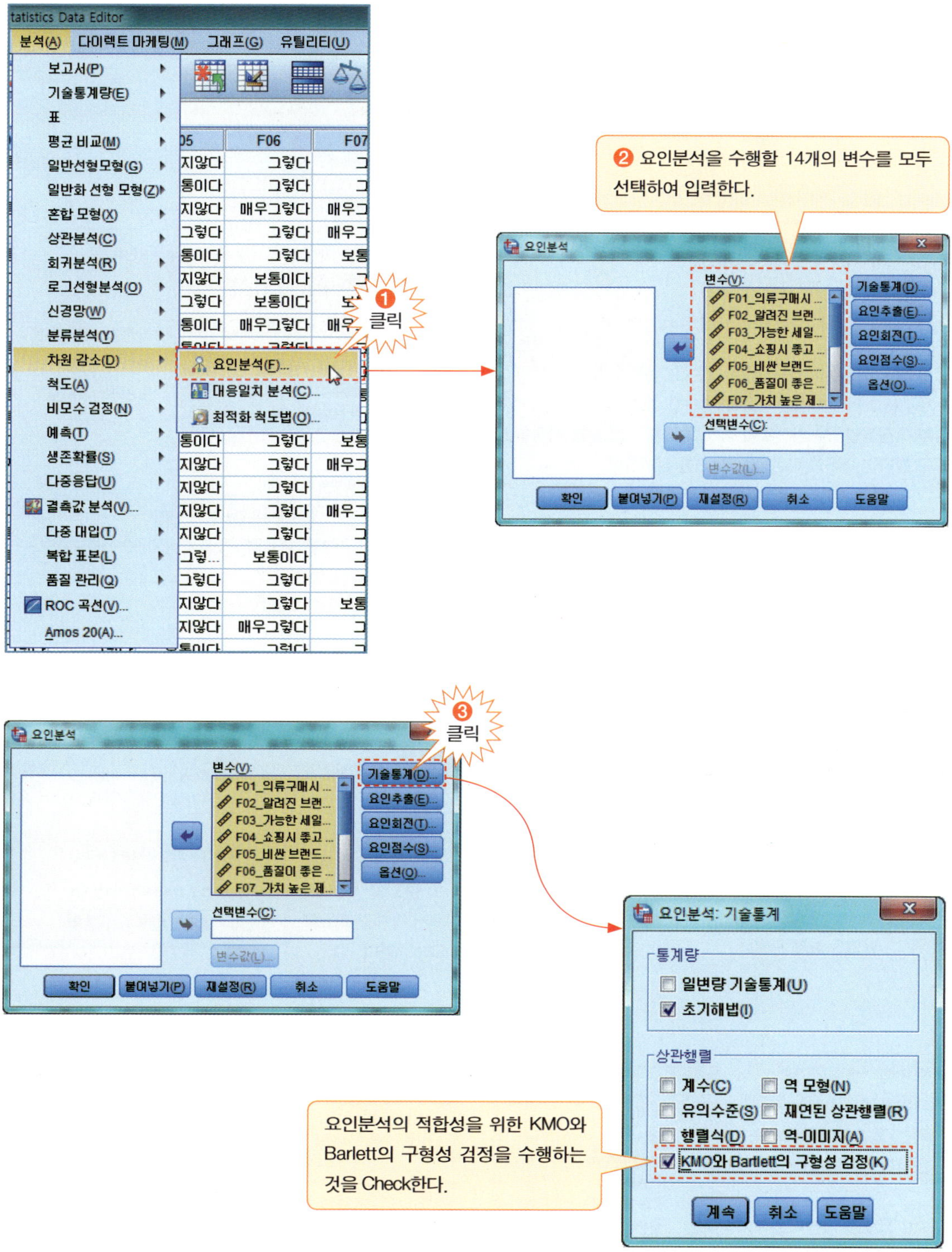

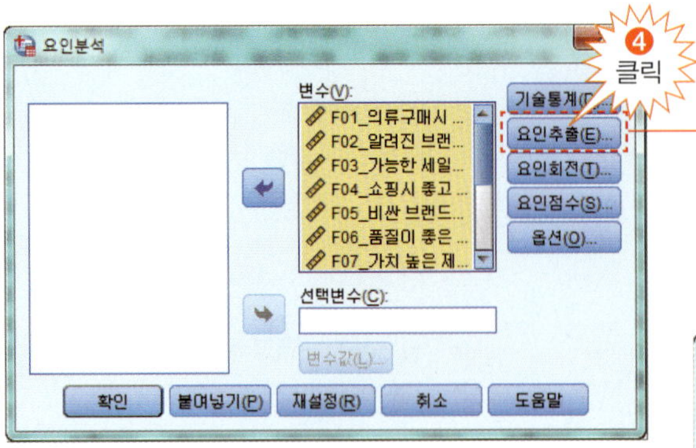

요인추출 방법을 선택하는 곳이다.
이곳에서 주성분 방법이나 최소제곱법 등을 선택할 수 있다.
가장 많이 활용되는 주성분 분석법을 선택한다.

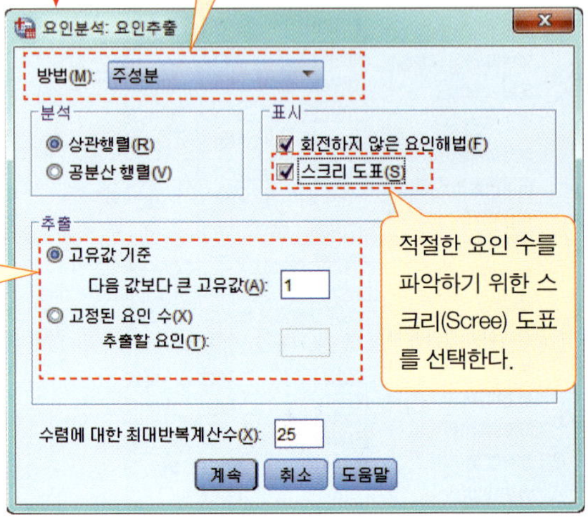

요인추출에서 요인 수를 지정하기 위한 기준을 설정하는 것이다. 기본설정(Default)은 고유값(고유치) 기준으로, 고유값이 1 이상을 기준으로 요인 수를 결정한다. 만약 분석자가 선행연구나 사전조사 등으로 특정 요인 수를 지정하고 싶다면 아래의 고정된 요인 수를 선택한다.

적절한 요인 수를 파악하기 위한 스크리(Scree) 도표를 선택한다.

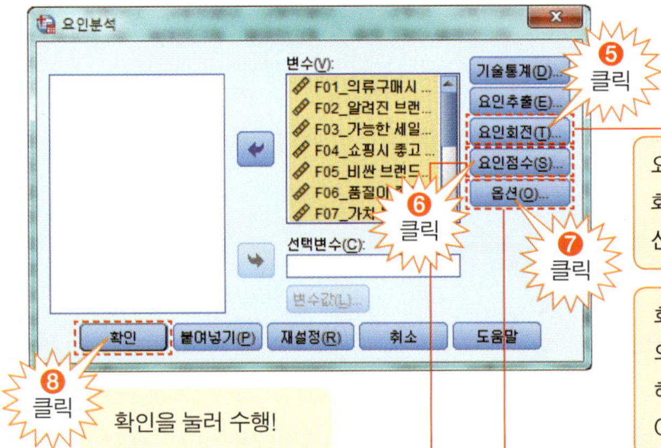

확인을 눌러 수행!

요인회전 중에서, 직각회전인 베리멕스를 선택한다.

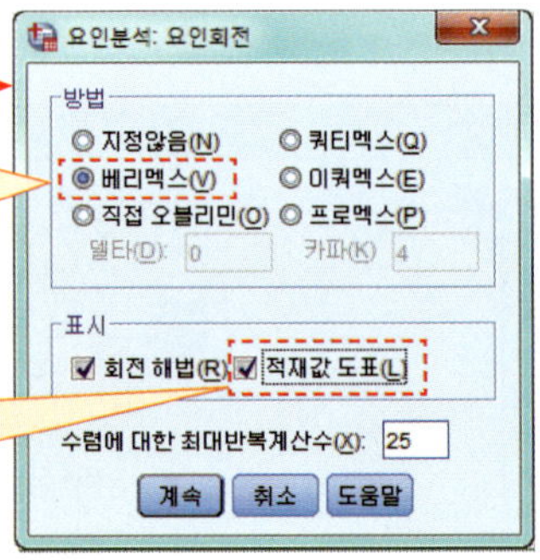

회전 후 요인적재값의 분포를 보기 위해서 적재값 도표를 Check한다.

요인점수를 SPSS의 데이터 변수로 저장시키는 옵션이다.(회귀분석이 기본이다.)

요인점수의 계산식을 파악하기 위해서 계수행렬을 출력시킨다.

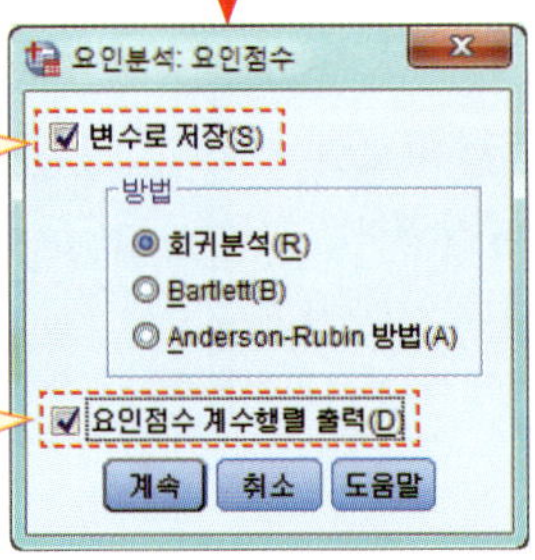

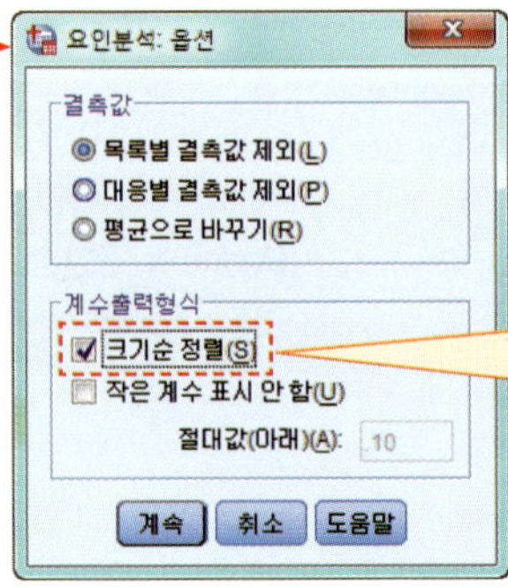

성분행렬에서 요인별로 계수행렬이 큰 순서대로 정렬되어 출력되어 주는 옵션이다.
➞ 필수 지정

결과

KMO 검정 결과 0.728로 일반적으로 따르는 0.8보다는 약간 작게 나온다. ➡ 사회과학에서는 융통성 있게 접근이 필요하다. 간호학 등에서는 이 기준이 더욱 엄격하여 0.9 이상이 나와야 한다고 하는 경우도 있다.
자신의 연구 분야 상식과 과거 사례연구 등을 통해서, 적절히 KMO 값을 이용할 것을 권장한다. ➡ 너무 낮다면 설문 문항 및 분석의 재고가 필요하다.

KMO와 Bartlett의 검정

표준형성 적절성의 Kaiser-Meyer-Olkin 측도.		.728
Bartlett의 구형성 검정	근사 카이제곱	545.438
	자유도	91
	유의확률	.000

Bartlett의 검정 결과 유의수준 0.05보다 작기 때문에 "H_0: 변수들 간의 상관행렬은 대각행렬이다." "H_1: not H_0"에서 신뢰수준 95%에서, H_0가 기각이 되어(p-value = 0.000 < 0.05) 대각행렬이 되지 않고, 이는 곧 변수들 간의 독립성이 보장되어, 요인분석을 하기에 적합하다는 의미가 된다. 따라서 본 요인분석을 수행함에 큰 무리가 없다고 할 수 있다.

공통성

	초기	추출
F01_의류구매시 좋은 품질이 중요하다	1.000	.557
F02_알려진 브랜드가 좋다	1.000	.715
F03_가능한 세일가격으로 구매한다	1.000	.667
F04_쇼핑시 좋고 완벽한 제품을 선호한다	1.000	.607
F05_비싼 브랜드가 선택 기준이다	1.000	.557
F06_품질이 좋은 옷을 선택하는 편이다	1.000	.409
F07_가치 높은 제품 구입한다	1.000	.548
F08_최고 품질의 옷을 구입하려 노력한다	1.000	.467
F09_백화점 또는 전문점의 옷이 좋다	1.000	.521
F10_별 생각없이 옷을 구입하는 편이다.	1.000	.435
F11_잘 팔리는 브랜드를 사는 편이다.	1.000	.518
F12_의류 구입 수준이나 기대가 높다	1.000	.580
F13_광고많은 제품이 좋은 제품이라고 생각한다	1.000	.492
F14_첫번째 보는 브랜드를 구입한다	1.000	.518

추출 방법: 주성분 분석.

공통성(Communality) 결과를 보면 F06, F08, F10, F13번 문항이 0.5보다 작아서 소속된 요인에서의 설명력이 떨어지는 것을 알 수 있다.
본 사례는 일단 제거하지 않고 진행을 하며, 향후 분석자가 필요시에는 공통성이 낮은 문항은 제거 후 요인분석을 해보는 것도 좋다.

설명된 총분산

성분	초기 고유값			추출 제곱합 적재값			회전 제곱합 적재값		
	합계	% 분산	% 누적	합계	% 분산	% 누적	합계	% 분산	% 누적
1	3.138	22.413	22.413	3.138	22.413	22.413	2.441	17.437	17.437
2	2.134	15.240	37.653	2.134	15.240	37.653	2.055	14.681	32.118
3	1.263	9.022	46.675	1.263	9.022	46.675	1.903	13.594	45.712
4	1.057	7.551	54.226	1.057	7.551	54.226	1.192	8.514	54.226
5	.984	7.030	61.257						
6	.883	6.304	67.561						
7	.804	5.744	73.304						
8	.716	5.115	78.419						
9	.634	4.528	82.947						
10	.604	4.312	87.260						
11	.525	3.748	91.008						
12	.468	3.340	94.348						
13	.439	3.133	97.481						
14	.353	2.519	100.000						

추출 방법: 주성분 분석.

❶ 회전시킨 후 4개의 요인이 설명하는 설명력을 보여준다. % 분산이 각 요인이 설명하는 개별 설명력이다. 1번 요인은 17.437%를 설명한다고 볼 수 있다.

4개 요인의 누적은 총 54.226%를 설명한다고 할 수 있다.

이 설명량을 가지고도 요인 수를 정할 수 있는데, 보통 기준은 60% 이상이면 좋다고 할 수 있다. 본 사례는 그 기준에 약간 미흡하며, 5개 요인으로 지정했을 때에는 아마도 누적이 60%는 초과할 것으로 예상이 된다.

❷ 회전시킨 후의 고유값(고유치)이 1 이상이 되는 성분이 4개가 나와서 요인 수를 4개로 정하였다.(앞의 옵션에서 요인 수의 지정을 고유값 1 이상인 것으로 지정하였다.)

즉, 이 의미는 총 14개의 변수를 4개의 요인으로 축약시킨 것이라고 생각하면 된다. 또한 14개의 원래 변수들은 이 4개의 요인에 성분들이 녹아져 있다고 할 수 있다.

❸ 참고로 초기 고유값을 보면 성분 1~14까지 있다. 그리고 성분 14의 % 누적을 보면 100인 것을 알 수 있다. 요인을 14개로 했을 시(요인분석을 안 한 것과 같다.) 100% 설명이 되고, 성분이 작아질수록 % 누적이 줄어드는 것을 알 수 있다. 여기서 적절한 고유값과 % 누적을 통해서 요인 수를 추정해볼 수도 있다.

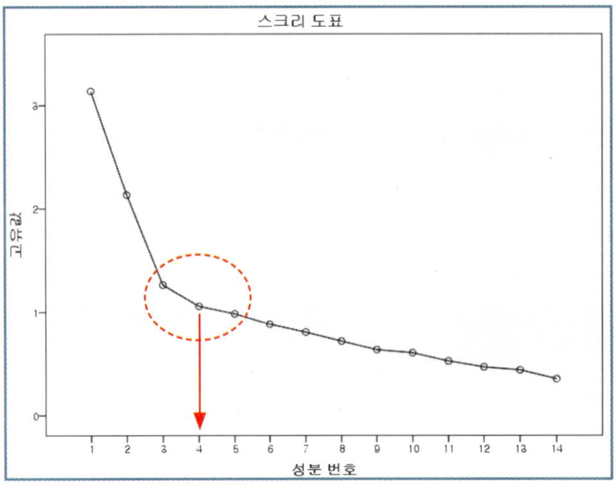

스크리 도표

스크리 도표 또한 요인 수를 결정하는 방법 중 하나이다. (그러나 일반적으로 고유값을 이용한 방법이나 분산비율 등을 이용한 방법과 크게 차이 나지는 않는다.)

본 스크리 도표를 보면 대략 성분 번호(x축) 3~5 사이에서 급격하게 고유값이 꺾이는 것을 알 수 있다.

이렇게 급격하게 꺾이는 점의 성분 번호가 바로 요인 수를 정하는 Point가 될 수 있다.

본 스크리 도표도 보여주듯 대략적으로 요인 수를 4개로 정하는 것이 큰 무리가 없을 것으로 판단이 된다.

성분행렬[a]

	성분			
	1	2	3	4
F09_백화점 또는 전문점의 옷이 좋다	.664	-.183	-.198	.082
F05_비싼 브랜드가 선택 기준이다	.649	-.249	-.269	.035
F08_최고 품질의 옷을 구입하려 노력한다	.623	.225	-.034	-.166
F02_알려진 브랜드가 좋다	.599	-.270	-.449	.286
F01_의류구매시 좋은 품질이 중요하다	.590	.418	-.004	-.186
F06_품질이 좋은 옷을 선택하는 편이다	.518	.343	.090	.123
F04_쇼핑시 좋고 완벽한 제품을 선호한다	.485	.593	-.131	-.062
F10_별 생각없이 옷을 구입하는 편이다.	-.255	.588	-.130	-.084
F13_광고많은 제품이 좋은 제품이라고 생각한다	.388	-.507	.287	.047
F11_잘 팔리는 브랜드를 사는 편이다.	.445	-.478	.293	-.073
F14_첫번째 보는 브랜드를 구입한다	.245	-.336	.508	-.294
F12_의류 구입 수준이나 기대가 높다	.323	.391	.439	-.361
F03_가능한 세일가격으로 구매한다	-.047	.173	.440	.664
F07_가치 높은 제품 구입한다	.311	.380	.306	.462

요인추출 방법: 주성분 분석.
a. 추출된 4 성분

표 중에서 성분행렬표가 나오는데, 성분행렬표는 요인을 회전시키지 않은 경우에는 매우 중요하지만, 회전을 시킨 경우에는 참고만 하고 실제 해석은 회전된 성분행렬을 이용하여 해석한다. 물론 회전하지 않은 경우의 해석은 아래의 회전된 성분행렬과 동일하게 한다.

회전된 성분행렬[a]

	성분			
	1	2	3	4
❶ F01_의류구매시 좋은 품질이 중요하다	.727	.166	-.013	.006
F04_쇼핑시 좋고 완벽한 제품을 선호한다	.706	.167	-.270	.086
F12_의류 구입 수준이나 기대가 높다	.654	-.325	.212	.031
F08_최고 품질의 옷을 구입하려 노력한다	.616	.275	.103	-.037
F06_품질이 좋은 옷을 선택하는 편이다	.537	.201	.008	.284
F02_알려진 브랜드가 좋다	.068	.839	.071	.022
F05_비싼 브랜드가 선택 기준이다	.229	.663	.237	-.096
F09_백화점 또는 전문점의 옷이 좋다	.275	.625	.236	-.004
F14_첫번째 보는 브랜드를 구입한다	.127	-.156	.687	-.075
F11_잘 팔리는 브랜드를 사는 편이다.	.064	.227	.680	-.005
F13_광고많은 제품이 좋은 제품이라고 생각한다	-.036	.248	.651	.080
F10_별 생각없이 옷을 구입하는 편이다.	.212	-.301	-.547	-.005
F03_가능한 세일가격으로 구매한다	-.091	-.114	.018	.804
F07_가치 높은 제품 구입한다	.333	.051	-.024	.659

요인추출 방법: 주성분 분석.
회전 방법: Kaiser 정규화가 있는 베리멕스.

4개의 요인에 보면 성분행렬의 절대값이 0.5 이하인 것이 거의 없어, 요인에 대한 설명력이 있는 요인으로 구분된 것을 알 수 있다.
각 요인별로 변수명/의미를 통해서 공통된 특성을 뽑아 명명을 해야 한다.
다음과 같이 명명을 하였다.

1요인: 품질 중시 성향
2요인: 브랜드/이미지 중시 성향
3요인: 즉흥 충동 구매 성향
4요인: 가격 중시 성향

❶ (회전된) 성분행렬표를 해석하는 방법은 예를 들어 "F01_의류구매시 좋은 품질이 중요하다"라는 문항은 1요인(성분)이 0.727, 2요인(성분)이 0.166, 3요인(성분)이 -0.013, 4요인(성분)이 0.006으로 나와 있다. 이 4개의 요인(성분) 중 "절대값"이 가장 높은 것이 바로 해당 요인이 된다. 즉, F01은 1번 요인에 포함된다.
다른 것들도 동일하게 해석한다. 이에 맞추어 결론을 해석해보면

1요인: F01, F04, F12, F08, F06
2요인: F02, F05, F09
3요인: F14, F11, F13, F10
4요인: F03, F07

회전된 성분행렬[a]

	성분			
	1	2	3	4
F01_의류구매시 좋은 품질이 중요하다	.727	.166	-.013	.006
F04_쇼핑시 좋고 완벽한 제품을 선호한다	.706	.167	-.270	.086
F12_의류 구입 수준이나 기대가 높다	.654	-.325	.212	.031
F08_최고 품질의 옷을 구입하려 노력한다	.616	.275	.103	-.037
F06_품질이 좋은 옷을 선택하는 편이다	.537	.201	.008	.284
F02_알려진 브랜드가 좋다	.068	.839	.071	.022
F05_비싼 브랜드가 선택 기준이다	.229	.663	.237	-.096
F09_백화점 또는 전문점의 옷이 좋다	.275	.625	.236	-.004
F14_첫번째 보는 브랜드를 구입한다	.127	-.156	.687	-.075
F11_잘 팔리는 브랜드를 사는 편이다.	.064	.227	.680	-.005
F13_광고많은 제품이 좋은 제품이라고 생각한다	-.036	.248	.651	.080
F10_별 생각없이 옷을 구입하는 편이다.	.212	-.301	-.547	-.005
F03_가능한 세일가격으로 구매한다	-.091	-.114	.018	.804
F07_가치 높은 제품 구입한다	.333	.051	-.024	.659

요인추출 방법: 주성분 분석.
회전 방법: Kaiser 정규화가 있는 베리멕스.

비교해 보세요!

요인(성분) 1의 14개 값을 다음과 같이 계산해본다.

$(0.727)^2 + (0.706)^2 + \cdots + (0.333)^2 = 2.441$

➡ 이 값이 요인 설명력 고유값(앞의 설명된 총분산표 확인), 그리고 이것을 변수의 수로 나누어준 것이

2.441/14(변수 수)*100 = 17.43(%)

➡ 이 값이 바로 해당 요인(성분) 설명력이 된다.

※ 다른 2, 3, 4 요인(성분)도 동일하게 계산하고 비교해본다.

설명된 총분산

추출 제곱합 적재값			회전 제곱합 적재값		
합계	% 분산	% 누적	합계	% 분산	% 누적
3.138	22.413	22.413	2.441	17.437	17.437
2.134	15.240	37.653	2.055	14.681	32.118
1.263	9.022	46.675	1.903	13.594	45.712
1.057	7.551	54.226	1.192	8.514	54.226

성분 변환행렬

성분	1	2	3	4
1	.674	.623	.385	.098
2	.635	-.325	-.652	.257
3	.142	-.612	.625	.463
4	-.349	.363	-.189	.843

요인추출 방법: 주성분 분석.
회전 방법: Kaiser 정규화가 있는 베리멕스.

4개의 요인들 간의 연관성을 나타내어 주는 행렬표이다. 참고 정도로 보면 된다.

회전 공간의 성분 도표

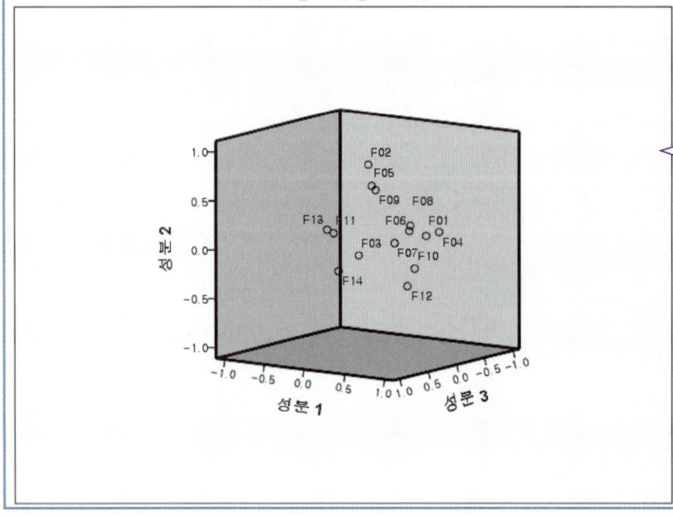

4개의 요인적재값 도표이다. 4개의 요인이므로 4차원이 되어야 하지만 3차원 이상은 출력을 할 수 없어, 일단 참고적인 의미로만 살펴본다.

보통 2차원으로 되는 경우, 의미 및 각종 해석을 하는 데 도움이 된다.

성분점수 계수행렬				
	성분			
	1	2	3	4
F01_의류구매시 좋은 품질이 중요하다	.312	-.009	-.024	-.081
F02_알려진 브랜드가 좋다	-.097	.476	-.118	.049
F03_가능한 세일가격으로 구매한다	-.129	-.021	.040	.710
F04_쇼핑시 좋고 완벽한 제품을 선호한다	.286	.048	-.175	-.011
F05_비싼 브랜드가 선택 기준이다	.024	.309	.016	-.081
F06_품질이 좋은 옷을 선택하는 편이다	.183	.049	-.019	.188
F07_가치 높은 제품 구입한다	.061	.014	-.009	.536
F08_최고 품질의 옷을 구입하려 노력한다	.252	.049	.020	-.098
F09_백화점 또는 전문점의 옷이 좋다	.039	.284	.025	-.008
F10_별 생각없이 옷을 구입하는 편이다.	.133	-.106	-.260	-.052
F11_잘 팔리는 브랜드를 사는 편이다.	.010	-.006	.359	.005
F12_의류 구입 수준이나 기대가 높다	.354	-.332	.202	-.070
F13_광고많은 제품이 좋은 제품이라고 생각한다	-.051	.031	.336	.094
F14_첫번째 보는 브랜드를 구입한다	.107	-.248	.437	-.081

요인추출 방법: 주성분 분석.
회전 방법: Kaiser 정규화가 있는 베리멕스.
요인 점수.

성분점수 계수행렬

성분점수 계수행렬표는 만들어진 4개의 요인을 점수화시키기 위한 일종의 선형식의 계수값 표라고 할 수 있다.

이 계수(가중치)값을 이용하여 14개의 변수가 4개의 요인으로 축약된 **요인점수(Factor Score)**가 된다.

$$\text{개인별 요인점수 변수의 요인계수} = \sum_{i=1}^{k} (\text{변수 } i\text{의 요인계수} \times \text{변수 } i\text{의 원자료의 표준화 값})$$

요인점수를 계산하는 방법은

➡ 요인 1 점수 = .312 × (1번 변수에 대한 응답의 표준화 값) − .097 × (2번 변수에 대한 응답의 표준화 값) + ⋯ + .107 × (14번 변수에 대한 응답의 표준화 값) = -0.065015

여기서 1번 변수에 대한 응답의 표준화 값은 (1번 변수값−평균)/표준편차인 값이 되며, SPSS Statistics에서는 분석→기술통계→표준화 값을 변수로 저장 값을 선택하면, 변수로 표준화된 값을 저장할 수 있다.

F13	F14	FAC1_1	FAC2_1	FAC3_1	FAC4_1
보통이다	보통이다	-.65015	.45827	1.91091	-.32355
보통이다	그렇지않다	.87084	.99732	.62071	.26229
그렇다	그렇다	1.75778	-.76308	1.77161	.39444
그렇지않다	그렇지않다	.64395	.38428	-.56843	2.07667
보통이다	보통이다	-.09268	-.12321	1.09514	-1.51824
보통이다	그렇다	-1.05728	-1.07809	.16430	.19332
그렇지않다	그렇지않다	-.20972	1.75044	-1.18799	-.95662
그렇지않다	매우안그렇...	1.83253	1.62612	-1.36791	1.38457
그렇지않다	보통이다	.98903	.57503	-.70071	-.90151
그렇지않다	그렇지않다	.46322	1.90656	-1.07195	-1.91186
그렇지않다	그렇지않다	-.66168	-1.58715	-.22346	-1.76301
매우안그렇...	그렇다	2.25002	-3.72598	-.64571	-1.28381
보통이다	그렇지않다	-.75427	-.08079	-.64881	.68554

데이터 창으로 돌아와 보면, 4개의 변수가 추가로 저장된 것을 알 수 있다.
즉 14개의 변수가 4개의 요인으로 축약되어, 요인점수로 저장된 것이다.

F14	숫자	8	2	F14_첫번째 보는 브랜드를 구입한다
FAC1_1	숫자	11	5	REGR factor score 1 for analysis 1
FAC2_1	숫자	11	5	REGR factor score 2 for analysis 1
FAC3_1	숫자	11	5	REGR factor score 3 for analysis 1
FAC4_1	숫자	11	5	REGR factor score 4 for analysis 1

F14	숫자	8	2	F14_첫번째 보는 브랜드를 구입한다
FAC1_1	숫자	11	5	품질중시성향점수
FAC2_1	숫자	11	5	브랜드 이미지 중시성향 점수
FAC3_1	숫자	11	5	즉흥충동 구매성향 점수
FAC4_1	숫자	11	5	가격 중시 성향 점수

SPSS의 변수 보기 창에서 요인의 설명을 명명한 요인명으로 바꾸어 준다. 그리고 이 4개의 변수를 이용하여 다양한 다른 분석(판별분석, 회귀분석, 군집분석 등)을 수행할 수 있다. ➡ 2차 분석을 위한 변수

참고 요인분석과 군집분석

다변량 통계분석의 대표적인 분석 기법인 요인분석과 군집분석은 큰 의미로 보면 데이터를 축약(그룹화)시켜주는 역할을 하고 있는 분석 기법이다.

요인분석과 군집분석에서 축약 또는 그룹화의 차이를 인지해 두어야 한다.

요인분석은 변수를 축약시켜주는 역할을 수행한다.

	d1	d2	d3	d4	d5	d6	d7	d8	d9	d10	d11	d12	d13	d14	age	income	school	marry	job
1	보통이다	그렇다	보통이다	보통이다	그렇지않다	그렇다	그렇다	보통이다	그렇다	그렇다	그렇다	그렇다	보통이다	보통이다	40세이상	300만원이상	전문대/대졸	기혼	전업주부
2	매우그렇다	그렇다	그렇다	그렇다	보통이다	그렇다	그렇다	그렇다	그렇다	그렇지않다	그렇다	그렇다	보통이다	그렇지않다	40세이상	300만원이상	전문대/대졸	기혼	자영업
3	매우그렇다	그렇다	보통이다	보통이다	그렇지않다	매우그렇다	매우그렇다	그렇다	보통이다	매우안그렇다	보통이다	매우그렇다	그렇다	그렇다	25세이하	300만원이상	고졸/고재	미혼	학생
4	매우그렇다	보통이다	매우그렇다	그렇다	그렇다	그렇다	매우그렇다	보통이다	보통이다	그렇지않다	그렇지않다	그렇다	그렇지않다	그렇지않다	26-30세	100-200만원	전문대/대졸	미혼	전문직
5	보통이다	보통이다	보통이다	그렇다	보통이다	그렇다	보통이다	보통이다	보통이다	보통이다	보통이다	그렇다	보통이다	보통이다	26-30세	200-300만원	전문대/대졸	미혼	사무직
6	보통이다	보통이다	그렇다	보통이다	그렇지않다	보통이다	그렇다	보통이다	그렇지않다	매우안그렇다	매우안그렇다	보통이다	보통이다	그렇다	40세이상	300만원이상	전문대/대졸	기혼	자영업
7	그렇다	그렇다	그렇다	매우그렇다	그렇다	보통이다	보통이다	보통이다	그렇다	그렇지않다	그렇지않다	보통이다	그렇지않다	그렇지않다	31-40세	100만원이하	전문대/대졸	미혼	사무직
8	매우그렇다	그렇다	그렇다	매우그렇다	보통이다	매우그렇다	매우그렇다	그렇다	매우그렇다	매우안그렇다	보통이다	그렇다	그렇지않다	매우안그렇다	25세이하	300만원이상	전문/대재	미혼	학생
9	매우그렇다	보통이다	보통이다	매우그렇다	보통이다	그렇다	그렇다	보통이다	그렇다	그렇지않다	그렇지않다	보통이다	그렇지않다	보통이다	25세이하	.00	전문/대재	미혼	학생
10	그렇다	그렇다	그렇지않다	그렇다	그렇다	그렇다	그렇다	그렇다	그렇다	그렇지않다	그렇지않다	보통이다	그렇지않다	그렇지않다	26-30세	200-300만원	전문대/대졸	미혼	학생
11	보통이다	그렇지않다	보통이다	보통이다	매우안그렇다	보통이다	보통이다	보통이다	보통이다	그렇지않다	그렇지않다	그렇다	그렇지않다	그렇지않다	25세이하	100-200만원	전문/대재	미혼	학생
12	그렇다	매우안그렇다	보통이다	매우그렇다	매우안그렇다	그렇다	그렇다	그렇다	매우안그렇다	매우안그렇다	매우안그렇다	매우그렇다	매우안그렇다	그렇다	25세이하	100-200만원	전문/대재	미혼	학생
13	그렇다	보통이다	매우그렇다	그렇다	보통이다	그렇다	보통이다	그렇지않다	그렇지않다	매우안그렇다	그렇지않다	보통이다	보통이다	그렇지않다	25세이하	300만원이상	전문/대재	미혼	학생
14	그렇다	보통이다	그렇지않다	매우그렇다	그렇지않다	그렇다	매우그렇다	그렇지않다	보통이다	매우안그렇다	매우안그렇다	그렇다	그렇지않다	보통이다	25세이하	300만원이상	전문/대재	미혼	학생
15	매우그렇다	그렇다	그렇다	그렇다	그렇지않다	그렇다	그렇다	보통이다	그렇다	그렇지않다	그렇지않다	보통이다	그렇지않다	그렇다	25세이하	300만원이상	전문/대재	미혼	학생
16	그렇다	그렇지않다	매우그렇다	그렇다	그렇지않다	그렇다	매우그렇다	그렇지않다	보통이다	보통이다	매우그렇다	그렇다	그렇지않다	그렇다	25세이하	300만원이상	전문/대재	미혼	학생
17	보통이다	그렇지않다	보통이다	그렇다	그렇지않다	그렇다	그렇다	보통이다	그렇지않다	매우안그렇다	보통이다	그렇다	그렇지않다	그렇지않다	25세이하	100-200만원	고졸/고재	미혼	학생
18	그렇다	그렇지않다	보통이다	그렇다	매우안그렇다	보통이다	그렇다	그렇지않다	그렇지않다	매우안그렇다	그렇지않다	보통이다	그렇지않다	그렇지않다	25세이하	300만원이상	전문/대재	미혼	학생
19	그렇다	그렇지않다	매우안그렇다	그렇다	그렇다	그렇다	그렇다	그렇다	그렇다	그렇지않다	그렇다	그렇다	그렇다	그렇다	26-30세	100만원이하	전문대/대졸	미혼	사무직
20	매우그렇다	보통이다	그렇다	그렇다	그렇지않다	그렇다	보통이다	그렇지않다	그렇다	매우안그렇다	보통이다	보통이다	그렇지않다	그렇다	26-30세	100-200만원	전문대/대졸	미혼	사무직
21	그렇다	그렇지않다	그렇다	그렇다	그렇지않다	매우그렇다	그렇다	그렇지않다	그렇다	그렇지않다	그렇지않다	보통이다	그렇지않다	그렇지않다	26-30세	100만원이하	전문대/대졸	기혼	전업주부
22	매우그렇다	보통이다	그렇다	그렇다	보통이다	그렇다	그렇다	그렇다	그렇지않다	매우안그렇다	그렇지않다	매우그렇다	보통이다	매우안그렇다	26-30세	200-300만원	전문대/대졸	미혼	사무직
23	그렇다	그렇다	보통이다	그렇다	그렇다	그렇다	그렇다	그렇다	그렇다	그렇지않다	그렇지않다	그렇다	보통이다	보통이다	26-30세	100만원이하	전문대/대졸	미혼	전문직
24	그렇다	그렇다	그렇다	보통이다	보통이다	보통이다	그렇다	그렇다	보통이다	그렇지않다	그렇지않다	보통이다	그렇지않다	그렇지않다	31-40세	200-300만원	전문대/대졸	기혼	전업주부
25	매우그렇다	그렇다	그렇다	그렇다	그렇다	그렇다	그렇다	그렇다	보통이다	그렇지않다	그렇지않다	그렇다	보통이다	그렇지않다	31-40세	200-300만원	전문대/대졸	기혼	전업주부
26	그렇다	보통이다	그렇다	보통이다	보통이다	그렇다	그렇다	보통이다	그렇지않다	매우안그렇다	매우안그렇다	보통이다	그렇지않다	그렇지않다	31-40세	200-300만원	전문대/대졸	미혼	전문직
27	그렇지않다	보통이다	그렇다	그렇다	보통이다	그렇다	보통이다	보통이다	그렇다	보통이다	그렇지않다	보통이다	그렇지않다	그렇지않다	26-30세	300만원이상	전문대/대졸	미혼	사무직
28	매우그렇다	그렇다	그렇다	그렇다	그렇지않다	그렇다	그렇다	그렇다	그렇지않다	그렇지않다	그렇지않다	그렇다	그렇지않다	보통이다	26-30세	100-200만원	전문대/대졸	미혼	전문직
29	보통이다	그렇지않다	그렇다	그렇다	매우안그렇다	그렇다	그렇다	그렇다	그렇지않다	매우안그렇다	보통이다	보통이다	그렇지않다	보통이다	25세이하	100-200만원	고졸/고재	미혼	전문직
30	보통이다	그렇다	보통이다	보통이다	그렇지않다	보통이다	매우그렇다	그렇지않다	그렇다	그렇지않다	그렇다	보통이다	그렇지않다	그렇지않다	25세이하	200-300만원	고졸/고재	미혼	학생
31	그렇다	그렇다	그렇다	그렇다	보통이다	그렇다	그렇다	그렇다	보통이다	그렇지않다	보통이다	그렇다	그렇지않다	그렇지않다	40세이상	300만원이상	전문대/대졸	기혼	자영업
32	매우그렇다	그렇지않다	보통이다	보통이다	그렇다	매우그렇다	그렇다	그렇다	그렇다	보통이다	그렇다	그렇다	그렇다	보통이다	25세이하	300만원이상	전문/대재	미혼	학생
33	매우그렇다	그렇다	보통이다	그렇다	보통이다	그렇다	그렇지않다	그렇지않다	그렇다	그렇지않다	그렇지않다	보통이다	보통이다	그렇지않다	25세이하	.00	고졸/고재	미혼	학생
34	보통이다	그렇지않다	보통이다	그렇다	그렇지않다	보통이다	그렇다	보통이다	그렇지않다	그렇지않다	그렇지않다	보통이다	그렇지않다	그렇지않다	26-30세	100-200만원	고졸/고재	미혼	전문직
35	그렇지않다	보통이다	보통이다	보통이다	그렇지않다	보통이다	그렇다	보통이다	보통이다	그렇지않다	그렇지않다	그렇지않다	보통이다	그렇지않다	40세이상	200-300만원	전문대/대졸	기혼	자영업
36	그렇다	그렇다	그렇다	그렇다	보통이다	보통이다	그렇다	보통이다	보통이다	그렇지않다	보통이다	보통이다	그렇지않다	그렇지않다	40세이상	300만원이상	전문대/대졸	기혼	전업주부
37	그렇다	보통이다	그렇다	그렇다	보통이다	그렇다	그렇다	그렇다	보통이다	그렇지않다	그렇지않다	보통이다	그렇지않다	보통이다	26-30세	100만원이하	전문/대재	미혼	학생
38	그렇다	보통이다	그렇다	그렇다	보통이다	그렇다	그렇다	매우그렇다	보통이다	보통이다	보통이다	그렇다	보통이다	그렇지않다	31-40세	300만원이상	전문대/대졸	기혼	사무직
39	매우그렇다	그렇다	보통이다	그렇다	보통이다	그렇다	그렇다	매우그렇다	보통이다	보통이다	보통이다	그렇다	보통이다	그렇지않다	26-30세	200-300만원	전문대/대졸	미혼	학생
40	매우그렇다	그렇다	그렇다	그렇다	그렇지않다	그렇다	그렇다	그렇다	그렇다	그렇지않다	그렇지않다	보통이다	그렇지않다	그렇지않다	26-30세	300만원이상	전문대/대졸	기혼	전업주부
41	그렇다	매우그렇다	매우그렇다	그렇다	보통이다	그렇다	매우그렇다	그렇다	그렇다	그렇지않다	보통이다	그렇다	그렇다	보통이다	31-40세	200-300만원	전문대/대졸	미혼	사무직
42	그렇다	그렇다	매우그렇다	매우그렇다	보통이다	그렇다	매우그렇다	그렇다	그렇다	매우안그렇다	보통이다	그렇다	보통이다	보통이다	26-30세	100-200만원	전문대/대졸	미혼	자영업

군집분석은 레코드를 축약(그룹화) 시켜주는 역할을 수행한다.

1 요인분석은 변수를 축약하여 몇 개의 요인으로 만들어 2차 분석(판별분석, 회귀분석, 군집분석 등)에 활용하고자 하는 것이 목적인 분석이다.

2 변수를 축약시키는 요인추출 방법은 주성분 분석법과 공통요인 분석법 등 다양한 분석방법이 있지만, 가장 보편적으로 활용되는 방법은 주성분 분석법이다. 또한 요인 수를 지정하는 방법은 고유값(고유치)이 1 이상이 되는 요인 수, 스크리(Scree) 도표를 이용하는 방법, 사용자 정의 방법이 있다.

3 요인분석의 결과를 더욱 뚜렷하게 하기 위해서 요인회전을 하게 된다. 요인회전은 직각회전 방법과 사각 회전 방법이 있는데, 요인들 간 독립성을 보장해주고 절차상의 문제가 없는 직각 회전 방법이 좀 더 보편적으로 활용이 된다.

4 요인들이 최종 결정이 되면, 요인에 소속된 변수들의 공통성을 파악하여 요인에 대한 이름 짓기, 즉 명명을 해야 한다. → 향후 2차 분석을 위해서 변수명을 생성하는 작업이라고 생각하면 된다.

5 최종 확정된 요인들은 요인점수화시켜서 변수로 생성을 한다. 이렇게 변수로 만든 요인점수가 다음 분석을 위해서 활용이 되고, 이 요인점수는 구조방정식모형에서 잠재변수(Latent Variable)와 유사한 성격의 변수가 된다고 할 수 있다.

2장

구조방정식모형과 AMOS

01 구조방정식모형의 개요

1 구조방정식모형(Structure Equation Model: SEM)

구조방정식 모형이란?

- 특정 현상을 파악하기 위해서, 구조모형 이론의 분석 방법을 이용하여 확증적인(Confirmatory) 형태의 모형에서, 상호 변수들 간의 인과관계와 그 유의성을 검정하는 모형을 말한다.

구조방정식모형을 왜 사용하는가?

- 사회 현상이나 각종 경제 현상 등의 연구에서, 각 요인들 또는 변수들 간의 매우 복잡한 인과관계를 파악하기 위해서 주로 사용을 한다.

- 연구자가 원하는 형태의 다양한 인과관계를 생성하여, 검증하기 위해서 사용이 된다.

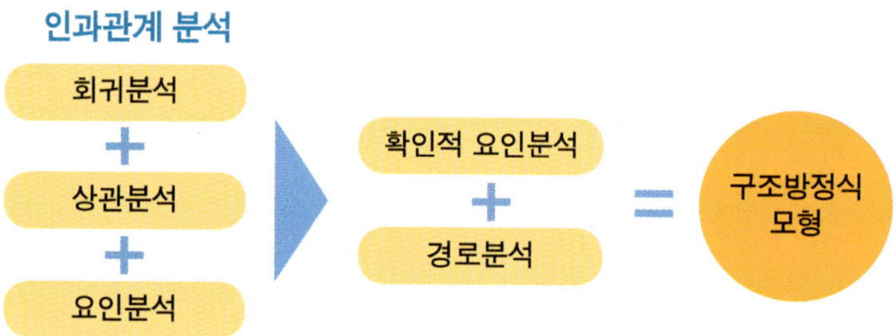

알고 넘어갑시다

Q) 도대체 정확한 명칭이 무엇인가요? "경로모형 또는 경로분석", "AMOS 돌린다", "LISREL 돌린다", "구조방정식모형" 등 여러 명칭으로 나오던데요?

A) 구조방정식모형이 처음 나올 당시에는 공분산 구조분석, 인과 모형, 경로분석(또는 모형), LISREL(Linear Structure Relation) 등 사람과 상황에 따라 다르게 불렸습니다. 그러나 현재 공통(또는 공식)된 용어는 바로 구조방정식모형(SEM)입니다.

1.1 구조방정식모형의 장점—왜 이렇게 많이 활용이 되어질까?

1

- 상관분석, 회귀분석, 요인분석 등 다양한 통계분석들은 1차원적이고, 단편적인 인과관계 또는 상관관계만을 보여준다.
- 그러나 SEM은 다수의 종속변수와 독립변수들 간의 인과 및 상관관계를 동시에 볼 수 있다.

2

- 상관분석, 회귀분석, 요인분석 등 다양한 통계분석들은 독립변수의 측정오차를 무시했지만, 구조방정식모형은 이를 포함시키고 있다.
- 측정오차의 포함을 통해서, 추정값들의 신뢰 및 조정이 좀 더 가능하여 정확한 분석에 접근할 수 있다.

3

- 구조방정식모형(SEM)의 경우 직접효과 외에 간접효과도 알 수 있다.
- 그리고 이 직접효과와 간접효과의 합인 총효과를 통해서, 변수 사이들 간에 좀 더 정확한 인과관계 파악이 가능하다.

4

- 일반 통계 모형에는 없는 잠재변수를 사용한다.
- 잠재변수를 통해서, 측정하지 않은 개념적인 변수를 생성하고, 이들 간의 관계 측정이 가능하다.

5

- 동시에 여러 분석이 가능하고, 또한 여러 방향 및 다수의 독립/종속 변수와의 관계를 볼 수 있어, 다양한 분석 결과가 도출된다.
- 연구자가 연구 결과를 다각도로 살펴볼 수 있고, 1개의 모형으로 여러 연구 결과를 도출할 수도 있다.

1.2 구조방정식모형의 주요 용어

관측변수 (Observed Variable) ▶ 실제로 설문 또는 다양한 자료수집 방법에 의해 관측 또는 측정되는 변수를 말한다.(측정변수라고도함) AMOS에서는 사각형으로 표시된다.

잠재변수 (Latent Variable) ▶ 실제로 측정 또는 관찰되지 않는 개념상의 변수로 관측변수로부터 간접적으로 측정되며, AMOS에서는 원형으로 표시된다.

외생변수(개념) (Exogenous Variable) ▶ 회귀분석의 독립변수와 동일한 개념으로, 다른 변수에 영향을 미치는 변수를 의미한다.

AMOS에서는 화살표가 시작하는 부분이다.

내생변수(개념) (Endogenous Variable) ▶ 한 번 이상 직접 또는 간접적으로 영향을 받는 회귀분석의 종속변수와 같은 개념을 의미한다.

AMOS에서는 화살표가 끝나는 부분이다.(항상 내생개념에는 구조오차가 발생한다.)

오차(Error) ▶ **측정오차: 구조방정식모형에서, 잠재변수로 나타낼 수 없는 부분을 의미한다.**

구조오차: 외생 또는 내생개념(변수)에 의해 설명이 되어지지 않는 부분을 의미한다.

직접효과 (Direct Effect) ▶ 한 변수가 다른 한 변수에 직접적으로 영향을 미치는 효과를 의미한다.

간접효과 (Indirect Effect) ▶ 영향을 받는 변수(일종의 종속변수)가 1개 이상의 매개변수를 통해서 영향을 미치는 효과를 의미한다.

총효과 (Total Effect) ▶ 직접효과 + 간접효과를 의미한다.

2 경로분석과 경로도형

2.1 경로분석(Path Analysis)

경로분석이란? 변수들 간에 직접 또는 간접으로 함수적 관계를 가지는 경로의 모형을 방정식 또는 그림으로 표시하여 가설화하고, 그 모형을 수집된 자료에 합치시킴으로써 경로들이 나타내는 연구가설들을 검증하는 방법이다.

ex) 경로분석의 예

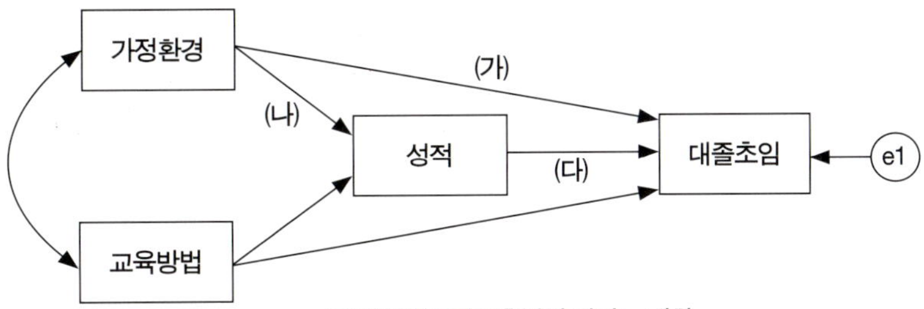

가정환경이 대졸초임에 미치는 영향

- 직접효과: (가)
- 간접효과: (나)×(다)
- 총효과: 직접효과+간접효과

- 경로분석을 통해서 일반적인 회귀분석이 직접적인 효과, 인과관계를 파악할 수 있다면, 경로분석은 한번에 직접효과와 간접효과 그리고 이를 포함한 총효과를 파악하여, 좀 더 의미 있는 인과관계를 파악할 수 있는 장점이 있다.

- **경로분석은 구조방정식모형의 가장 기초적인 형태라고 할 수 있다.**

- 경로분석의 형태를 도식화한 것이 경로도형이다.

2.2 경로도형의 종류

1. 인과 모형

X와 Y 사이의 원인과 결과 관계를 파악하고자 하는 모형이다.(X가 원인을 Y가 그로 인한 결과를 의미한다.)

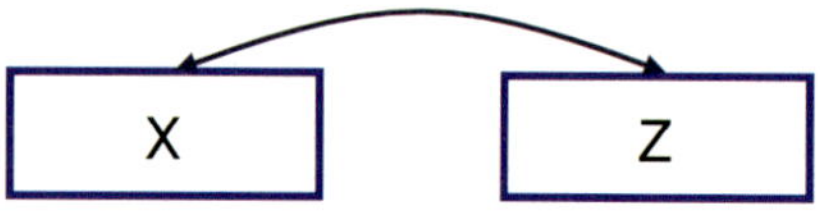

2. 상관 모형

원인과 결과가 아닌, 상호 간의 대등한 상관성을 가지는 관계를 파악하는 모형이다.

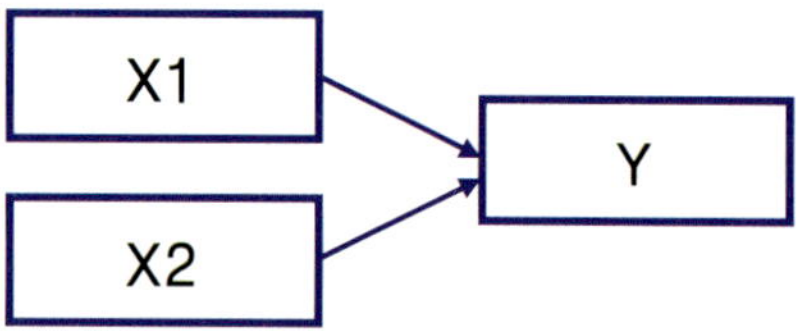

3. 독립경로 모형

회귀분석과 같이 종속변수에 독립변수 2개 이상이 미치는 영향을 파악하는 모형이다. 독립변수 X1과 X2는 서로 독립이다.

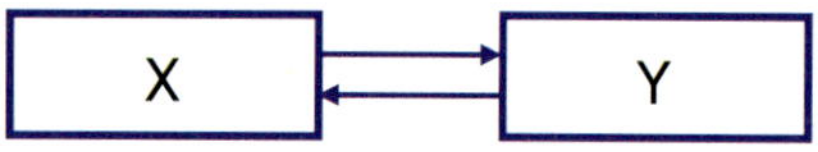

4. 쌍방향 인과 모형

변수 상호 간 원인과 결과를 반복하는 모형으로서, 일반적으로 Feedback 효과 등을 측정하고 연구할 때 많이 사용된다.

2.3 경로도형의 효과

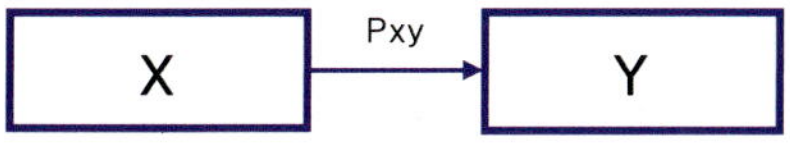

1. 직접효과

독립변수 X가 종속변수 Y에 직접적으로 영향을 미치는 효과로 일반적으로 알고 있는 것. Pxy가 효과의 크기를 의미한다.

2. 간접효과

독립변수가 1개 이상의 매개변수를 통하여, 최종 종속변수에 영향을 미치 것을 의미하는 효과이다.

좌측 그림에서 Y1이 매개변수가 되며, 최종 X가 Y2에 미치는 간접효과는 Pxy1 × Py1y2가 된다.

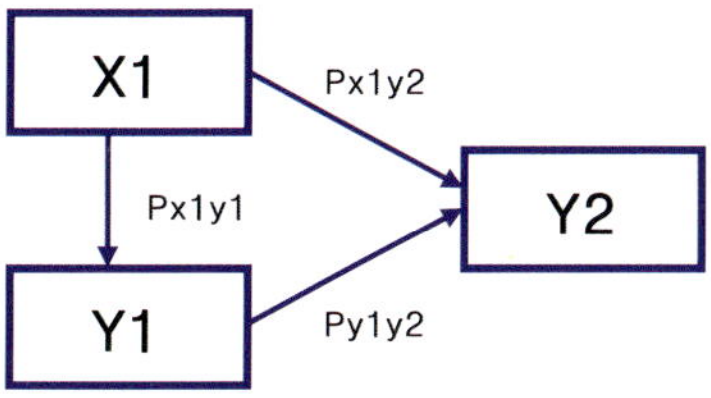

3. 의사효과(Spurious Effect)

하나의 독립변수로부터 2개 이상의 종속변수가 영향을 받는 효과를 의미한다. 의사효과의 크기는 Px1y2 × Px1y1이 되며, 공통된 독립변수로부터 발생되는 종속변수 간의 관계 정도를 파악할 때 사용된다.

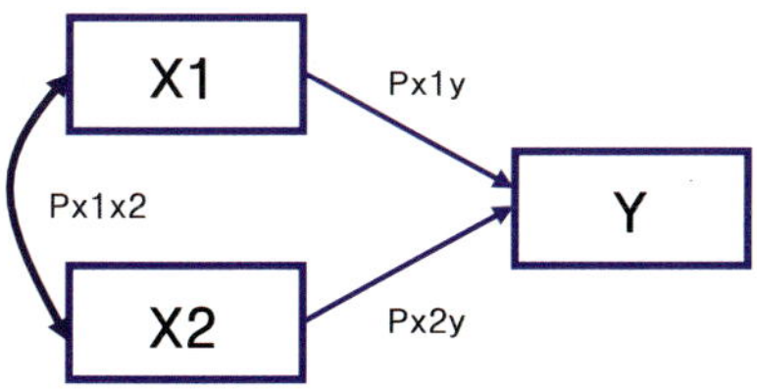

4. 미분석효과(Unanalyzed Effect)

2개의 외생변수 간에 상관관계가 존재할 때 발생하는 효과로, 상관된 원인들 때문에 분석되지 않는 부분을 나타낸다. 좌측 도형에선 2개의 미분석효과가 발생하는 것을 알 수 있으며, 효과의 크기는 Px1y × Px1x2와 Px2y × Px1x2이다.

총효과 =

직접효과 + 간접효과 + 의사효과 + 미분석효과(그러나 보통 직접효과 + 간접효과만 측정)

2.4 경로도형 중 재귀모형과 비재귀모형

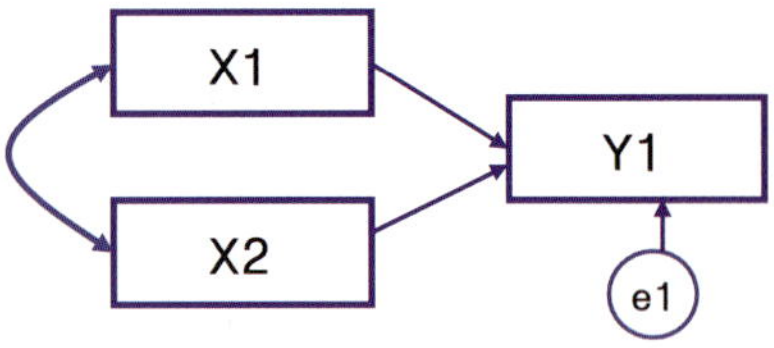

재귀모형(Recursive Model)

- 가장 기초적인 형태의 구조방정식모형
- 단순한 인과관계 또는 상관성만을 보는 관계의 모형
- 전체적인 한 흐름(순환)을 볼 수 있는 형태의 모형
- 내생변수 간 순환적 인과관계 등의 복잡성은 없는 모형
- 일반적인 회귀분석, 상관분석의 수준으로, 이를 동시에 살펴보는 모형에 적합

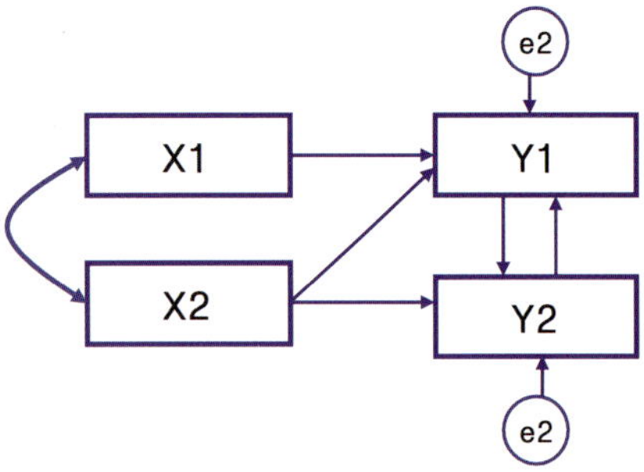

비재귀모형(Nonrecursive Model)

- 재귀모형의 확장 의미
- 재귀모형에서 내생변수 간 순환적 인과관계, 오차항 간의 상관성 등을 동시에 포함한 모형
- 일반적으로 회귀분석 종속변수(y)들이 2개 이상인 경우가 많으며, 독립변수가 종속변수에 미치는 영향 이외에 종속변수 간의 상호 관련성을 연구하는 데 많이 사용되는 모형
- 경로모형의 일종으로 구조방정식모형(SEM)에서 가장 많이 사용되는 형태 모형

알고 넘어갑시다

Q 기존 통계학의 회귀분석과 상관분석은 경로분석과 거의 비슷하게 보입니다. 무슨 차이가 있는 것인가요? 어떻게 보면 회귀분석을 몇 번 반복 수행한 느낌이 드네요.

A 첫째, 종속변수(y)가 여러 개 있을 수 있다는 것이 매우 다르며,
둘째, 간접효과, 직접효과 등을 모두 계산하고 파악할 수 있으며,
셋째, 정준상관분석의 경우 종속변수가 2개 이상이지만 多대 多의 인과관계를 볼 수 있다는 것이 다릅니다.

3 확인적 요인분석

3.1 탐색적 요인분석과 확인적 요인분석

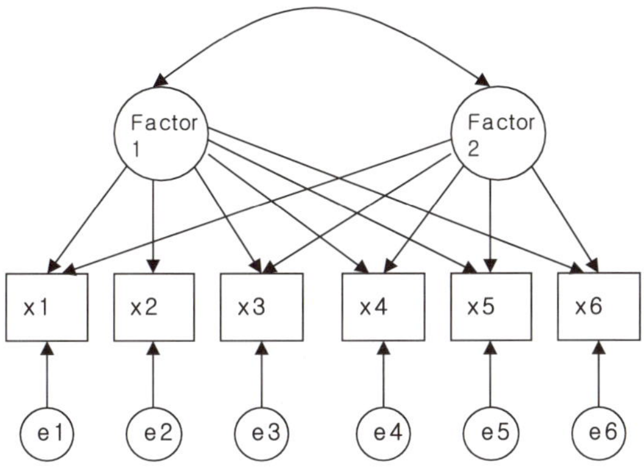

탐색적 요인분석

- 일반적으로 다변량 통계학의 요인분석(SPSS 요인분석)을 의미한다.
- 관측변수의 요인들 간에 체계적인 정리나 이론 등이 없는 경우나 논리적인 정립이 안 된 경우에 사용한다.
- 사전에 어떤 변수들 간에 뭉쳐질지 알 수 없다.
- 요인 수나 제약조건 등을 설정하기 어렵다.(단, SPSS는 사용자 정의로 요인 수 조정이 가능하다.)

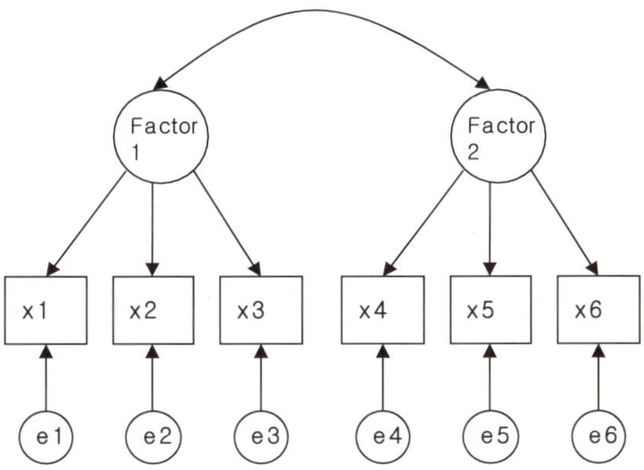

확인적 요인분석

- 연구자나 조사자가 이론적 근거나 선행연구 등을 바탕으로 변수들 간의 관계가 정립된 경우 사용하는 방법이다.
- 이미 만들어진 잠재변수를 이용하여 다양한 상관 또는 인과관계를 계산하고 모형화할 수 있다.
- 요인 수나 각종 추정치에 대한 제약이 탐색적 요인분석에 비하여 훨씬 더 자유롭다.
- 확인적 요인분석은 오직 AMOS 등 전문 분석 S/W에서만 가능하다.

3.2 확인적 요인분석

확인적 요인분석은 잠재변수 생성 관계에 따라서 2가지의 모형이 있다.

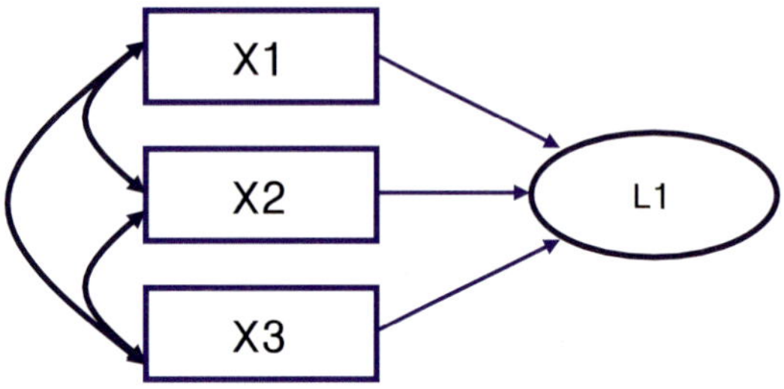

Formative 모형

- 잠재변수에 대하여 관측변수들이 미치는 영향력을 파악하는 연구에서 주로 사용된다.
- 오차항이 존재하지 않는 특징이 있다.(오차항이 있는 경우 AMOS에서는 에러 발생)
- 일반적으로 구조방정식모형(SEM)에 잘 활용되지 않는 형태의 모형이다.

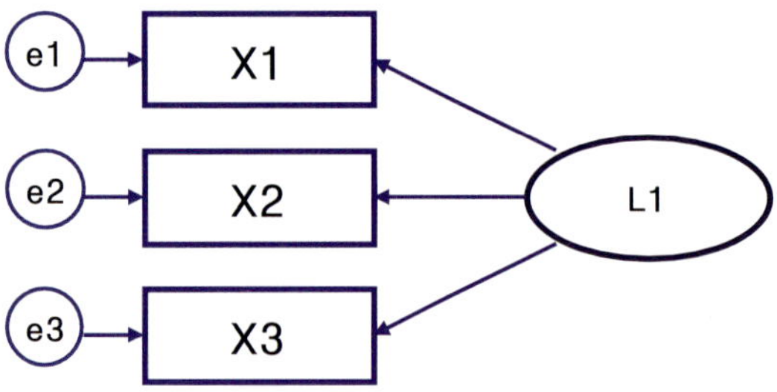

Reflective 모형

- 잠재변수가 관측(측정)변수에 의하여 만들어지는 모형을 의미한다.
- 잠재변수에 영향력을 미치는 관측변수별로 모형의 오차정도가 발생하여, 반드시 오차항이 필요한 모형이다.
- 좌측의 그림과 같이 측정오차(e1~e3)가 생성되어야 한다.
- 대다수의 구조방정식모형(SEM)이 Reflective 모형 기반하에 확장 및 변환을 하는 형태이다.

3.3 경로모형, 확인적 요인분석, 구조방정식모형

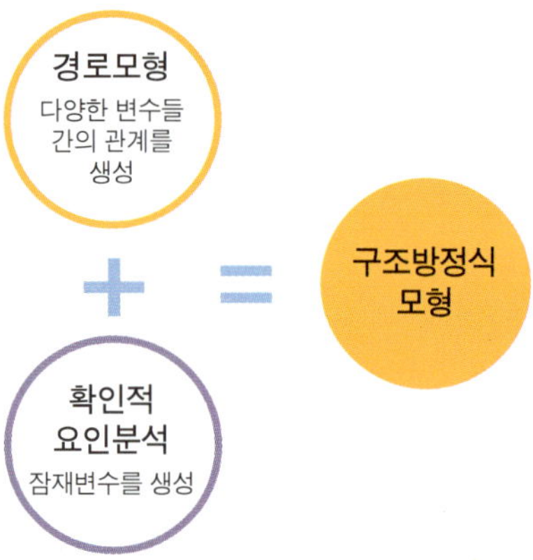

알고 넘어갑시다

Q) 그럼 경로분석모형과 구조방정식모형의 차이가 뭐지요?

A) 가장 큰 차이는 바로, 잠재변수의 존재 여부입니다. 또한 잠재변수와 관측변수의 동시 사용으로 인하여, 구조적인 오차가 발생하는 것도 큰 차이점 중 하나입니다.

4 구조방정식모형의 종류와 구성, 연구 방법

4.1 구조방정식모형의 종류

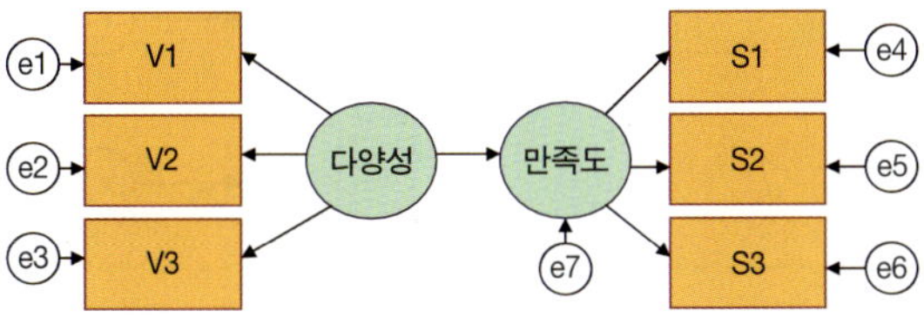

Multi-Indicator 모형

- 여러 개의 관측변수로 이루어진 잠재변수로 만들어진 모형으로 다중지표 모형이라고도 한다.
- 2개 이상의 잠재변수를 관측변수를 이용하여 생성하고, 이를 기반으로 잠재변수 간의 인과관계를 파악하는 모형을 의미한다.
- 일반적으로 가장 많이 사용되는 SEM 모형이다.

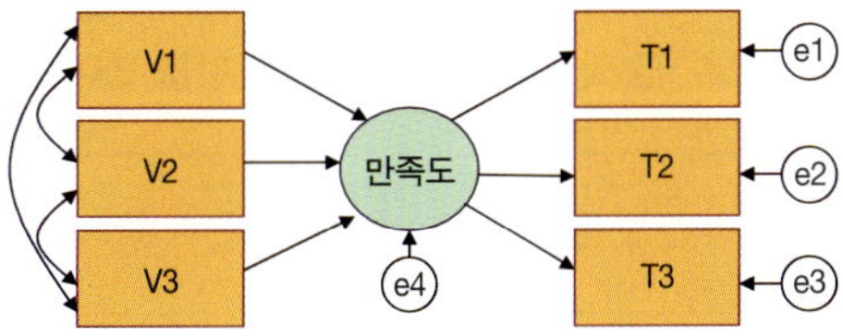

MIMIC 모형

- Multiple Indicator Multiple Cause Model의 약자
- 다중지표 다중원인 모형이라고도 한다.
- 다수의 변수가 외생변수와 관측변수로 사용된 모형을 의미한다.
- 좌측 그림에서 만족도가 높을수록 T1~T3 변수들의 값이 높을 확률이 높고, 동시에 만족도에 영향을 주는 변수로는 V1~V3라고 할 수 있다.

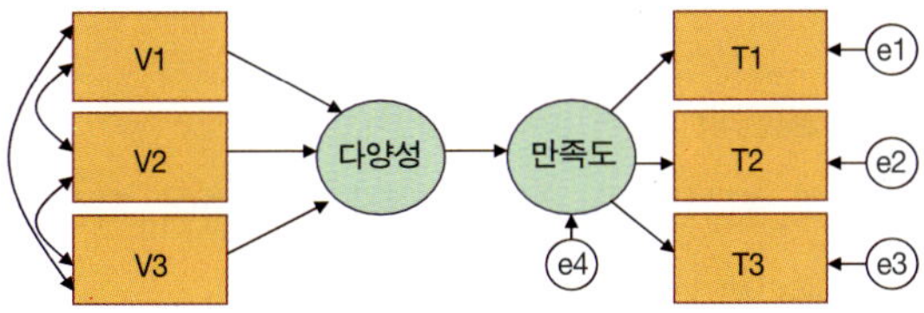

PLS 모형

- Partial Least Squares Model의 약자
- 여러 개의 관측변수가 Formative 모형과 Reflective 모형을 동시에 사용하는 모형을 의미한다.

4.2 구조방정식모형의 구성

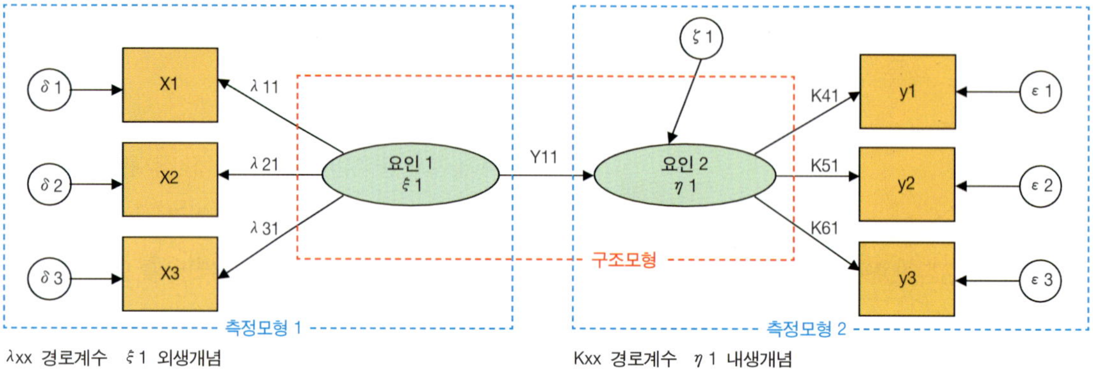

	관측변수(또는 측정변수)를 의미
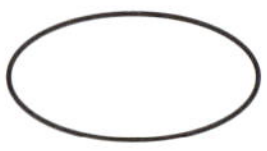	잠재변수를 의미(관측변수를 이용하여 생성되는 추상적인 개념)
	오차 및 잔차를 의미, 관측변수에 연결되면 오차, 잠재변수에 연결되면 잔차를 의미
	연결되는 변수들 간의 인과관계를 의미, 화살표의 진행 방향과 동일하게 인과관계를 의미
	연결되는 변수들 간의 상관관계 또는 공분산 관계를 의미

- 구조방정식모형은 측정모형과 구조모형으로 구성된다.
  - 측정모형: 결과가 생기도록 원인 역할을 해주는 모형
  - 구조모형: 측정모형 사이의 인과관계를 파악할 수 있는 모형(인과 모형이라고도 한다.)
- 측정모형과 구조모형 내의 측정변수와 잠재변수를 이용하여, 분석자가 다양한 관계를 설정하여, 자신의 연구가설을 검정하는 것이 구조방정식모형(SEM)이라고 할 수 있다.

4.3 구조방정식모형의 연구 방법

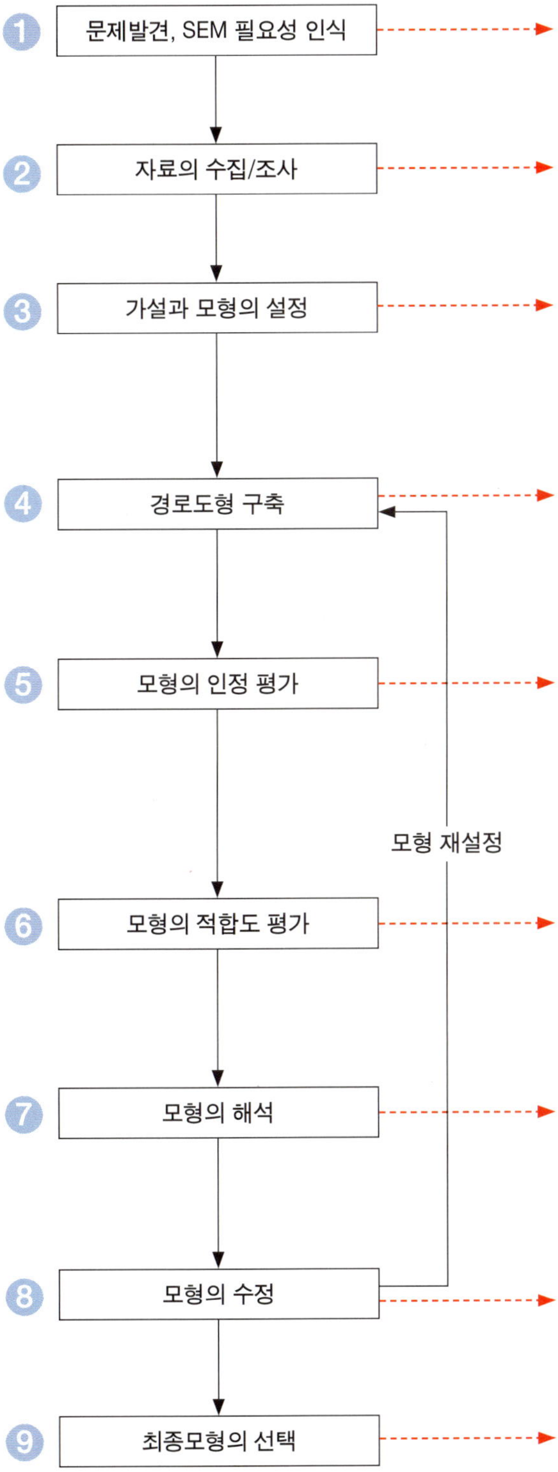

- 연구의 시작, 참고문헌 수집, 자료수집 및 과거 유사사례 파악 단계
- 설문조사를 통한 자료의 수집, 관측/인터뷰/관찰을 통한 자료의 수집
- 연구 목적에 맞는 가설의 설정, 측정모형과 구조모형의 설정과 예상되는 잠재변수들 간의 상관관계를 설정하는 단계
- 가설에 맞추어 모형을 구체화시키는 과정을 구축이라고 한다. 일반적으로 누구나 알아보기 편하도록 구조모형들을 구체화시키는 단계
- 구조모형의 각 상관 및 인과관계의 유의성을 보기 전에 모형의 전체적인 유의성을 파악하는 단계(오차분산, 상관계수 등을 이용하여 전체적인 유의성을 살펴본다.)
- 데이터와 모형 간의 부합 정도 파악을 통해서 만들어진 모형이 실제 연구가설의 결과와 적합한 정도인지를 파악 및 평가하는 단계
- 결과로 나타난 모형 각각의 직/간접효과와 총효과 결과를 연구가설에 맞게 해석하고, 문제가 있는 경우 원인을 파악하는 단계
- 결과에 문제가 발생한 경우, 변수의 삭제 및 변경, 경로의 변경을 수행하여, 모형을 수정하는 단계
- 논리적으로 부합되는 모형을 최종 선택하고, 연구가설에 대한 결론을 내리는 단계

02 AMOS

1 AMOS(Analysis of Moment Structure)란?

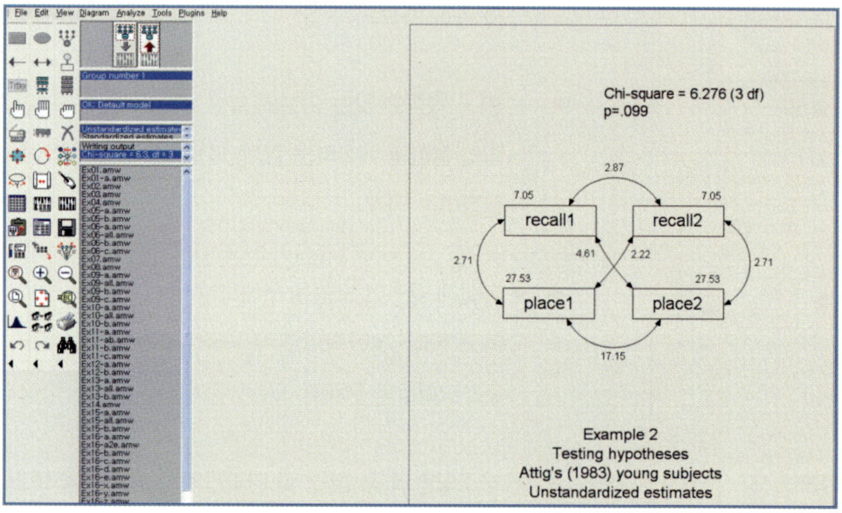

- J.Arbukle과 S.Werner 박사에 의해 개발

- 주 분석 목적
  - 구조방정식모형(SEM)
  - 인과 모형 개발 및 검증
  - 공분산 / 상관분석
  - 회귀분석 등

- PC사양
  최소 256MB 메모리 / HDD 125MB 이상 / MS-WIN XP 또는 VISTA

SPSS와 연동하여 동시에 버전 Upgrade – 현재 AMOS 21

LISREL과 함께 가장 많이 사용되는 구조방정식모형(SEM) 분석 S/W

가장 빠르고 쉽게 구조방정식모형을 만들 수 있는 S/W

AMOS로 가능한 분석들

- **상관분석(Correlation Analysis)**: 2개 이상의 변수에 대한 상관관계를 측정하는 분석
- **단순회귀분석(Simple Regression)**: 상관분석의 확장 형태이며, 한 개의 독립변수와 한 개의 종속변수의 인과관계를 파악하고, 예측 선형모형식을 만드는 분석
- **다중회귀분석(Multiple Regression)**: 단순회귀분석의 확장 형태로, 여러 개의 독립변수를 이용하여, 개발하는 회귀모형
- **요인분석(Factor Analysis)**: 관측변수 집합과 잠재변수 사이의 관계를 분석
- **경로분석(Path Analysis)**: 다중회귀분석의 확장 형태로 여러 개의 관측변수의 조합을 통해서, 여러 개의 종속변수를 설명하거나 예측할 수 있는 분석
- **구조방정식모형(SEM)**: 잠재변수를 이용한 경로분석의 확장된 분석

2 AMOS의 장점

사용자 중심의 GUI(Graphic User Interface) 전문 프로그램

- 초심자도 활용이 가능
- Learning Cost / 모형 개발 시간 절약
- SPSS와 연동이 되어서 다른 통계분석과 함께 활용이 가능한 프로그램

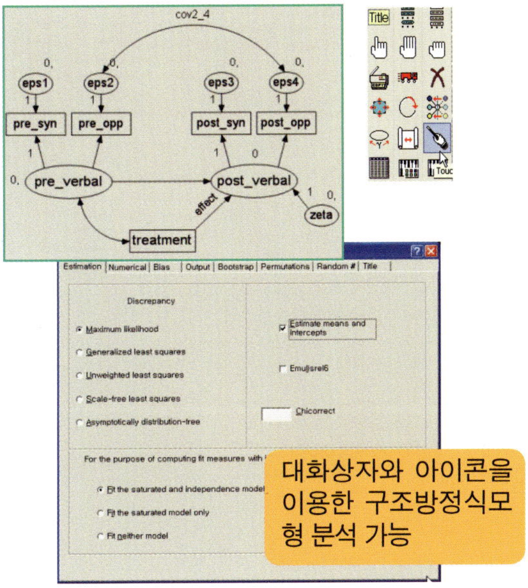

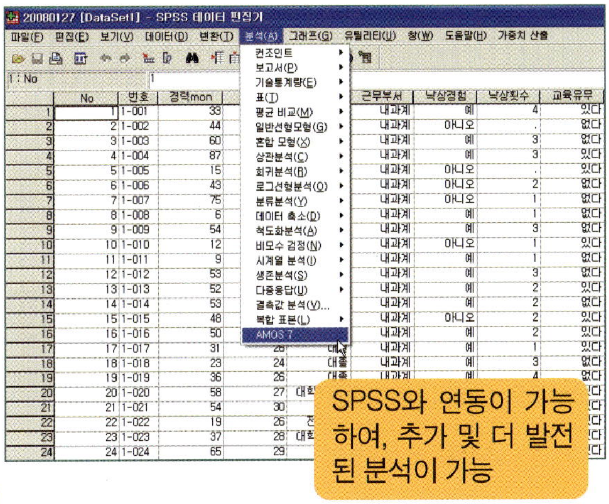

분석자가 만든 경로도형을 조회 및 변환하면서 분석이 가능

다양한 지표들을 제공하여, 분석자의 의사결정을 지원하는 프로그램

매년 새로운 구조방정식모형의 이론과 기능이 추가되는 프로그램

- 베이지안 추정법 (2004)
- 자료 대체 및 보완 방법 추가 (2004)
- 중도절단 자료에 대한 보정 추정 기능 (2006)
- 순서형 데이터의 구분 및 인식 기능 (2006)
- 혼합 모델링(Mixture Modeling) (2007)

다양한 자료 구조에 접근이 가능 (SPSS, Excel, MS-Access, Text, Lotus, D-Base, Fox-pro)

3 AMOS의 주요 특별 기능

3.1 붓스트래핑(Bootstrapping)

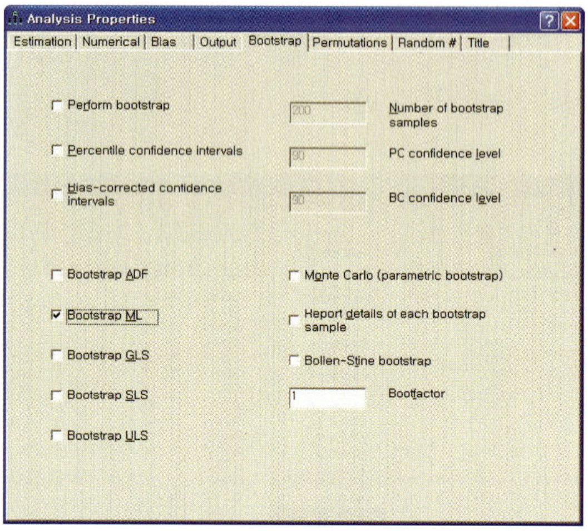

- AMOS가 지원하는 붓스트래핑 추정 방법들
  - ADF: 근사적 분포 무관 추정법
  - MLE: 최우추정 방법
  - GLS: 일반화 최소제곱법
  - SLS: Scale-free 최소제곱법
  - ULS: 비가중 최소제곱법
- 통계적인 추정의 경우, 여러 가지 분포와 통계량의 가정 및 제약이 많다. 이러한 제약으로부터 자유롭기 위하여 붓스트래핑(Bootstrapping)을 사용한다.
- 붓스트래핑은 반복적으로 데이터를 Random하게 추출하여 추정치를 계산한 다음, 최대 효과를 나타내는 추정치를 선택하는 방법을 사용한다.
- 일반적인 통계적 추정 방법과 비교하여 붓스트래핑은 전혀 다른 접근을 하고 있으며, 이에 따른 비교분석을 통해서 최적 추정치를 선택한다.
- 자료의 크기가 큰 경우에 효과적이며, 수행 시간이 오래 걸리는 단점이 있다.

3.2 베이지안 추정법

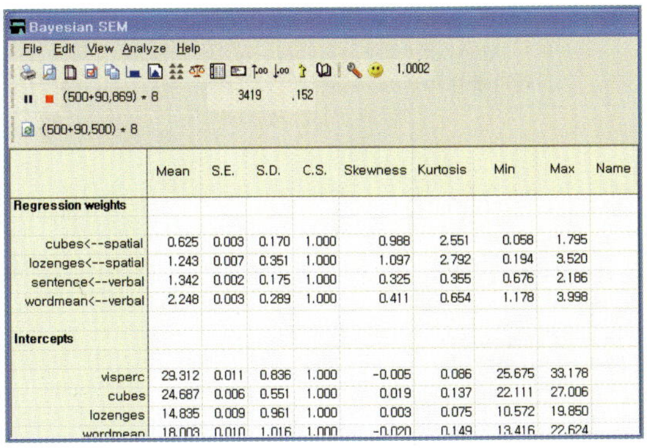

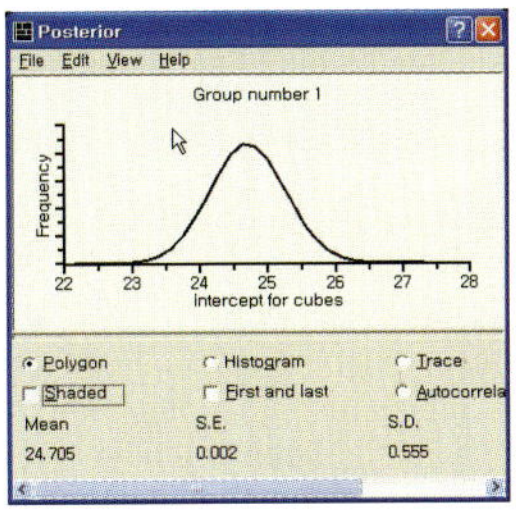

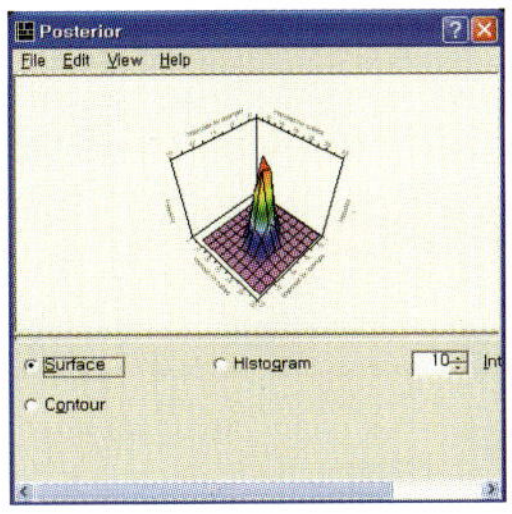

- 일반 최우추정법에 의한 각종 회귀계수 및 평균의 추정이 아닌 베이지안 방법을 이용한 계수추정이 AMOS에서는 가능하다.
- MCMC(마코프 체인/몬테칼로: Markov Chain Monte-Carlo) 방법을 이용하여 표본을 추출하고, 이에 따라서 최적의 수렴점을 계속적으로 찾아내어, 각종 관계계수를 추정하는 방법이다.
- 추정을 위한 각 계수의 사후확률 분포를 통한 계수추정의 분산 정도를 확인 가능하며, 이변량 변수 간 사후 분포를 각종 도표를 통해서 확인이 가능하다.

- **베이지안 추정법의 장점**

1. 모형의 모수(Parameter)에 대한 사전 정보가 뚜렷하게 제공된다.
2. 작은 표본에서도 좋은 효과를 발휘한다.
3. 적절한 사전확률 분포 제공으로 이상한 모형 모수값 발생을 사전에 방지할 수 있다.
4. 사용자가 지정한 거의 모든 가설 검정이 가능하다.

3.3 자료 대체(Data Imputation)

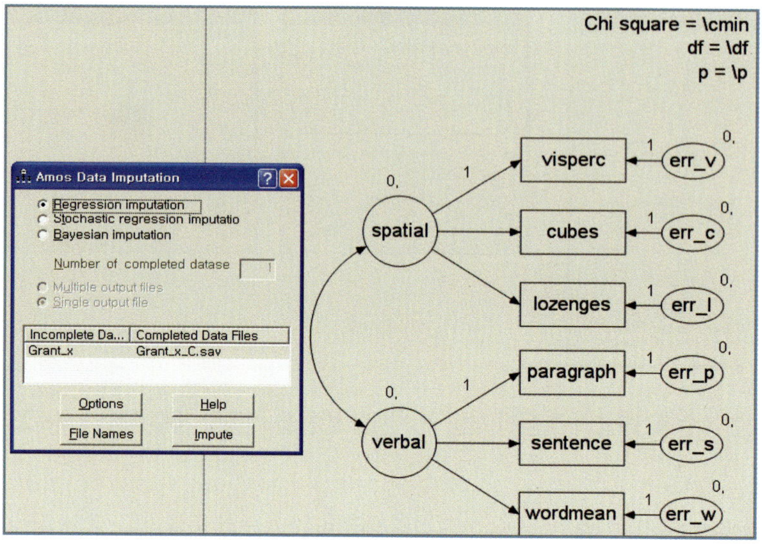

- 데이터에서 무응답 및 결측 등의 발생 시 이를 분석에 가장 용이하도록 대체시키는 알고리즘이다.
- 구조방정식모형 및 경로분석을 위한 자료의 결측 및 무응답 발생 시 가장 효율적인 처리가 가능하다.

- **AMOS 내의 자료 대체 방법**

1. 회귀 대체 방법(Regression Imputation)

- 변수 간 선형 조합에 의한 대체를 하는 방법이다.
- SPSS에서도 사용 가능하다.

2. 확률과정적 회귀 대체(Stochastic Regression Imputation)

- 최대우도법에 의해 반복적으로 자료를 생성시켜 다양한 데이터 셋(set) 생성 후 결측/무응답을 대체하는 방법이다.

3. 베이지안 대체(Bayesian Imputation)

- 알려지지 않은 모수(parameter)에 대한 대체 방법이다.

3.4 혼합 모델링

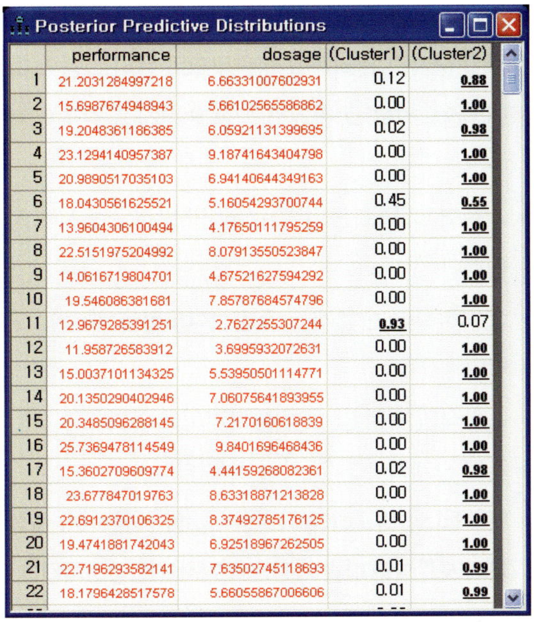

Posterior Predictive Distributions

	performance	dosage	(Cluster1)	(Cluster2)
1	21.2031284997218	6.66331007602931	0.12	**0.88**
2	15.6987674948943	5.66102565586862	0.00	**1.00**
3	19.2048361186385	6.05921131399695	0.02	**0.98**
4	23.1294140957387	9.18741643404798	0.00	**1.00**
5	20.9890517035103	6.94140644349163	0.00	**1.00**
6	18.0430561625521	5.16054293700744	0.45	**0.55**
7	13.9604306100494	4.17650111795259	0.00	**1.00**
8	22.5151975204992	8.07913550523847	0.00	**1.00**
9	14.0616719804701	4.67521627594292	0.00	**1.00**
10	19.546086381681	7.85787684574796	0.00	**1.00**
11	12.9679285391251	2.7627255307244	**0.93**	0.07
12	11.958726583912	3.6995932072631	0.00	**1.00**
13	15.0037101134325	5.53950501114771	0.00	**1.00**
14	20.1350290402946	7.06075641893955	0.00	**1.00**
15	20.3485096288145	7.2170160618839	0.00	**1.00**
16	25.7369478114549	9.8401696468436	0.00	**1.00**
17	15.3602709609774	4.44159268082361	0.02	**0.98**
18	23.677847019763	8.63318871213828	0.00	**1.00**
19	22.6912370106325	8.37492785176125	0.00	**1.00**
20	19.4741881742043	6.92518967262505	0.00	**1.00**
21	22.7196293582141	7.63502745118693	0.01	**0.99**
22	18.1796428517578	5.66055867006606	0.01	**0.99**

- 혼합 모델링은 베이지안에서만 가능하다.

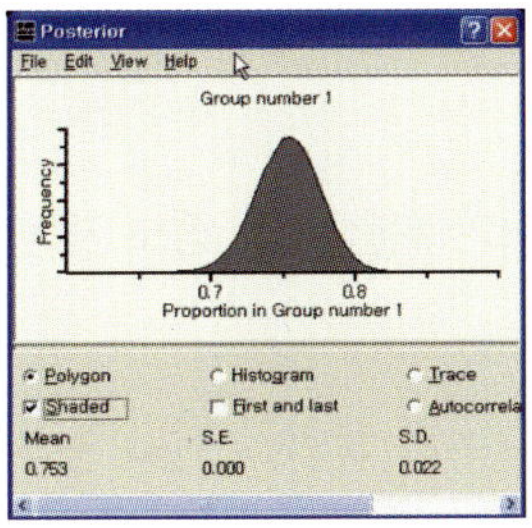

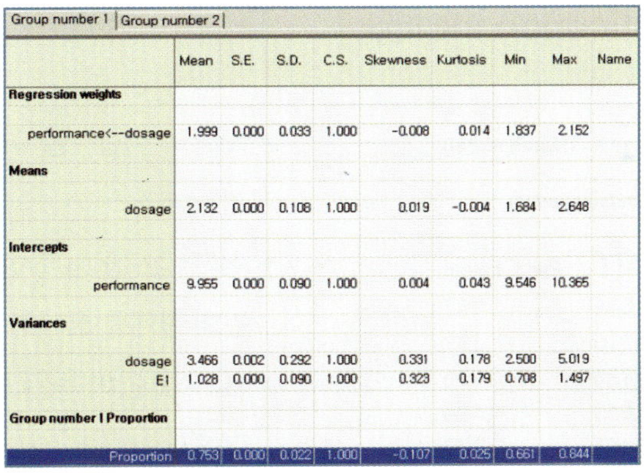

Group number 1 | Group number 2

	Mean	S.E.	S.D.	C.S.	Skewness	Kurtosis	Min	Max	Name
Regression weights									
performance<--dosage	1.999	0.000	0.033	1.000	-0.008	0.014	1.837	2.152	
Means									
dosage	2.132	0.000	0.108	1.000	0.019	-0.004	1.684	2.648	
Intercepts									
performance	9.955	0.000	0.090	1.000	0.004	0.043	9.546	10.365	
Variances									
dosage	3.466	0.002	0.292	1.000	0.331	0.178	2.500	5.019	
E1	1.028	0.000	0.090	1.000	0.323	0.179	0.708	1.497	
Group number 1 Proportion									
Proportion	0.753	0.000	0.022	1.000	-0.107	0.025	0.661	0.844	

- 주어진 데이터를 이용하여 단순히 (회귀)계수값을 추정하는 방법이 아니라, 데이터 내부에서 사용자가 지정한 숫자만큼 군집(그룹)을 나누어서, 각각 개별로 계수추정을 하여, 효율적인 결과값이 나올 수 있도록 하는 모델링 방법.
- 그룹을 나눌 때에서는 k-평균 군집분석과 유사한 알고리즘으로 세분화한다.
- 훈련용 데이터가 주어지고 분할을 하는 방법과 훈련용 데이터가 주어지지 않고 분할을 하는 방법이 있다.
- 의료 분석 분야에서 남/여에 따른 분석을 수행하는 데 데이터 등이 혼합되어져 있는 경우, 성별로 분리 후 모형을 적용하는 방법 등에 활용이 가능한 방법이다.

3.5 Graphic User Interface(GUI)

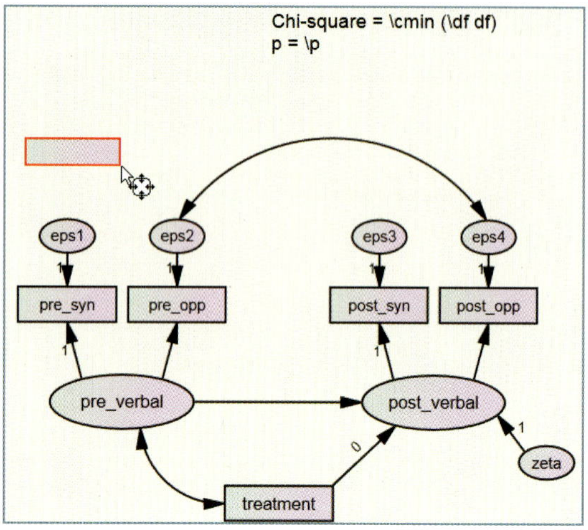

- AMOS의 가장 큰 특징인 모든 경로도형 및 관계를 연구자가 편리하고 직관적으로 캔버스 등에 그린 다음, 바로 그 관계를 직접 연산하고 결과를 볼 수 있다.
- 기존의 LISREL 등의 프로그래밍 방식도 동시에 지원한다.
- 초보자들이 손쉽게 구조방정식모형을 개발할 수 있다.
- 즉각적인 수정 및 오류를 파악하기 쉽다.
- 경로 관계의 초기 파악이 매우 쉽다.
- **LISREL과 비교하여 탁월한 GUI를 제공하여, 분석자의 프로그램 학습 시간을 획기적으로 감소시킨다.**

3.6 수정지표(Modification Indices)

Modification Indices (Group number 1 - Default model)

Covariances: (Group number 1 - Default model)

			M.I.	Par Change
zeta	<-->	treatment	46.644	.862
eps4	<-->	treatment	10.116	.399
eps3	<-->	treatment	14.886	.476
eps2	<-->	treatment	17.650	-.494
eps1	<-->	treatment	5.467	-.277

Variances: (Group number 1 - Default model)

	M.I.	Par Change

Regression Weights: (Group number 1 - Default model)

			M.I.	Par Change
post_verbal	<---	treatment	44.333	3.456
post_opp	<---	treatment	9.607	1.597
post_syn	<---	treatment	14.149	1.909
pre_opp	<---	treatment	16.775	-1.978
pre_syn	<---	treatment	5.216	-1.113

- 모형의 적합성을 더 높이기 위한 지표 정보 제공 기능이다.
- 현재 경로도형에서, 적합도를 높이기 위한 도형 간의 관계를 표시하여 주는 지표이다.
- M.I 지표값이 높은 도형 간의 관계를 현재 경로도형에서 새롭게 지정한 후 연산을 하면 전체적인 모형 적합도가 높아지게 되는 원리이다.
- 경로도형의 작성이 생소한 초보 사용자들에게 초기 경로도형의 적합성을 높이기 위한 좋은 길잡이 역할을 하는 기능이다.**(보통 0.4 이상되는 경우 경로를 연결하는 것을 권장한다. → 절대적인 것은 아니다.)**
- 그 외에 기본적으로 필수적인 부분의 관계가 빠져 있는 경우 수행 전에 자동 점검하여 알려주는 기능이 제공된다.

3.7 다중집단 요인분석

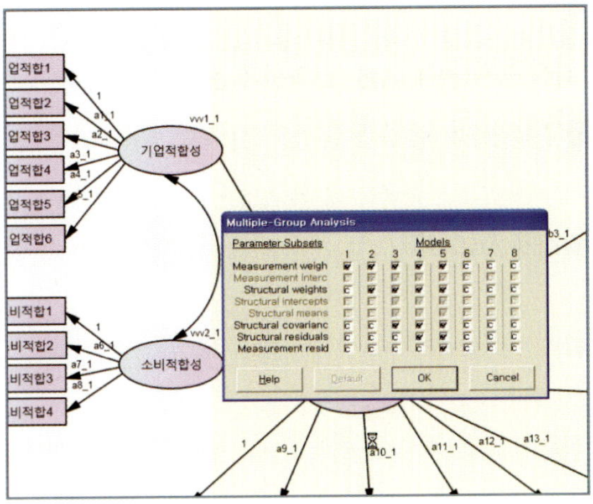

- 모형의 조절효과 등을 파악하거나 여러 집단 간의 모형 및 계수의 유의성 등을 파악하는 방법이다.
- 사전 동일성 검정 기능을 제공한다.
- 통제집단과 실험집단으로 데이터 집단을 구분할 수 있어서, 사용자가 편리하게 효과 측정을 할 수 있는 기능을 제공한다.
- 모수의 지정을 통한 모형의 통제가 가능한 기능을 제공한다.
- **다중집단 요인분석**

  1. **조절효과 분석에 매우 효율적인 기능이다.**
  2. **전체 모형의 비교 유의성 이외에 각 계수별 비교 유의성 등을 모두 파악할 수 있다.**

3.8 잠재성장모형 Plug-In 기능

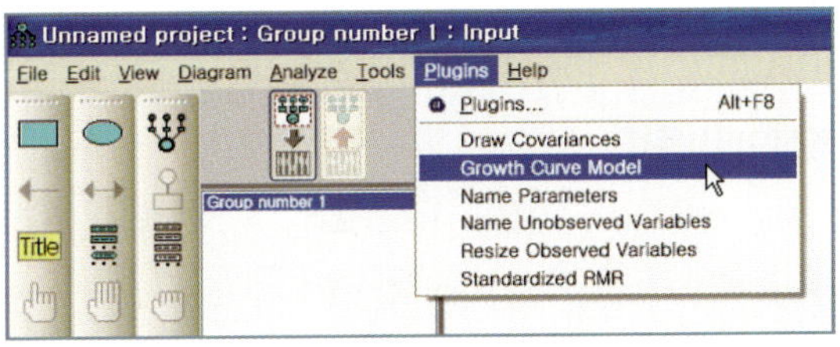

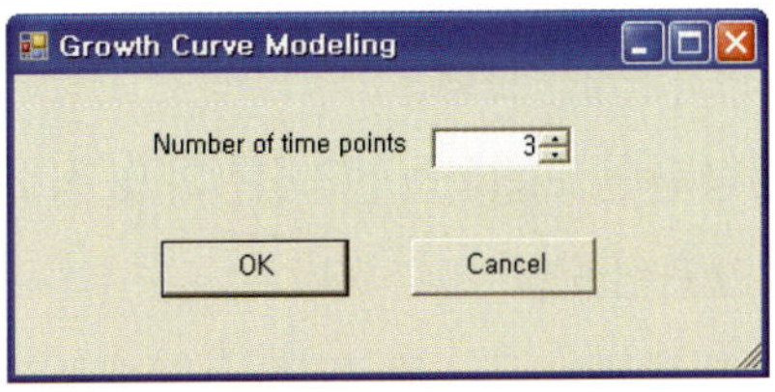

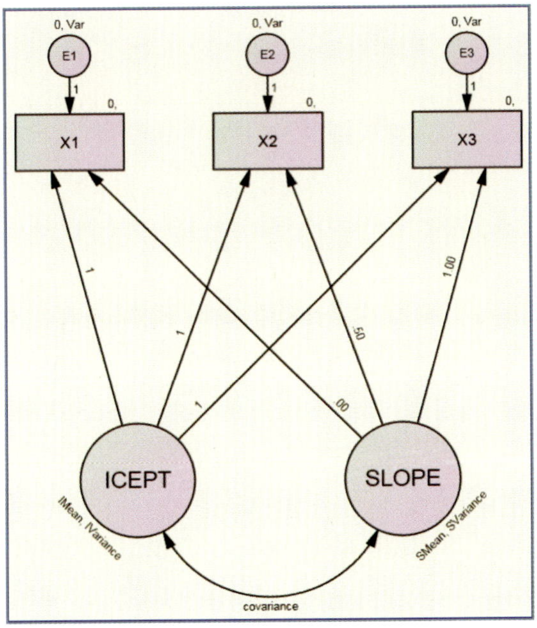

- AMOS 17 이상에서 가능하다.
- 종단 연구에서 반복측정 자료에 대한 집단 또는 개별 값의 변화 정도를 파악하는 모형이다.
- AMOS를 통해서 반복측정(최소 3회 이상)된 자료분석이 가능하며, 상이한 종단면적인 자료분석 기능을 제공한다.
- 초기치 대비 반복을 하면서 기울기의 변화에 대한 유의성을 검정하는 방법이며, 이를 집단 간에도 활용이 가능하다.
- AMOS 내부적으로 변수 수만을 지정하면 잠재성장모형의 기본적 Template이 만들어져 매우 손쉽게 잠재성장모형을 만들 수 있다.

4 AMOS의 주요 활용 분야

● 일반 사회과학 연구 분야

- 각종 사회현상(청소년, 의류 구매, 소비자 심리, 각종 사회적 증후군)에 대한 인과관계 분석
- 기존 회귀 및 요인 분석을 이용한 분석 결과의 고도화 분석
- 사회현상의 경로 및 과정에 대한 연구 분야
- 각종 사회과학 연구소, 학교, 선거 분석 기관 등에서 활발하게 사용된다.

● 마케팅 / 리서치 분야

- 소비자 만족도 / 충성도 조사 분석
- 소비자 행동 파악 및 인과관계 분석
- 제품 구매 경로 및 구매 인과관계 분석
- 마케팅 설문 분석의 고도화
- 일반 제조 기업의 마케팅 팀 및 리서치 회사 등에서 필수적으로 사용된다.

● 경제 모형 및 기타 분야

- 경제지표의 인과관계성 모형
- 의료 분야 질병 원인 모형(특히 신경정신과 및 청소년 정신의학 등)
- 공공정책 입안 관련 모형
- 종합병원, 의학 연구소, 국가 공공기관 등에서 주로 사용된다.

5 AMOS의 구동과 기능

AMOS의 구동

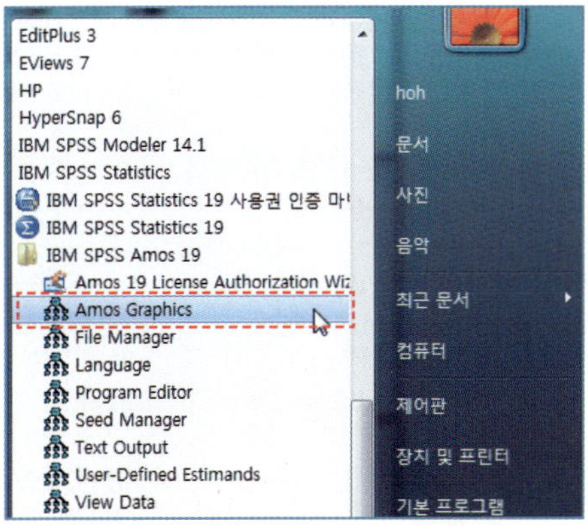

AMOS는 SPSS의 메뉴 또는 독립적으로 실행을 시킬 수 있다.(19 버전 기준)

AMOS 프로그램의 구성

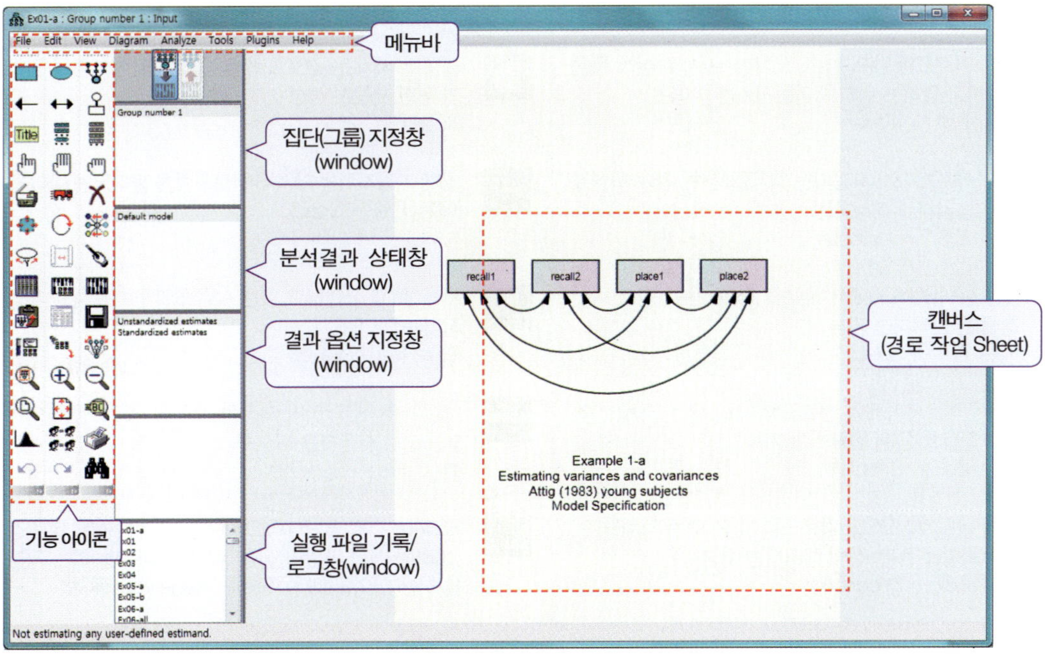

6 AMOS의 기능 아이콘

관측변수: 실제로 측정한 관측변수를 입력할 때 사용하는 아이콘
(메뉴: Diagram → Draw Observed)

잠재변수: 경로모형상에서 오차항이나 외생 또는 내생 개념을 비측정한 잠재변수화한 변수를 입력할 때 사용하는 아이콘 (메뉴: Diagram → Draw Unobserved)

인과관계 표시: 회귀분석과 같이 2변수 사이의 원인과 결과 관계 표시
(메뉴: Diagram → Draw Path)

상관관계 표시: 2변수 사이의 상관관계 또는 공분산 관계를 표시
(메뉴: Diagram → Draw Covariance)

지우기: 수행한 각종 변수, 오차, 관계 화살표 등을 삭제할 때 사용
(메뉴: Edit → Erase)

제목: 경로도형에 제목과 목적, 경로도형 분석자 등의 주석을 달 수 있는 아이콘
(메뉴: Diagram → Figure Caption)

수행: 각종 경로도형을 전부 완성한 후 실제 계산 결과를 도출하기 위해 수행을 하는 아이콘
(메뉴: Analyze → Calculate Estimates)

선택영역 확대: 경로도형 중 사용자가 원하는 부분을 확대하는 아이콘
(메뉴: Diagram → Draw Observed)

이동: 경로도형 내의 변수, 오차항, 관계 화살표 등을 사용자가 원하는 위치로 이동시키는 아이콘
(메뉴: Edit → Move)

복사: AMOS에서 사용되는 객체들(변수, 관계 화살표 등)을 동일하게 복사하는 기능
(메뉴: Edit → Duplicate)

단일 선택: AMOS에서 하나의 객체 (변수, 관계 화살표 등)를 선택하는 기능
(메뉴: Edit → Select)

전체 선택: AMOS의 경로도형 내의 모든 객체(변수, 관계 화살표 등)를 선택하는 기능
(메뉴: Edit → Select All)

선택 해지: AMOS의 경로도형 내의 모든 객체(변수, 관계 화살표 등)를 선택 해지하는 기능
(메뉴: Edit → Deselect)

모수 이동: AMOS의 경로도형 내의 모든 객체(변수, 관계 화살표 등)들에 있는 모수들(회귀계수, 분산, 평균 등)의 위치를 이동시키는 기능(메뉴: Edit → Move Parameter)

객체 모양 변경: 측정변수(사각형), 잠재변수(원형)와 같은 객체들의 크기 및 모양을 변경시키는 아이콘
(메뉴:Diagram → Shape of Object)

확대경: 경로도형이 복잡한 경우 특정 부분만 확대하여 볼 수 있는 아이콘
(메뉴: Diagram → Loupe)

페이지 위치 조정: 전체 페이지의 위치를 이동시키는 아이콘
(메뉴: Diagram → Scroll)

Zoom-in 확대 기능: 경로도형의 전체 크기를 확대시키는 아이콘
(메뉴: Diagram → Zoom In)

Zoom-out 축소 기능: 경로도형의 전체 크기를 축소시키는 아이콘
(메뉴: Diagram → Zoom Out)

페이지 맞춤: 지정한 페이지(A4, B4 등)를 벗어나는 경로도형을 한 페이지에 맞춰주는 아이콘
(메뉴: Diagram → Zoom Page)

페이지 크기 조정: 전체 페이지의 크기를 조정해주는 아이콘
(메뉴: Analyze → Fit to Page)

새문서: 새로운 경로도형 및 구조방정식모형을 만들기 위한 새문서 생성
(메뉴: File → New)

열기: 저장시켜둔 AMOS 경로도형을 불러오는 아이콘
(메뉴: File → Open)

저장: 현재 작업하고 있는 AMOS의 경로도형을 저장시키는 아이콘
(메뉴: File → Save)

다른 이름 저장: 이미 저장된 AMOS 경로도형을 다른 이름으로 저장하는 아이콘
(메뉴: File → Save As)

Back-up 파일 열기: AMOS는 경로도형 구축 시 항상 .bk라는 백업 파일이 생성. 이 백업 파일을 여는 기능을 하는 아이콘 (메뉴: File → Retrieve Backup)

자료 파일 지정, 보기: AMOS에 사용될 파일을 지정하고, 또한 Spread Sheet 형태로 조회할 수 있는 아이콘(메뉴: File → Data Files...)

인쇄: AMOS의 1페이지(하얀색 바탕 영역)의 인쇄를 수행하는 아이콘 (메뉴: File → Print)

되돌리기: 사용자가 전에 수행했던 작업으로 되돌려주는 아이콘
(메뉴: Edit → Undo)

재되돌림: 되돌린 작업에 대하여 다시 앞으로 되돌리는 기능 아이콘
(메뉴: Edit → Redo)

클립보드 복사: 현재 작업하고 있는 경로도형을 Windows 클립보드에 복사해두는 기능
(메뉴: Edit → Copy)

정사각형, 원 그리기: 관측변수를 위한 사각형, 잠재변수, 오차항을 위한 원 모양의 변수를 만들 때, 정사각형, 정원으로 그려주는 아이콘 (메뉴: Tools → Square)

직사각형 타원 그리기: 관측변수를 위한 사각형, 잠재변수, 오차항을 위한 원 모양의 변수를 만들 때, 직사각형, 타원으로 그려주는 아이콘 (메뉴: Tools → Golden)

도움말: AMOS의 각종 기능들에 대한 도움말을 보여주는 아이콘
(메뉴: Help → Contents)

버전 정보: 현재 AMOS의 버전을 보여주는 아이콘
(메뉴: Help → Abouts Amos)

AMOS on the Web: AMOS 개발자 홈페이지 아이콘
(http://amosdevelopment.com/index.htm)
(메뉴: Help → Amos on the Web)

전체 화면: AMOS 화면을 전체 화면으로 확대하는 아이콘
(메뉴: View → Full Screen)

Touch Up: 변수와 변수를 연결해주는 각종 인과관계, 상관관계 선 등을 중간에 맞추어주는 아이콘
(메뉴: Edit → Touch Up)

Modeling Lab: 모수 변화에 따라서 모형이 어떻게 변화하는지 보여주는 아이콘
(메뉴: Analyze → Modeling Lab...)

변수/모수 안보이기: AMOS의 경로 내의 변수와 모수가 전부 사라지는 아이콘
(메뉴: Tools → Outline)

모형 정렬/정리: 경로도형 내의 변수나 오차항을 이동시킨 후 흐트러진 경로도형을 정리, 정렬시키는 아이콘 (메뉴: Tools → Smart)

모형 회전: 선택한 잠재변수와 연결된 부분이 전체적으로 90도씩 회전되는 아이콘
(메뉴: Edit → Rotate)

반대 방향 이동: 모형 중 일부를 반대 방향으로 보내는 이동 아이콘으로 주로 잠재변수의 방향을 바꿀 때 사용되는 기능(메뉴: Edit → Reflect)

잠재변수 만들기: 잠재변수를 만들 때 원, 사각형, 화살표 등을 이용하여 만들지 않고 쉽게 만들어주는 아이콘 (메뉴: Diagram → Draw Indicator Variable)

오차항(비측정변수) 추가: 관측변수 및 잠재변수에 오차항 또는 비측정변수를 생성시켜주는 아이콘
(메뉴:Diagram → Draw Unique Variable)

LINK: 경로도형 내의 몇 개의 변수를 1개의 객체로 연결시켜주는 아이콘
(메뉴: Edit → Link)

경로도형 다시 그리기: 경로도형을 지웠다가 다시 그리는 기능의 아이콘
(메뉴: Diagram → Redraw Diagram)

자유도 보기: 모형 설정 시 자유도를 볼 수 있도록 해주는 아이콘
(메뉴: Analyze → Degrees of Freedom...)

객체 속성 지정: 객체에 대한 초기 모수 지정, 색깔, 폰트 등을 지정하는 아이콘
(메뉴: View → Object Parameters...)

객체 속성 복사: 특정 객체(변수들, 잠재변수, 관측변수)의 속성을 다른 객체에게 복사하고자 할 때 사용
(메뉴: Edit → Drag Properties)

인터페이스 속성 지정: AMOS의 각종 인터페이스의 속성들을 지정하는 아이콘
(메뉴: View → Interface Properties...)

분석 속성 지정: AMOS의 각종 분석 옵션(Output, 결측값, 붓스트래핑)들을 지정하는 아이콘
(메뉴: View → Analysis Properties...)

변수 목록: 모형에 사용되고 있는 변수들의 목록을 보여주는 아이콘
(메뉴: View → Variables in Model...)

원자료 변수 목록: 모형에 사용되고 있는 실제 관측변수들의 목록을 보여주는 아이콘
(메뉴: View → Variables in Dataset...)

모수 목록: 모형에서 사용되는 각종 모수들을 보여주는 아이콘
(메뉴: View → Parameters...)

스프레드시트 보고서: Amos의 출력 결과를 자체 Spread Sheet로 출력시켜주는 아이콘
(메뉴: View → Matrix Representation...)

모형 관리: 한 작업창에서 여러 개의 모형을 만들고 그 모형들을 삭제 등의 관리를 해주는 기능 아이콘
(메뉴: Analyze → Manage Models...)

그룹 관리: 여러 개의 모형과 마찬가지로 다양한 그룹군을 사용하여 관리해주는 아이콘
(메뉴: Analyze → Manage Groups...)

임시 모형 열기: 일시적으로 저장한 모형 파일(.amt)을 불러오는 아이콘
(메뉴: File → New with Template...)

임시 모형 저장: 일시적으로 저장하고 싶은 모형을 저장하는 아이콘. 확장자는 .amt 파일이다.
(메뉴: File → Save As Template...)

정지: AMOS가 수행하고 있을 때만 활성화되며, 현재 수행 중인 작업을 정지시키는 기능
(메뉴: Analyze → Stop Calculating Estimates)

좌우 간격 조정: 객체와 객체 사이(변수와 변수 사이)의 간격을 등간격 형태로 맞추어주는 아이콘
(메뉴: Edit → Space Horizontally)

상하 간격 조정: 객체와 객체 사이(변수와 변수 사이)의 상하 간격을 등간격 형태로 맞추어주는 아이콘
(메뉴: Edit → Space Vertically)

변수 특성 변환: 사각형의 관측변수를 잠재(외생, 내생)변수로 바꾸어주는 아이콘 (반대도 가능)
(메뉴: Analyze → Toggle Observed/Unoberserved)

Text 결과보기: AMOS에서 모형 수행 후 각종 상세 결과를 보는 아이콘
(메뉴: View → Text Output)

03 AMOS를 이용한 회귀/상관분석 실습

예제의 도식적 설명

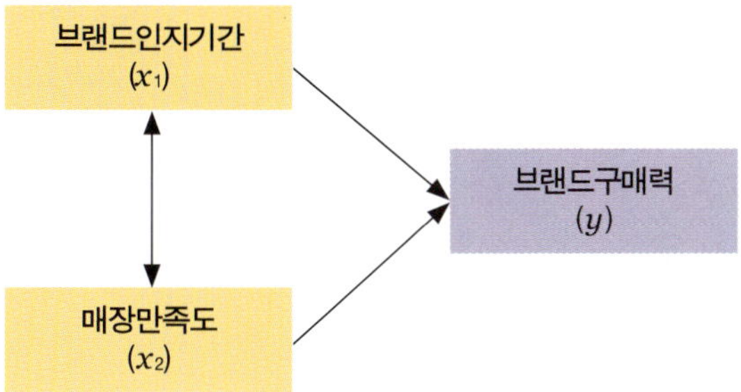

- 대표적인 인과관계 분석이 바로 회귀분석이다.
- 본 실습 예제는 어떤 의류회사에서, 브랜드구매력(y)에 미치는 영향 요소를 브랜드인지기간(x_1)과 매장만족도(x_2)라고 정의하고, 브랜드 인지도와 매장만족도에 따라서 브랜드구매력이 어떻게 영향을 미치는지 확인하고자 하는 것이 목표이다.
- 간단한 다중회귀분석으로 종속(반응)변수는 브랜드구매력 그리고 설명(독립)변수는 브랜드인지기간과 매장만족도 점수를 사용한다.
- 또한, 간단하게 브랜드인지기간(x_1)과 매장만족도(x_2)의 상관관계를 동시에 파악한다.
- 구조방정식모형은 기본적으로 인과관계와 상관관계를 중심으로 이루어져 있으므로, 당연히 AMOS를 이용하여, 기본적인 회귀분석과 상관분석은 수행이 가능하다.
- 본 실습에서는 먼저 SPSS Statistics를 이용하여, 상관분석과 회귀분석을 수행하고, 동일한 데이터를 이용하여 AMOS를 이용한 상관분석과 회귀분석을 수행하여 그 결과를 비교하여 본다.
- 아울러 간단한 본 예제를 통해서 AMOS의 사용법을 익혀 본다.

예제 파일 설명

브랜드구매력	인지기간	매장만족도
71.43	50.00	50.00
71.43	54.17	44.44
85.71	95.83	83.33
57.14	66.67	100.00
71.43	50.00	88.89
57.14	100.00	77.78
57.14	50.00	44.44
85.71	70.83	66.67
85.71	75.00	83.33
71.43	62.50	77.78
57.14	70.83	61.11
57.14	54.17	50.00
100.00	83.33	77.78
71.43	54.17	50.00
71.43	58.33	66.67
85.71	95.83	83.33
57.14	62.50	66.67
85.71	75.00	55.56
85.71	62.50	55.56
85.71	45.83	94.44
85.71	87.50	66.67
85.71	45.83	94.44
85.71	95.83	88.89
85.71	87.50	55.56
100.00	91.67	94.44
85.71	41.67	77.78
57.14	50.00	72.22
71.43	66.67	77.78
85.71	83.33	61.11
100.00	91.67	100.00
85.71	83.33	88.89
57.14	41.67	100.00
57.14	79.17	83.33
100.00	100.00	50.00
85.71	83.33	72.22
57.14	66.67	83.33

- 종속변수(y): 브랜드구매력

설명변수(x): 인지기간, 매장만족도

총 37개 케이스(case)

※ 실습 파일명:
CHAP02_구조방정식모형개요와AMOS.sav

1 SPSS Statistics를 이용한 회귀/상관분석

먼저, SPSS Statistics를 이용한 회귀분석을 수행하여 본다. 1장의 회귀분석 부분을 참조한다.

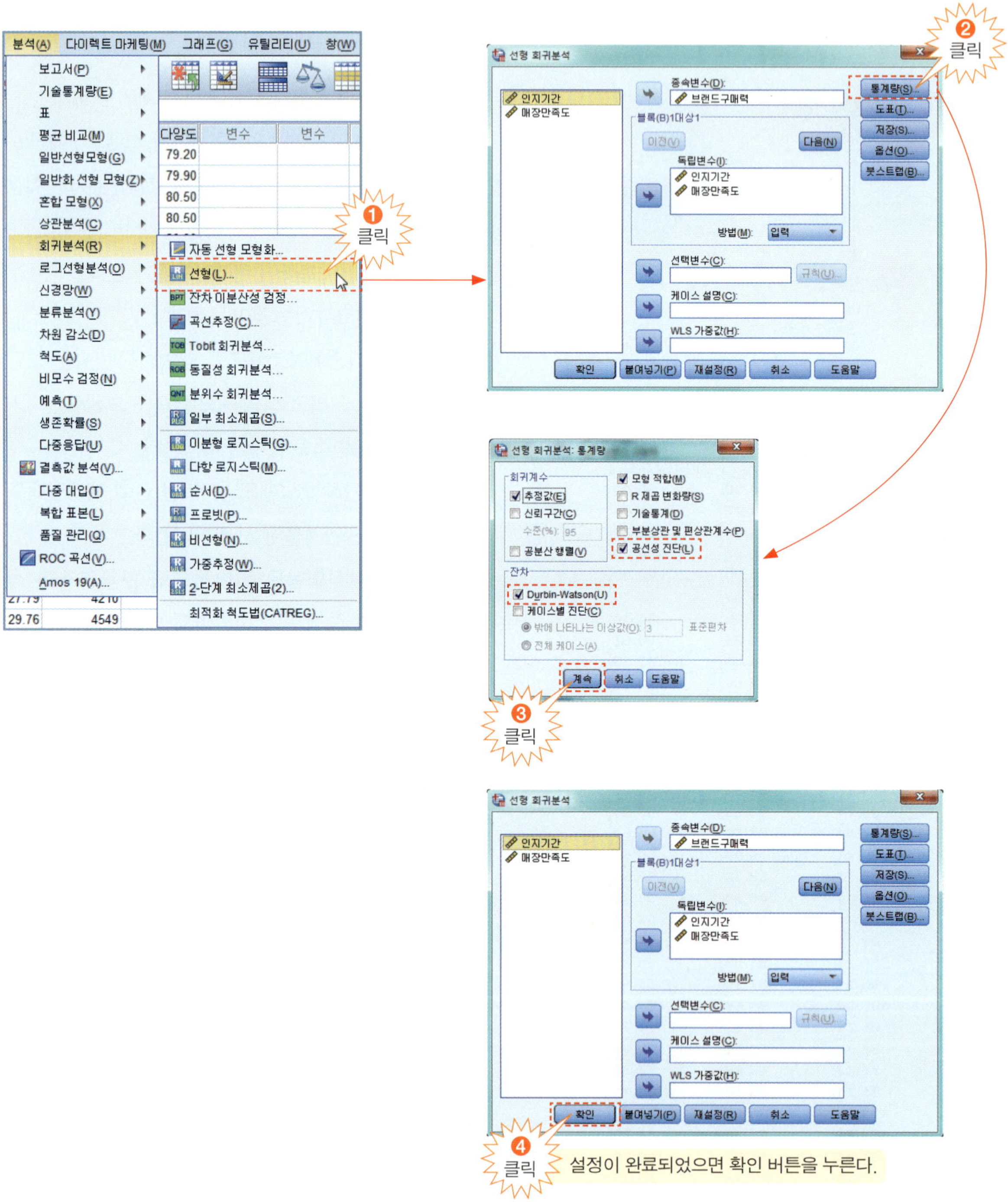

결과

진입/제거된 변수[b]

모형	진입된 변수	제거된 변수	방법
1	매장만족도, 인지기간	.	입력

a. 요청된 모든 변수가 입력되었습니다.
b. 종속변수: 브랜드구매력

모형 요약[b]

모형	R	R 제곱	수정된 R 제곱	추정값의 표준오차	Durbin-Watson
1	.458[a]	.210	.164	13.44079	1.593

a. 예측값: (상수), 매장만족도, 인지기간
b. 종속변수: 브랜드구매력

분산분석[b]

모형		제곱합	자유도	평균 제곱	F	유의확률
1	회귀 모형	1634.905	2	817.452	4.525	.018[a]
	잔차	6142.260	34	180.655		
	합계	7777.165	36			

a. 예측값: (상수), 매장만족도, 인지기간
b. 종속변수: 브랜드구매력

표준화/비표준화 값을 잘 기억해 둘 것

계수[a]

모형		비표준화 계수		표준화 계수	t	유의확률	공선성 통계량	
		B	표준오차	베타			공차	VIF
1	(상수)	48.750	12.543		3.887	.000		
	인지기간	.373	.125	.456	2.975	.005	.988	1.012
	매장만족도	.015	.130	.017	.112	.911	.988	1.012

a. 종속변수: 브랜드구매력

독립변수의 회귀계수값 검정 결과 (브랜드)인지기간은 p-value＝0.005로 0.05보다 작으므로, 귀무가설을 기각한다. 따라서 (브랜드)인지기간은 매우 유의한 변수이다. 그러나 매장만족도는 영향을 미치는 변수라고 하기 어렵다(p-value＝0.911).

또한 앞의 예제 설명과 같이 SPSS Statistics를 이용한 상관분석을 수행하여 본다.

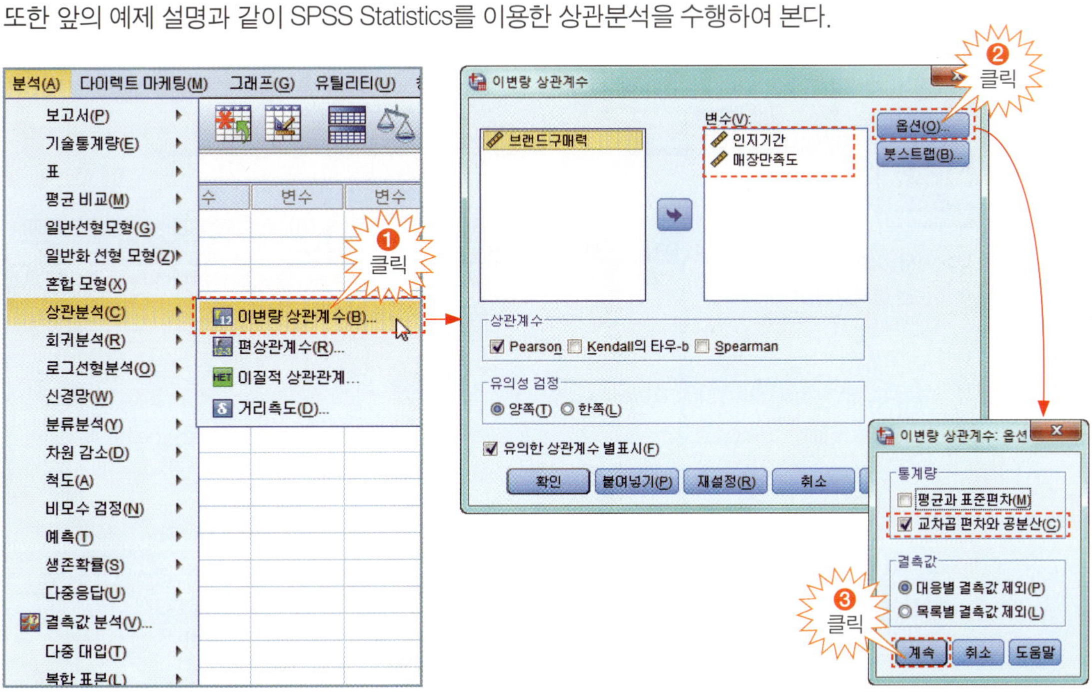

결과

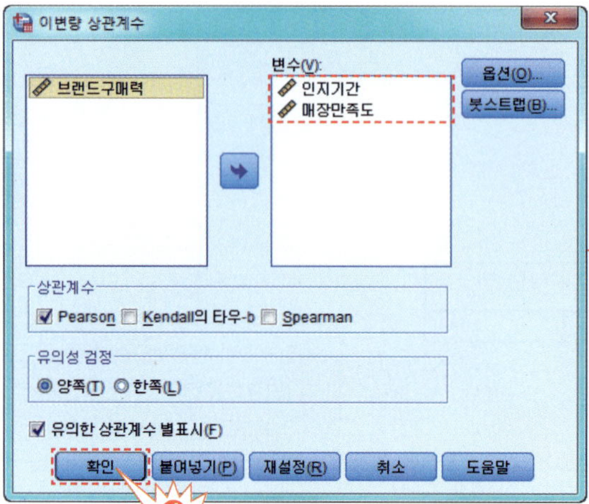

❹ 클릭 상관분석을 수행하기 위해 확인 버튼을 누른다.

상관계수

		인지기간	매장만족도
인지기간	Pearson 상관계수	1	.110
	유의확률 (한쪽)		.258
	제곱합 및 교차곱	11659.159	1236.236
	공분산	323.866	34.340
	N	37	37
매장만족도	Pearson 상관계수	.110	1
	유의확률 (한쪽)	.258	
	제곱합 및 교차곱	1236.236	10754.087
	공분산	34.340	298.725
	N	37	37

2개 변수 간의 Pearson의 상관계수값(0.110)과 공분산 값(34.340)을 기억해둔다.
참고적으로 상관계수가 0.110이면 그리 높은 상관성이 있다고 보기는 어렵다.

2 AMOS를 이용한 회귀/상관분석

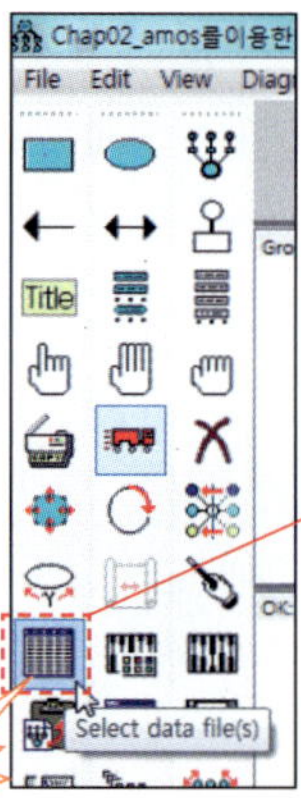

❶ 클릭 Tool Box에서 Select data file(s) 아이콘을 클릭한다.

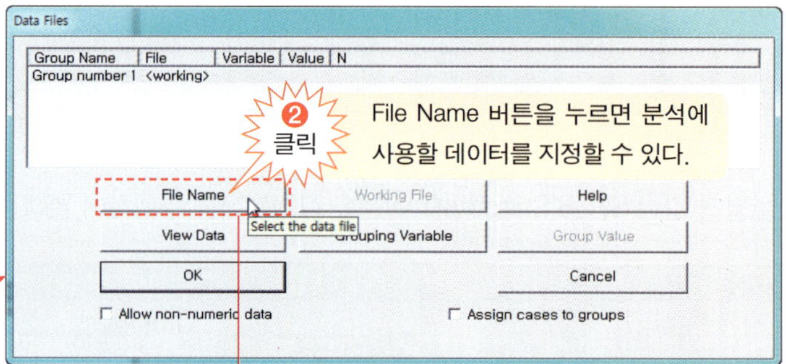

❷ 클릭 File Name 버튼을 누르면 분석에 사용할 데이터를 지정할 수 있다.

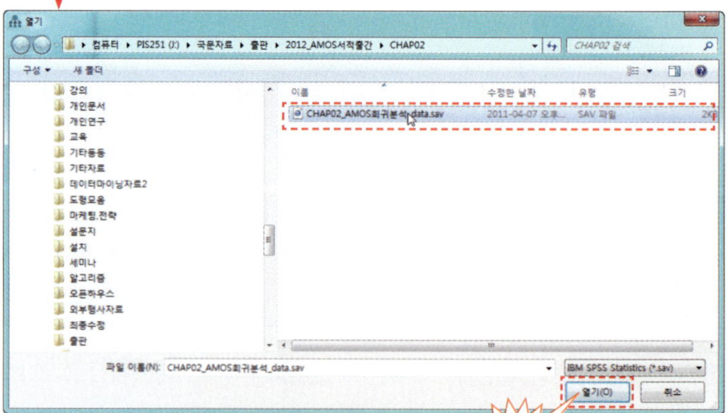

❸ 클릭 분석에 사용될 데이터 파일을 지정한 다음 열기 버튼을 누른다.

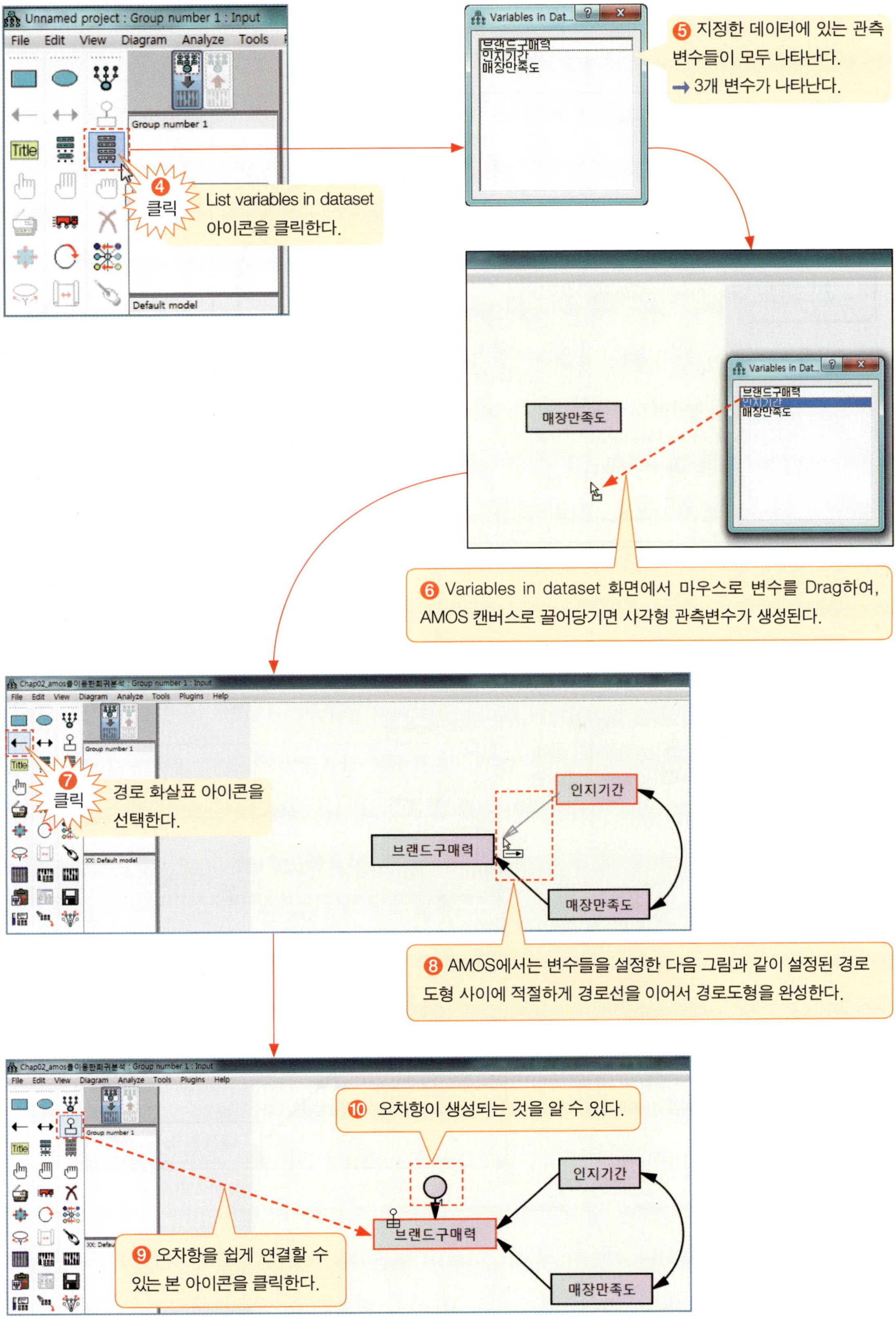
Unnamed project : Group number 1 : Input
File Edit View Diagram Analyze Tools
Title
Group number 1
Default model
4 클릭
List variables in dataset 아이콘을 클릭한다.
Variables in Dat...
브랜드구매력
인지기간
매장만족도
5 지정한 데이터에 있는 관측 변수들이 모두 나타난다.
→ 3개 변수가 나타난다.
매장만족도
6 Variables in dataset 화면에서 마우스로 변수를 Drag하여, AMOS 캔버스로 끌어당기면 사각형 관측변수가 생성된다.
File Edit View Diagram Analyze Tools Plugins Help
7 클릭
경로 화살표 아이콘을 선택한다.
인지기간
브랜드구매력
매장만족도
8 AMOS에서는 변수들을 설정한 다음 그림과 같이 설정된 경로 도형 사이에 적절하게 경로선을 이어서 경로도형을 완성한다.
10 오차항이 생성되는 것을 알 수 있다.
9 오차항을 쉽게 연결할 수 있는 본 아이콘을 클릭한다.

⑪ 오차항 부분에 마우스 커서를 대고 마우스 오른쪽 버튼을 클릭한다. 메뉴가 나타나는데, 여기서 **Object Properties**를 선택한다.

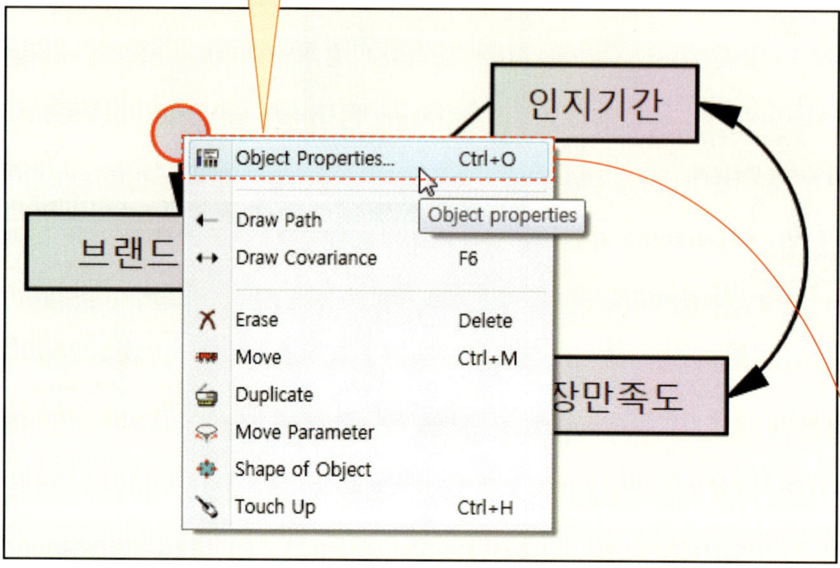

⑫ 대화상자에서 "Text" 탭(tab)을 선택하고, 오차항의 이름 Variable name을 "E1"이라고 지정한다. 반드시 지정해야 하며, 기존 변수 또는 오차항에 있는 이름이면 안 된다.

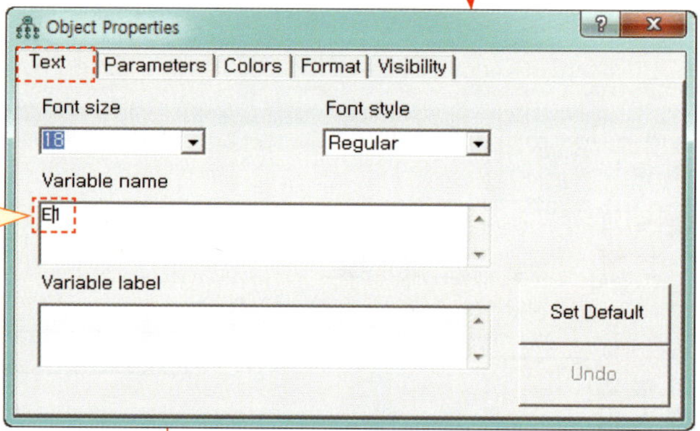

⑬ E1이라는 오차항 이름이 생겼다.

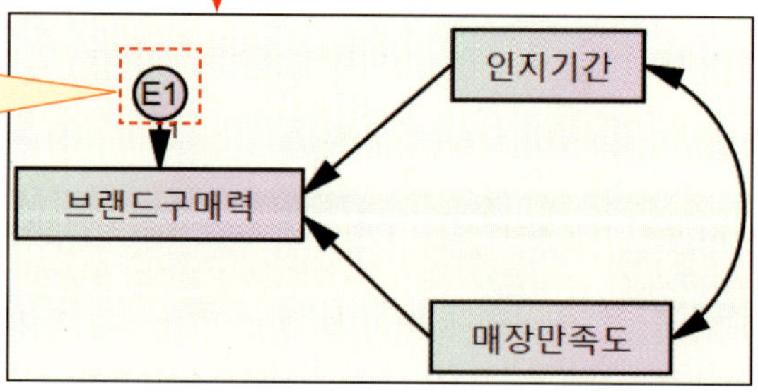

잠깐 오차항을 왜 연결해주는 건가요?

예를 들어, 이런 경우를 생각해보자. 공부시간이 학업성적에 영향을 주는 간단한 인과관계를 생각해보자. 아주 간단한 단순회귀분석을 생각해서, 공부시간이 설명(독립)변수이고, 학업성적이 반응(종속)변수라고 한다면 아래의 그림과 같은 관계가 성립할 수 있다. 그리고 회귀분석의 결정계수(R^2)가 0.65라면, 대략 공부시간의 양이 학업성적에 미치는 설명력은 65%라고 할 수 있다.

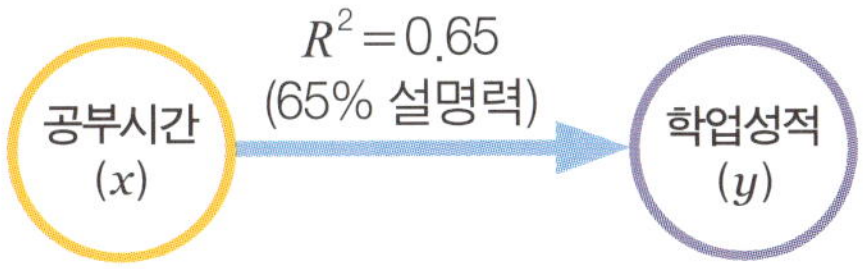

위의 단순회귀를 간단한 수식으로 표현하면 다음과 같다.

$$y=a+bx_i$$

여기서 y는 바로 학업성적, a는 단순 상수항 그리고 x_i는 공부시간이라고 할 수 있다. 그러나 실제 학업성적은 오직 공부시간만으로 설명할 수 있을까? 위의 예제에서 보면 $R^2=0.65$로 공부시간이 학업성적에 미치는 설명력은 65%라고 나와 있다. 이것은 다시 말하면 35%는 다른 요인들이 있을 수 있다는 것이다.(예를 들어, 학생의 IQ, 선생님의 교수 방법, 학급 및 학교의 면학 분위기 등) 따라서 실제 위의 회귀식은 다음과 같이 표현되는 것이 일반적이다.

$$y=a+bx_i+\varepsilon_{ij}$$

여기서 ε_{ij}는 바로 공부시간이 학업성적에 영향을 미치는 것 이외의 다른 요소가 설명하는 오차항이라고 할 수 있다. 그렇다면 AMOS에서는 오차항을 어떻게 표현을 해주어야 할까?

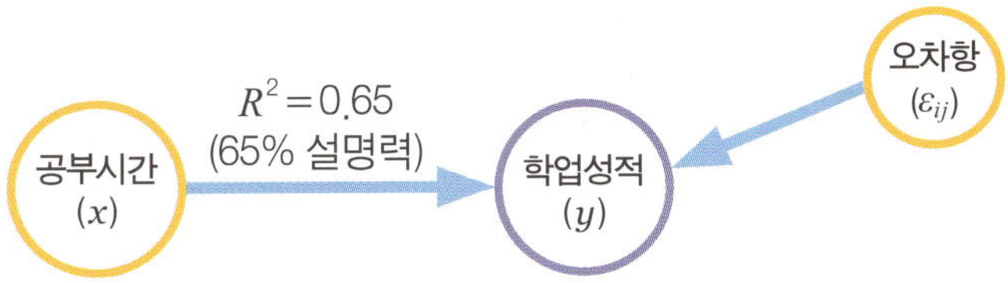

AMOS 또는 각종 구조방정식모형과 경로모형에서 오차항을 연결해주는 이유가 바로 이것이다. 만약 구조방정식모형에서 인과관계의 화살표(일방향 화살표) 관계가 있다면, **"화살을 맞는 쪽에 반드시 오차항을 만들어 주어야 한다"**고 개념을 잡아두면 편리하다.

오차항을 만들어주지 않으면, 구조방정식모형 자체가 수행이 안 된다.(초보자들이 가장 많이 하는 실수이다.) 이것을 좀 구체적으로 말하면, **"구조방정식모형 내에서 내생개념(변수)이 있으면 반드시 구조오차가 발생한다"**라는 표현을 사용한다. 화살을 1개 맞을 수도 있고 2개 이상 맞을 수도 있는데, 그때도 반드시 오차항이 발생을 하며, 여러 개의 화살을 맞아도 경로도형 내에서 1개의 오차항만 만들어주면 된다.

좀 살벌하기는 하지만, 외우기 쉽게 **"화살(인과관계의 내생개념이 되면)을 맞으면 피(오차항)를 흘린다!"** 이렇게 머릿속에 외우고 있으면, 매우 쉽게 구조방정식모형 경로도형 내의 구조오차 개념을 잡을 수 있다.

⑭ 본 예제의 목표인 회귀분석과 상관분석을 수행하기 위하여 다음과 같이 경로도형을 완성한다.

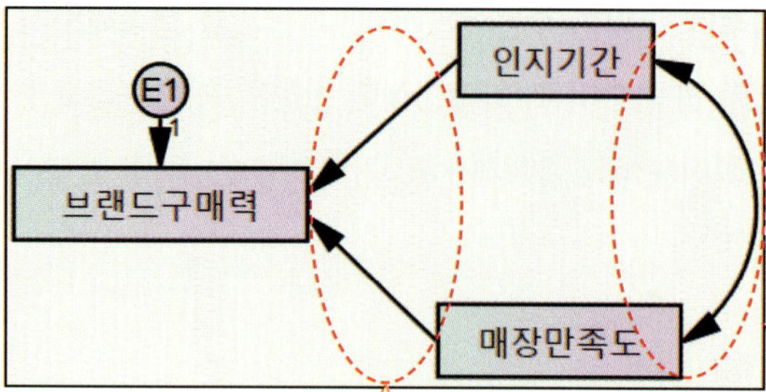

AMOS에서, 변수 간의 상관관계 또는 공분산 관계를 나타낼 때에는 이와 같은 쌍방향 화살표를 이용한다.

AMOS에서 독립변수가 종속변수에 영향을 미치는 관계인 인과관계를 표시할 때에는 일방향 화살표로 나타낸다.

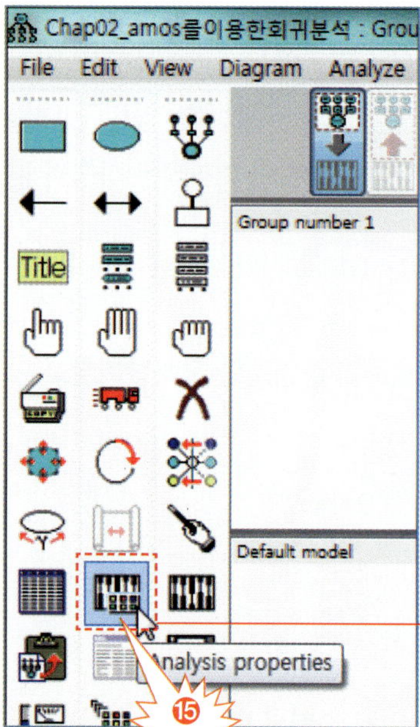

⑮ 클릭

AMOS에서 각종 Output 결과값 제어, 붓스트래핑 등 추가 분석을 위해서 Analysis properties 아이콘을 클릭한다.

⑯ 대화상자에서 Output 탭(tab)을 클릭하여 Standardized estimates를 선택한다. → 이것은 결과에서 표준화 값을 출력시켜 주는 옵션이다.(거의 습관처럼 이것을 선택해야 한다.)

⑱ 설정이 끝나면 그냥 닫아버리면 설정이 저장이 된다. 별도의 OK나 확인 버튼이 없으니 주의하자!

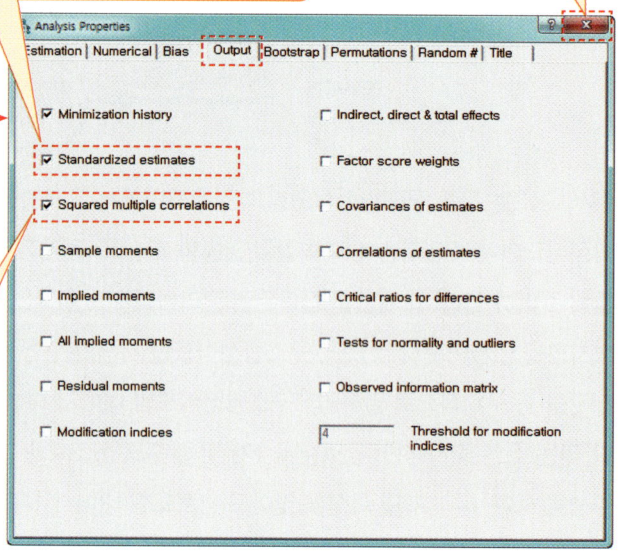

⑰ Squared multiple correlations를 선택한다. → 이것은 다중상관값이라는 값을 생성시키며, 종속변수에 대한 설명력을 파악할 때 사용되는 지표값이다.

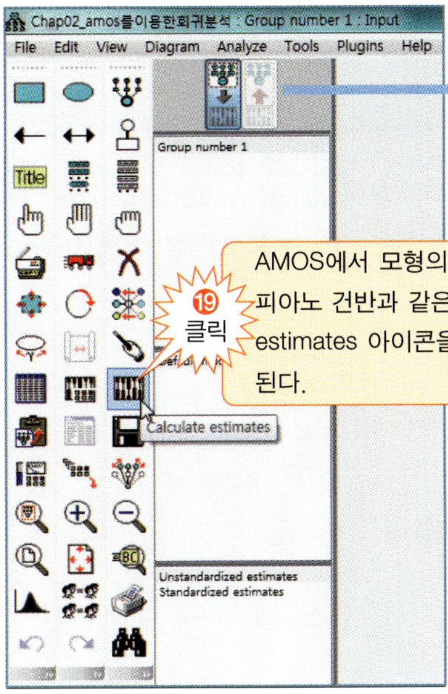

⑲ 클릭

AMOS에서 모형의 수행은 이 피아노 건반과 같은 Calculate estimates 아이콘을 클릭하면 된다.

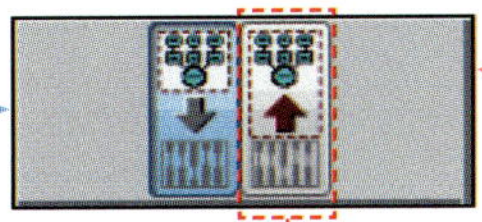

⑳ AMOS에서 모델링 수행이 완료되면 이렇게 활성화가 된다. 다음 경로도형을 살펴보자.

위의 활성화된 부분을 클릭했을 때 경로도형상 계수가 나타나면 수행이 성공한 것이다.

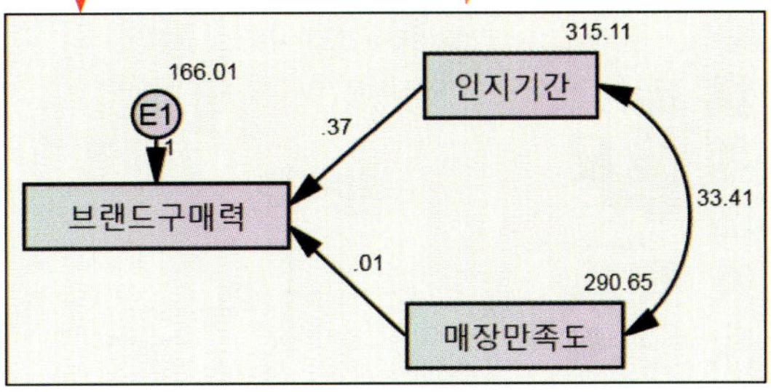

결과

비표준화 결과

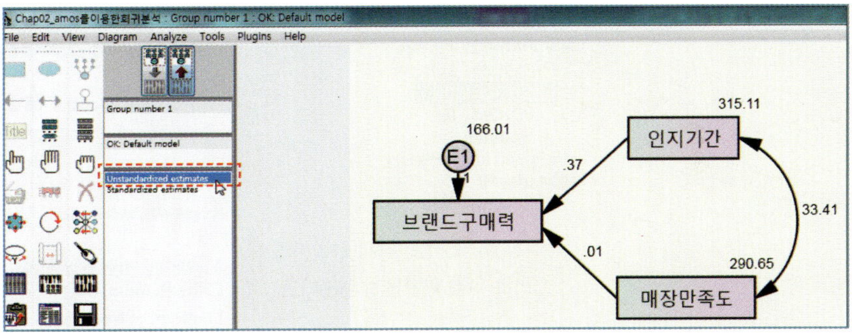

표준화 결과

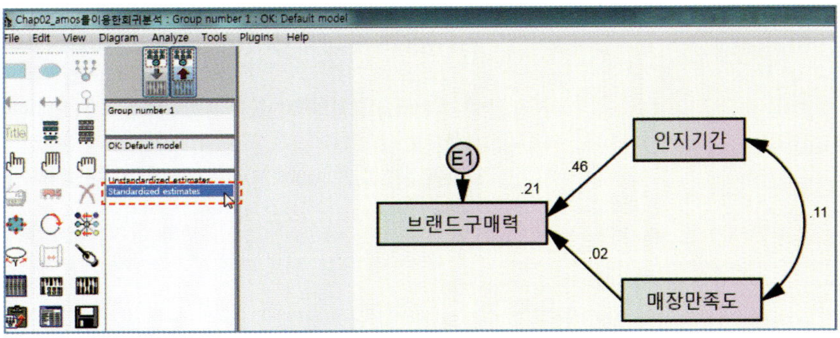

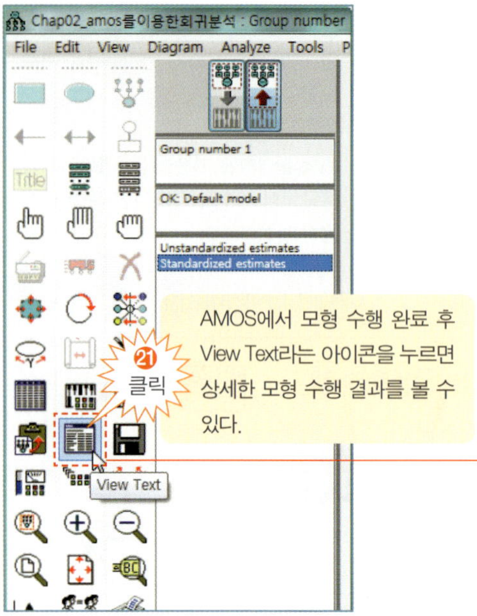

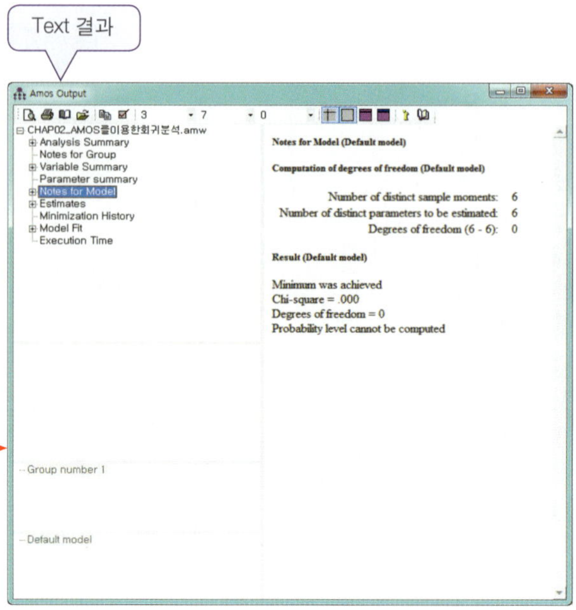

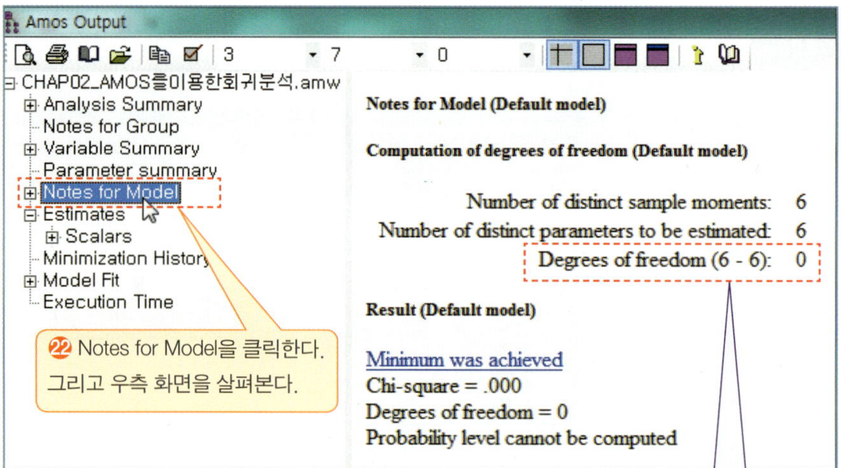

자유도라는 것은 정보의 수와 파악할 수 없는 미지 정보 수의 차이로, 이것이 0이면 포화모형(Saturated Model)이라고 하여 모형의 적합도를 파악할 필요가 없다. 그리고 이 자유도가 크면 클수록 복잡한 모형임을 의미하고, 이 경우 뒷 부분에서 언급할 모형의 적합도가 좋지 않다는 것을 의미한다.

보통 자유도가 100에 가까울 정도가 나오면 매우 복잡하고 까다로운 모형이라고 한다.(반드시 그런 것은 아님.)

회귀계수(일방향 화살표)에 대한 값과 표준오차(S.E.), 검정통계량(C.R.) 그리고 이에 대한 p-value를 표시하여 준다.
윗부분이 비표준화, 아랫부분이 표준화 값이다.

상관계수(양방향 화살표)에 대한 값과 표준오차(S.E.), 검정통계량(C.R.) 그리고 이에 대한 p-value를 표시하여 준다.
윗부분은 공분산 정보, 아랫부분은 상관계수 정보를 보여준다.

다중상관값(Squared Multiple Correlations)을 보여주며, 오직 내생개념(종속변수 개념)의 변수에만 나타난다. 본 해석은 2개의 독립변수가 브랜드구매력에 미치는 영향은 21% 정도라고 할 수 있다.(나머지는 오차 부분이다.)

Maximum Likelihood Estimates

Regression Weights: (Group number 1 - Default model)

			Estimate	S.E.	C.R.	P	Label
브랜드구매력	<---	매장만족도	.015	.127	.115	.908	
브랜드구매력	<---	인지기간	.373	.122	3.062	.002	

Standardized Regression Weights: (Group number 1 - Default model)

			Estimate
브랜드구매력	<---	매장만족도	.017
브랜드구매력	<---	인지기간	.456

- 2개의 독립변수 (브랜드)인지기간과 매장만족도가 종속변수 브랜드구매력에 미치는 영향은 각각 인지기간은 0.373(표준오차 0.122) 그리고 매장만족도는 0.015(표준오차 0.127)이다.

- 여기서 C.R.(Critical Ratio)은 추정값에 표준오차를 나누어준 것으로, 예를 들어 매장만족도 C.R.은 0.115 =0.015/0.127이다.

- 그리고 C.R.은 정규분포를 따르는 검정통계량이 되고, 이 C.R. 검정통계량을 이용하여 계산한 유의확률 값이 바로 P값(p-value)이 된다. 예를 들어 (브랜드)인지기간의 P값(p-value)은 0.002가 되며, 이는 0.05보다 작으므로 신뢰수준 95%에서 귀무가설을 기각하여, 유의한 독립변수가 된다. 반대로 매장만족도는 0.05보다 크므로 유의하지 않은 독립변수라고 할 수 있다. 즉, 본 회귀분석은 2개의 독립변수 중 (브랜드)인지기간은 브랜드구매력에 영향을 미치지만, 매장만족도는 영향을 안 미친다고 할 수 있다.

AMOS와 SPSS Statistics 결과를 비교해보면 다음과 같다.

AMOS 출력 결과

Maximum Likelihood Estimates

Regression Weights: (Group number 1 - Default model)

			Estimate	S.E.	C.R.	P	Label
브랜드구매력	<---	매장만족도	❶ .015	.127	❸ .115	.908	
브랜드구매력	<---	인지기간	.373	.122	3.062	.002	

Standardized Regression Weights: (Group number 1 - Default model)

			Estimate
브랜드구매력	<---	매장만족도	❷ .017
브랜드구매력	<---	인지기간	.456

SPSS Statistics 출력 결과

계수[a]

모형		비표준화 계수 B	비표준화 계수 표준오차	표준화 계수 베타	t	유의확률
1	(상수)	48.750	12.543		3.887	.000
	인지기간	❶ .373	.125	❷ .456	❸ 2.975	.005
	매장만족도	.015	.130	.017	.112	.911

a. 종속변수: 브랜드구매력

❶ AMOS와 SPSS Statistics의 결과를 비교해보면 먼저 비표준화 계수값은 매장만족도 0.015 그리고 (브랜드)인지기간 0.373으로 2개 모두 동일하게 나타났다.

❷ 표준화 계수값 역시 AMOS와 SPSS Statistics 모두 동일하게 결과가 나타났다.

❸ 계수에 대한 유의성 검정을 위한 검정통계량은 SPSS Statistics와 AMOS가 다르다. AMOS는 앞서 설명했듯이 C.R. 통계량을 이용하고, 이것은 정규분포를 기반으로 검정한다. 그러나 SPSS Statistics에서는 t-검정통계량을 이용하고, 이것은 t-분포를 기반으로 검정한다.
따라서 AMOS와 SPSS Statistics는 검정통계량값과 이를 기반으로 계산한 유의확률값(p-valve)이 약간 다르게 나타난다. 그러나 큰 차이가 없는 경우가 많으며, 무엇이 옳다고 판단할 수도 없다.(결과적으로 2개 모두 동일한 결론을 내리고 있다.)

Covariances: (Group number 1 - Default model)

	Estimate	S.E.	C.R.	P	Label
매장만족도 <--> 인지기간	33.412	50.746	.658	.510	

Correlations: (Group number 1 - Default model)

	Estimate
매장만족도 <--> 인지기간	.110

상관계수의 해석 또한 SPSS Statistics와 동일하다. 먼저 공분산(Covariances) 표에서 Estimates 값이 33.412가 나오는데 이것이 바로 공분산 값이다. 그 외 표준오차(S.E.: Standard Error) 그리고 검정통계량(C.R.), 유의확률값(P)이 나타나고, 해석 방법 또한 앞의 회귀계수값과 동일하게 한다.

귀무가설(H_0): 공분산(상관계수) = 0(상관이 없다.)
대립가설(H_1): 공분산(상관계수) $\neq$ 0(상관이 있다.)

여기서는 유의확률값(P)이 0.510이므로, 95% 신뢰수준에서 0.05보다 크므로 귀무가설(H_0)을 선택하고, 결론적으로 매장만족도와 인지기간 사이에는 아무런 상관이 없다고 할 수 있다.

Correlations 표에 있는 Estimates값 0.110이 바로 우리가 잘 알고 있는 상관계수이며, 앞 1장에서도 언급했듯이 상관계수(r)는 $-1 < r < 1$ 사이의 값을 가진다.

AMOS와 SPSS Statistics 결과를 비교해보면 다음과 같다.

AMOS 출력 결과

Covariances: (Group number 1 - Default model)

	❶ Estimate	S.E.	C.R.	P	Label
매장만족도 <--> 인지기간	33.412	50.746	.658	.510 ❸	

Correlations: (Group number 1 - Default model)

	Estimate
매장만족도 <--> 인지기간	❷ .110

SPSS Statistics 출력 결과

상관계수

		인지기간	매장만족도
인지기간	Pearson 상관계수	1	❷ .110
	유의확률 (한쪽)		❸ .258
	제곱합 및 교차곱	11659.159	1236.236
	공분산	323.866	34.340
	N	37	37
매장만족도	Pearson 상관계수	.110	1
	유의확률 (한쪽)	.258	
	제곱합 및 교차곱	❶ 1236.236	10754.087
	공분산	34.340	298.725
	N	37	37

❶ AMOS의 공분산 값은 33.412이고, SPSS의 공분산 값은 34.340이다. 이것은

- AMOS의 공분산 = 교차곱/n
- SPSS의 공분산 = 교차곱/$(n-1)$

로 계산되기 때문이다. 본 예제에 적용하여 보면,

- AMOS 공분산 값 = 1236.236/37 = 33.412
- SPSS 공분산 값 = 1236.236/36 = 34.340이 된다.

❷ 상관계수값은 0.110으로 AMOS와 SPSS Statistics 모두 동일하다.

❸ 검정통계량인 공분산 역시 AMOS와 SPSS Statistics 모두 다르게 계산을 했기 때문에 유의확률값(p-value)이 다르게 나왔다. 그러나 둘 다 모두 유의하지 않다는 점은 동일하다. 이 역시 무엇이 옳고 틀리고의 정확한 기준은 없다. 사용자가 선택을 하고, 선택한 기준을 가감없이 정확하게 논문이나 결과 보고서에 표기하면 된다.

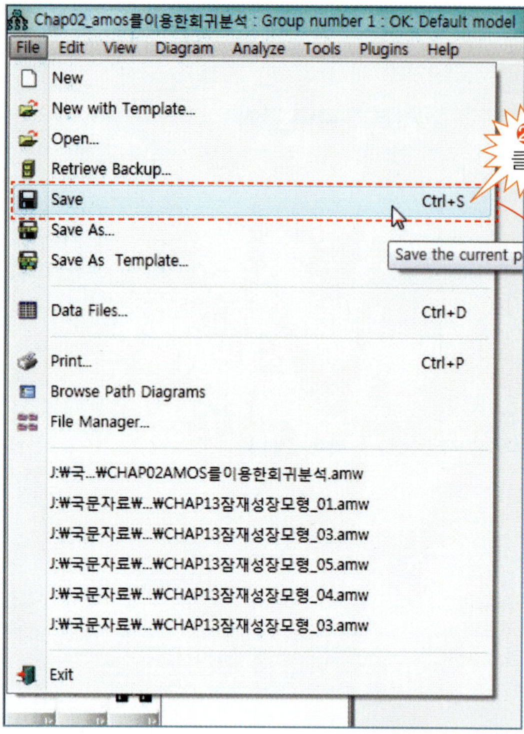

분석 작업이 완료되면 경로도형을 저장한다.
저장 아이콘 또는 File → Save 메뉴를 이용하여 저장을 하면 된다.

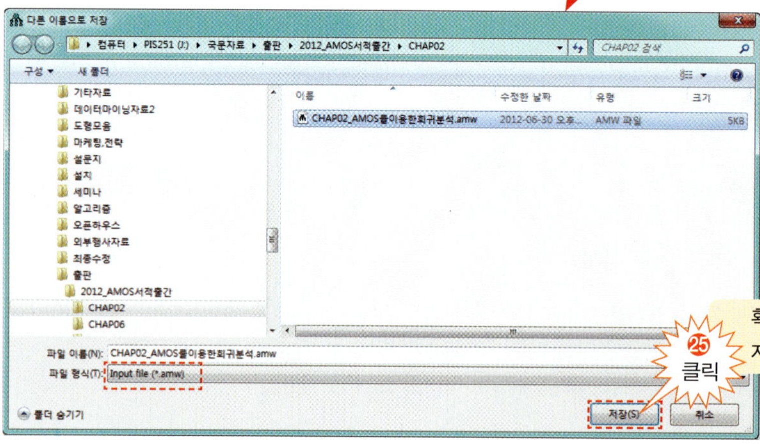

확장자는 *.amw이며, 사용자가 지정한 폴더에 파일이 저장된다.

1 AMOS의 다양한 아이콘과 메뉴 기능을 자주 실험해보고 응용해본다.

→ 아이콘과 메뉴 이것저것을 살펴본다고 절대 AMOS는 고장 나거나 문제 생기지 않는다.

→ 반복적인 활용이 초보자를 벗어나는 가장 빠른 길이다.

2 AMOS를 이용하여 기본적으로 인과 및 상관관계 분석인 회귀분석과 상관분석의 수행이 가능하다. 단, SPSS Statistics와 몇몇 지표 및 통계량 등이 다를 수 있다.

3 AMOS에서는 구조오차항을 직접 연결하고 제어할 수 있다.
이로 인하여 기존의 회귀분석 등에서 할 수 없었던 추가적인 분석과 정확도 높은 결과를 도출할 수 있는 환경이 마련될 수 있다.

3장

경로분석과 매개모형

01 경로분석

1 경로분석(Path Analysis)

경로분석이란? 변수들 간에 직접 또는 간접으로 함수적 관계를 가지는 경로의 모형을 방정식 또는 그림으로 표시하여 가설화하고, 그 모형을 수집된 자료에 합치시킴으로써 경로들이 나타내는 연구가설들을 검증하는 방법이다.

ex) 경로분석의 예

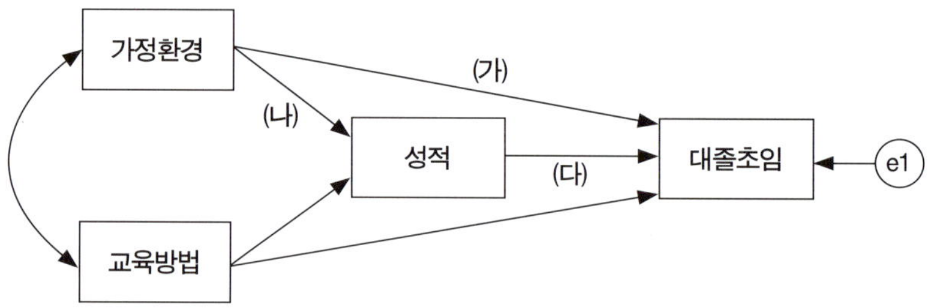

- 위의 경로도형은 가정환경이 대졸초임에 미치는 영향을 나타내고 있으며, 대졸초임에는 기본적으로 성적에 가정환경, 교육방법이 영향을 미치며, 그 중 성적은 가정환경과 교육방법에 영향을 받는다는 가정을 그린 경로도형이다.
- 일반적인 회귀분석이 직접적인 효과, 직접적인 인과관계를 파악할 수 있다면, 경로분석은 한 번에 직접효과와 간접효과 그리고 이를 포함한 총효과를 파악하여, 좀 더 의미 있는 인과관계를 파악할 수 있는 장점이 있다.
- **경로분석은 구조방정식모형의 가장 기초적인 형태라고 할 수 있다.**

2 경로분석(Path Analysis)에서 경로(Path)의 의미

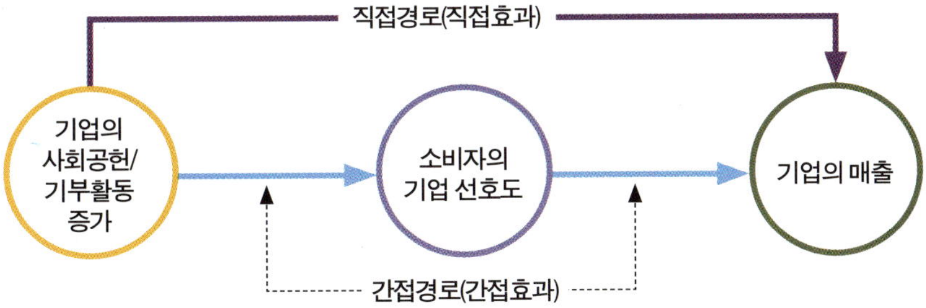

1. 직접경로: 기업의 사회공헌/기부활동이 기업의 매출에 직접적인 영향을 미칠까? 보통은 그렇지 않다. 공헌활동과 기부는 기업 입장에서 대가성 없는 비용 지출을 요구하게 된다. 따라서 직접적인 매출증대 측면에서 보면 이윤 추구를 목적으로 하는 기업은 사회공헌 활동을 하지 않는 것이 더 좋을 수 있다.

2. 간접경로: 그러나 기업의 사회활동과 기부는 해당 기업에 대한 소비자의 기업 선호도를 높여서 그 기업의 상품에 대한 신뢰도를 높이고, 이것이 직접적인 구매 동기로 이어져 기업의 매출을 높이는 요소가 될 수 있다.

3. 단순회귀분석은 위에서 언급한 직접 경로만을 계산하고, 이것이 유의하다 그렇지 않다를 통계적으로 결정한다. 그러나 경로분석은 간접경로와 같이 다양한 경로 및 순서를 파악하여, 최종적으로 인과관계를 규명하기 때문에 경로분석이 필요한 것이다.

3 왜 경로분석을 사용할까?

직/간접효과 파악

- 다중회귀분석에서는 직접효과 이외엔 파악이 어렵다.
- 경로분석에서는 직접효과와 간접효과 그리고 이들의 총효과를 분할하여, 파악할 수 있는 기능과 방법이 존재한다.
- 다중회귀분석보다 더욱 심도 있는 분석이 가능하다.

2개 이상의 종속변수 & 2개 이상의 독립변수

- 2개 이상의 종속변수와 2개 이상의 독립변수의 사용이 가능하다.
- 정준상관분석과 유사하게, 다량의 변수들 간의 관계 파악이 가능하다.
- 다양한 인과관계를 파악할 수 있도록 2개 이상의 종속변수와 독립변수를 동시에 분석 검정이 가능하다.
- 경제학의 계량 분석에서는 동시방정식 모형이라고 한다.

(결론적으로) 정확하고, 더 자세한 인과 모형의 개발

4 경로분석과 구조방정식모형의 가장 큰 차이점

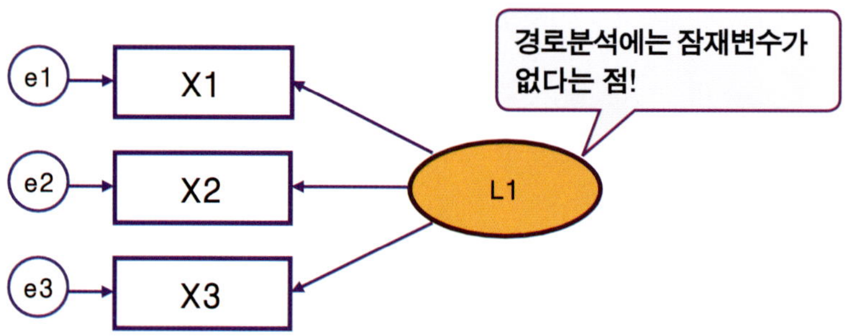

5 경로분석의 기본 가정

- 독립변수와 종속변수의 관계는 직선적이고, 합산적이다.
- 경로도형의 방향은 일방적이다. 즉, 이것은 한 번 진행한 화살표는 역방향으로 진행할 수 없다는 뜻이다.
- 변수의 측정 자체에는 문제가 없고, 1개의 요인은 측정변수 하나로 구성되어 있다.
- 측정오차는 없는 것으로 간주한다.
- 측정오차 사이에는 상관관계가 존재하지 않는 것으로 간주한다.
- 변수들은 연속형(등간척도, 비율척도)으로 구성되어야 한다.(중요!)

※ 참조: AMOS 7.0 구조방정식모형, 김계수, 한나래출판사.

02 경로분석에서의 효과

효과 (effect)

- 경로분석(또는 일반적인 선형회귀분석이나 선형모형)에서 어떤 변수가 다른 변수에 영향을 주는 정도를 "효과(effect)"라고 한다.

- 간단하게는 아래 그림과 같이, 독립변수와 종속변수 사이에 회귀분석 후 얻어지는 표준화 회귀계수가 가장 대표적인 효과 값이라고 할 수 있다.

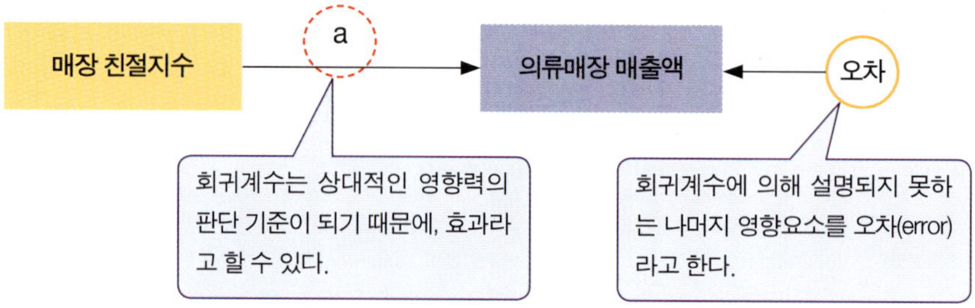

※ 참조: AMOS 7.0 구조방정식모형, 김계수, 한나래출판사.

직접효과

- 직접효과란 변수들 간의 관계에서 직접적인 인과관계를 나타내는 것으로, 하나의 독립변수가 다른 종속변수에 영향을 미치는 것을 의미한다.

- 아래 그림에서 경로계수 a_1, a_2, a_3가 모두 직접효과이다.

- 경로계수 $a_1 = 0.8$이라는 값이라면, "매장 친절지수"가 1단위 높아질 때마다 "의류매장 매출액"은 0.8씩 증가한다는 것을 의미한다.

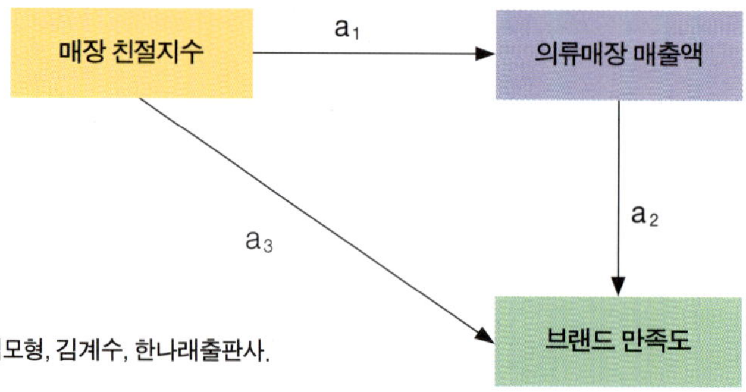

※ 참조: AMOS 7.0 구조방정식모형, 김계수, 한나래출판사.

간접효과

- 간접효과란 독립변수의 효과가 한 개 이상의 중간변수(또는 매개변수)에 의해서 매개되어 종속변수에 영향을 미치는 것을 의미한다.

- 아래 그림에서 "매장 친절지수"와 "브랜드 만족도" 사이에 "의류매장 매출액"이 매개되어 있다. 이 경우 간접효과의 크기는 $a_1 \times a_2$로 나타낸다.

- 연구에 있어서, 직접효과와 함께 간접효과를 파악해야 정확한 효과 측정이 된다.

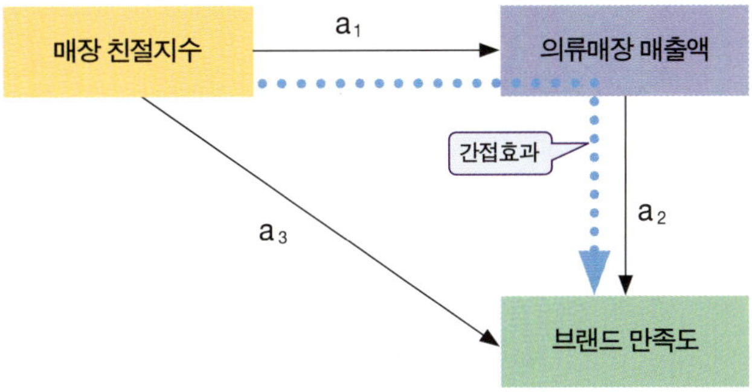

※ 참조: AMOS 7.0 구조방정식모형, 김계수, 한나래출판사.

의사효과

- 의사효과란 2개 이상의 독립변수가 직접적인 연결은 없지만, 제3의 변수에 의해 동시에 영향을 받아서, 마치 두 변수들 간에 관계가 있는 것처럼 보이는 경우의 효과를 의미한다.

- 아래의 경우에서 의사효과는 "매장 친절지수"라는 변수 입장에서, "의류매장 매출액"과 "브랜드 만족도" 사이에 의사효과가 발생한다고 할 수 있다.

- 의사효과의 크기는 $a_1 \times a_3$가 된다.

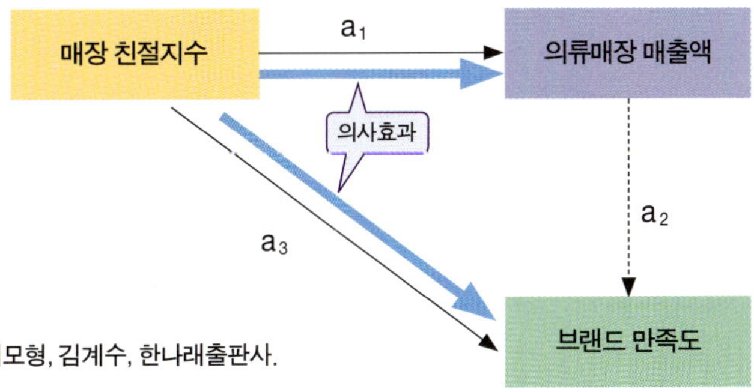

※ 참조: AMOS 7.0 구조방정식모형, 김계수, 한나래출판사.

미분석효과

- 미분석효과는 독립변수(외생변수)들 간의 상관관계가 있을 때에만 존재하는 효과이다.(앞의 예제에서는 생기지 않는다. ➡ 상관관계가 없기 때문에)

- 이 효과는 서로 상관된 변수들로 인하여 분석되지 못하는 부분을 의미하며, 상관계수값에 해당 인과관계의 곱으로 표현이 된다.

- 예를 들어 위의 예에서 매장 친절지수 → 브랜드 만족도 사이의 미분석효과는 r_3*a_1이 되고, 의류매장 매출액 → 브랜드 만족도 사이의 미분석효과는 r_3*a_2가 된다.

- 보충 설명을 하면 미분석효과는 두 변수 사이의 직접효과에 있어서 그 중 한 개의 변수에 상관관계가 있어, 파악이 될 수 없는 부분의 효과라고 할 수 있다.

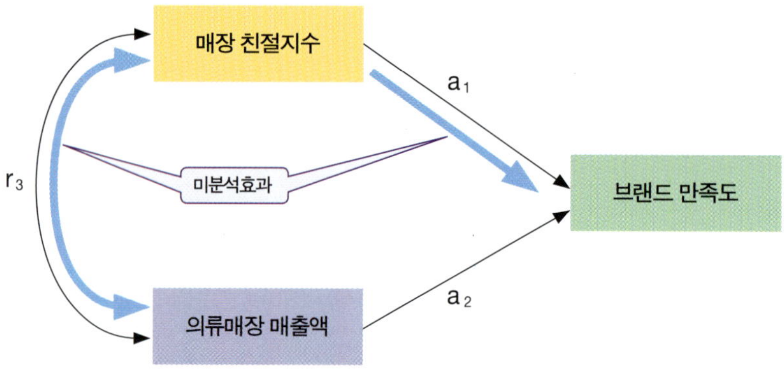

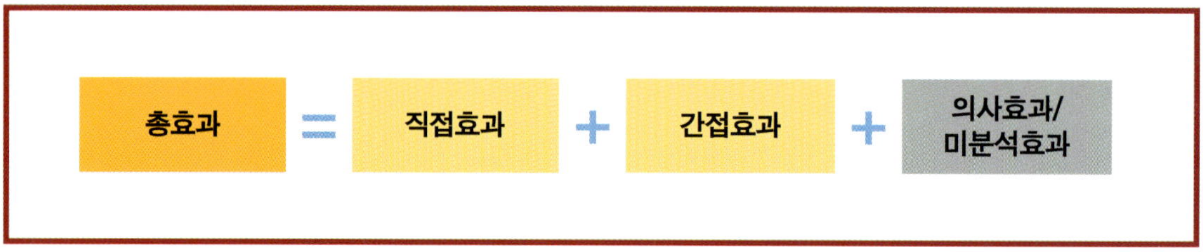

- 일반적 또는 함축적인 의미로 총효과는 직접효과와 간접효과만을 합한 것을 주로 사용한다.

- 의사효과와 미분석효과의 경우 그 자체적으로 (연구자 관점에서) 효과의 의미가 없는 경우가 많아서, 특별한 분야가 아닌 이상 잘 관리 및 분석을 하지 않는 편이다.

03 공변량 분해

공변량 분해

- 경로분석은 변수들 간의 공분산과 상관계수 등을 이용하여 인과관계를 파악하는 것이다.

- **공변량 분해는 경로분석의 경로도형 내의 계수들 간의 값을 이용하여, 각종 직/간접효과값을 추출하는 과정을 의미한다.**

- 공변량 분해를 통해서 직/간접 및 의사효과값들이 정의되고 구체화된다.

공변량 분해의 예제

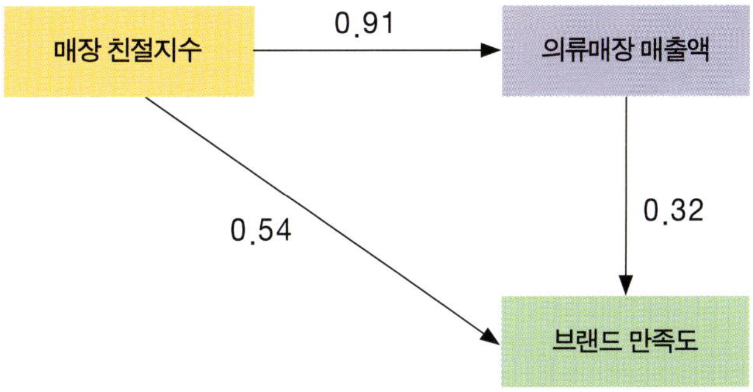

공변량 분해

	매장 친절지수 → 의류매장 매출액	매장 친절지수 → 브랜드 만족도	의류매장 매출액 → 브랜드 만족도
(a) 공변량 (전체효과)	0.91 (인과효과+의사효과)	0.83 (인과효과+의사효과)	0.32+0.49=0.81 (인과효과+의사효과)
(b) 인과효과	0.91 (직접효과+간접효과)	0.54+0.29=0.83 (직접효과+간접효과)	0.32 (직접효과+간접효과)
직접효과	0.91	0.54	0.32
간접효과	-	0.91×0.32=0.29	-
(c) 의사효과	-	-	0.91×0.54=0.49

직/간접효과 파악을 위한 공변량 분해를 하는 가장 큰 이유는 **매개효과(Mediation Effect)를 검정하기 위해서**이다.

04 매개효과 분석

1 매개효과 및 매개효과 분석이란?

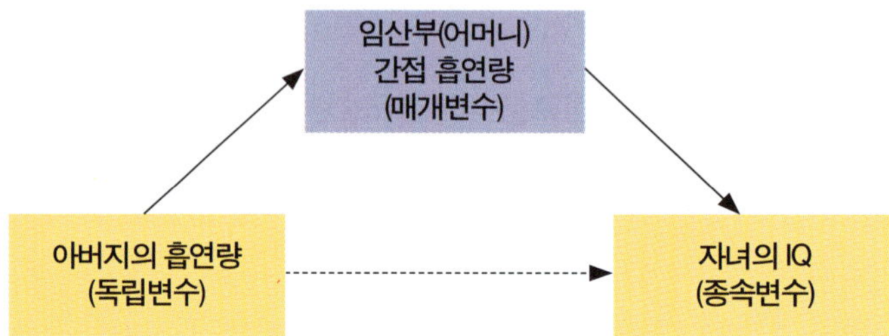

매개효과 (Mediation Effect)

- 두 변수나 요인 사이의 관계에서, 변수 사이를 연결해주고 전달해주는 효과를 의미한다. 또한, 추가적으로 그 효과 역할을 수행하는 변수 혹은 요인을 의미하기도 한다.
- 분석 프로세스 관점에서는, 매개요인(효과)은 투입요인과 성과요인에서 좀 더 정확한 성과를 창출 또는 파악하기 위해 중간에 삽입되는 요인(효과)을 의미한다.
- 매개요인은 아무것이나 정하는 것이 아니라 이론적, 상식적, 경험적 등에 의한 분명한 근거에 기반하여 정해져야 한다.

매개효과 분석 (Mediation Effect Analysis)

- 구조방정식모형에서 매개효과 분석이란 실제적으로 간접효과를 측정하는 것을 의미한다.
- 위의 그림 예제를 보면 흡연량이 자녀의 IQ에 미치는 영향을 파악할 때, 임산부 간접 흡연량이 중간의 매개역할을 하는 것이고, 이는 앞의 예제에서 보듯이 간접효과를 파악하는 것과 동일한 과정이다.
- 매개효과 분석은 전체적인 경로분석 중에서 간접효과의 유의성 및 그 영향력을 파악하는 데 초점을 많이 둔 것이라고 할 수 있다.

(실제적인 분석과 해석은 앞의 경로분석과 동일한 과정이라고 볼 수 있다.)

2 매개효과의 검증 과정

1. 각 경로의 유의성 여부 확인

→ 독립변수와 종속변수, 종속변수와 매개변수, 독립변수와 매개변수 사이의 유의성 확인

↓

2. 매개효과가 없는 경우 확인

→ 종속과 독립변수는 유의한 결과가 나오는데, 매개의 경우 유의하지 않은 경우가 있는지 확인

↓

3. 독립, 매개, 종속변수 간의 부분 매개효과 확인

→ 종속변수와 독립변수의 직접적인 관계도 유의하고, 매개효과도 유의한지를 확인

↓

4. 독립, 매개, 종속변수 간의 완전 매개효과 확인

→ 종속변수와 독립변수의 직접적인 관계가 유의하지 않고, 매개효과는 유의한지를 확인

※ 참조: AMOS 7.0 구조방정식모형, 김계수, 한나래출판사.

05 AMOS를 이용한 경로분석과 매개효과 분석의 실습

실습 데이터

매장친절지수	의류매장매출지수	브랜드만족도	매장편의성
83.33	83.33	66.67	55.56
100.00	100.00	88.89	66.67
16.67	36.67	50.00	33.33
70.83	63.33	77.78	75.00
83.33	83.33	72.22	66.67
62.50	43.33	66.67	44.44
58.33	66.67	55.56	50.00
41.67	56.67	38.89	50.00
41.67	40.00	33.33	38.89
16.67	23.33	33.33	22.22
37.50	50.00	55.56	38.89
79.17	83.33	88.89	88.89
62.50	63.33	66.67	66.67
50.00	43.33	38.89	50.00
83.33	76.67	83.33	77.78
50.00	50.00	61.11	77.78
83.33	90.00	66.67	83.33
83.33	60.00	77.78	55.56

- 303명의 응답자들을 대상으로 매장친절지수, 의류매장매출지수, 브랜드만족도, 매장편의성이라는 4개의 변수를 조사한 자료이다.

※ 실습 파일명: CHAP03_경로분석과매개모형.sav

1 AMOS를 이용한 경로분석

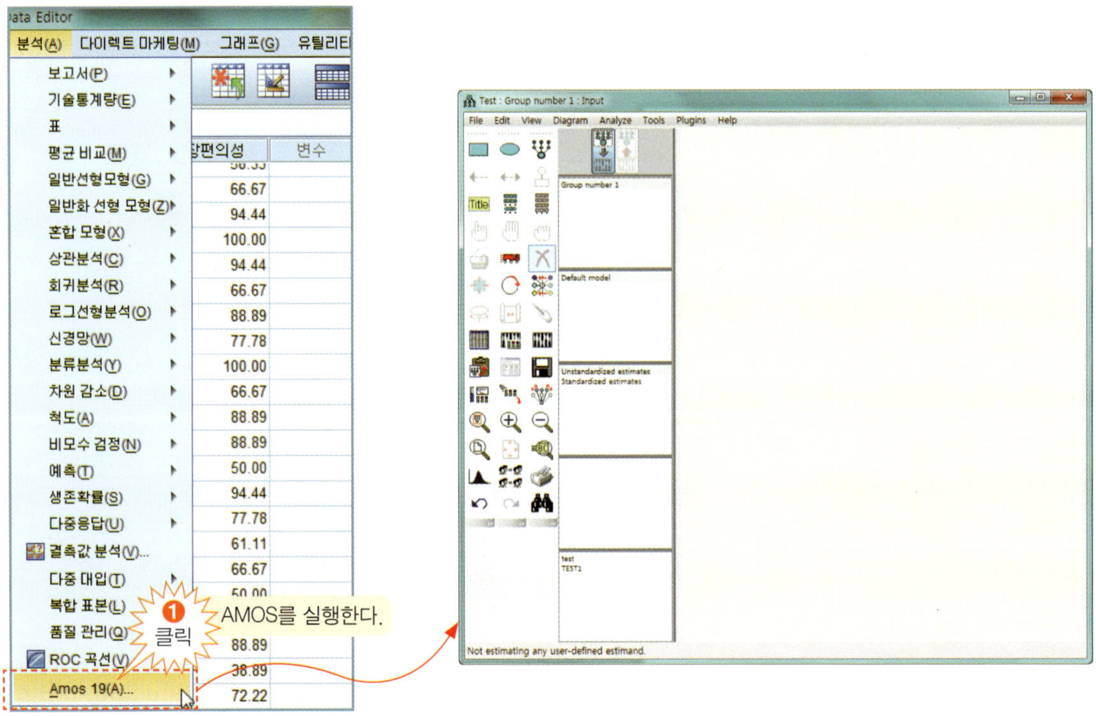

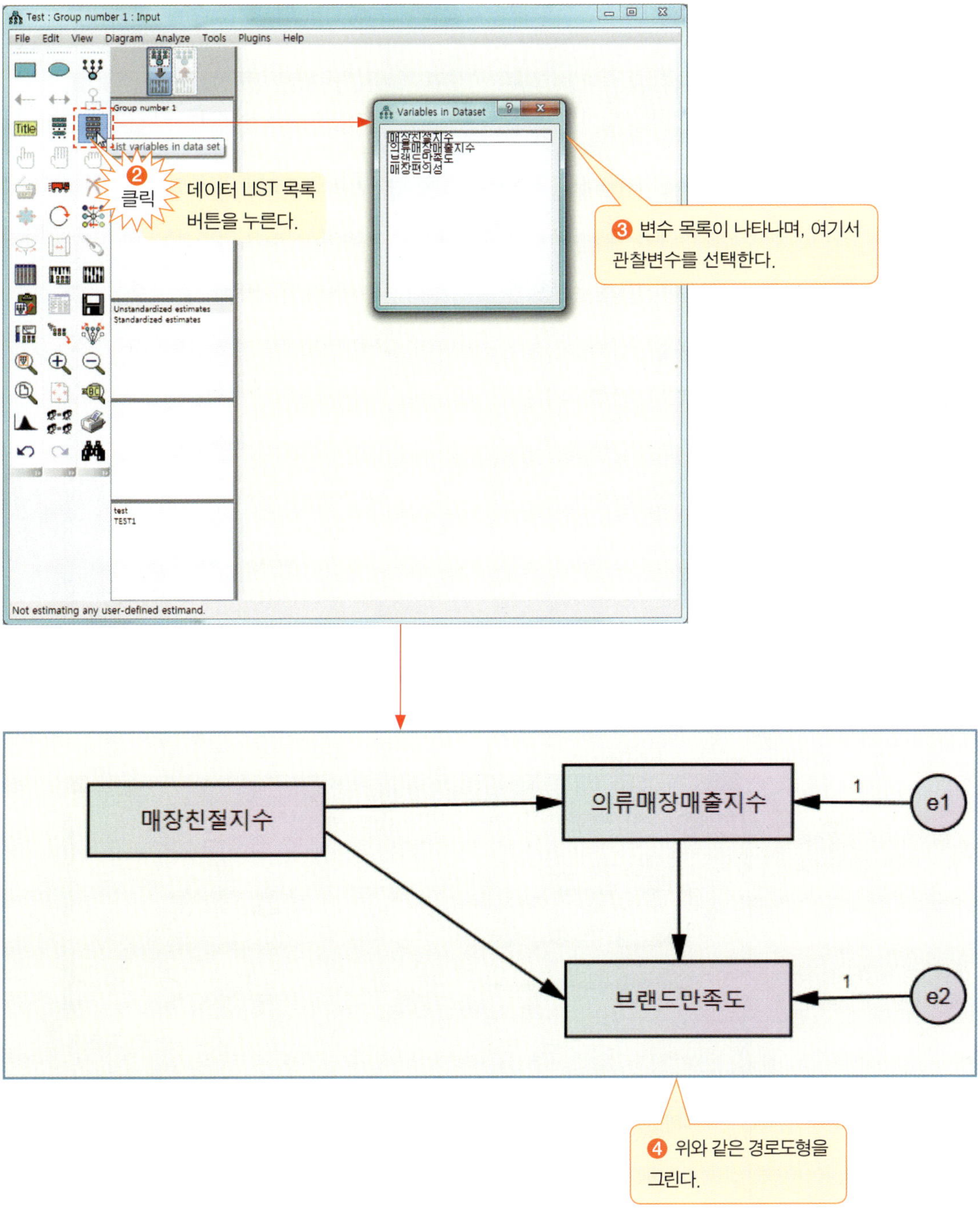

AMOS에서 오차항의 설정

- 경로도형에서 종속변수의 위치에 있는 경우(즉, 화살표를 받는 경우) 오차항이 반드시 발생한다.
- 브랜드 만족도의 e2 오차항의 경우 의류매장매출지수와 매장친절지수 두 군데로부터의 관계에 대한 합계의 오차항이 들어있다고 본다.

❺ 아래 사항을 설정한다.

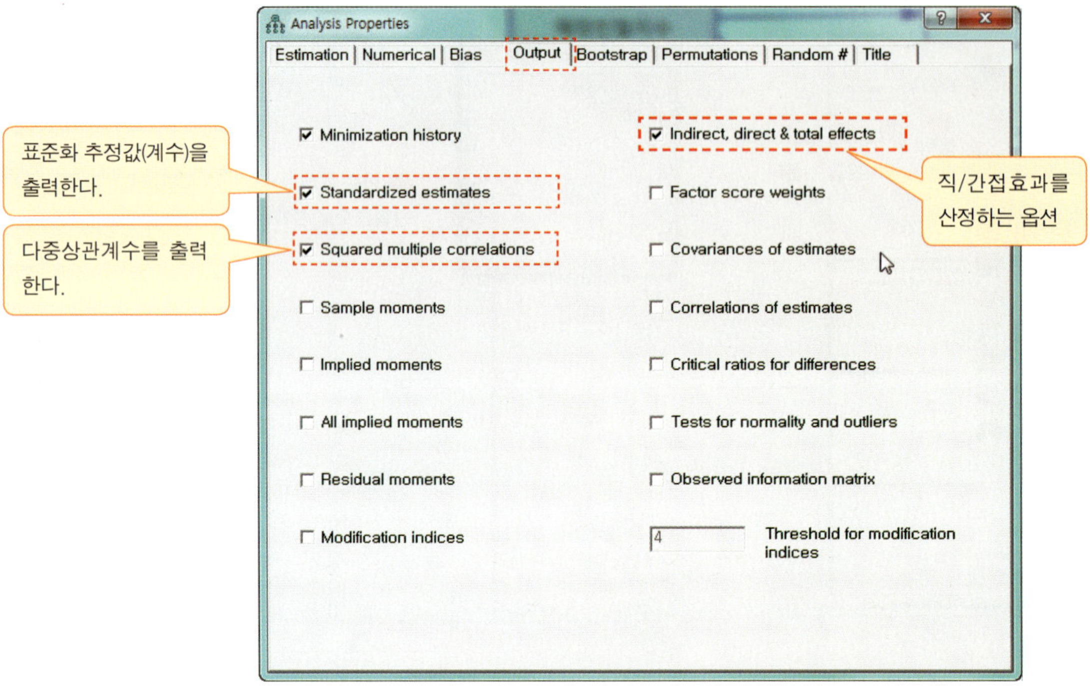
Analysis Properties
Estimation | Numerical | Bias | Output | Bootstrap | Permutations | Random # | Title
Minimization history
Standardized estimates
Squared multiple correlations
Sample moments
Implied moments
All implied moments
Residual moments
Modification indices
Indirect, direct & total effects
Factor score weights
Covariances of estimates
Correlations of estimates
Critical ratios for differences
Tests for normality and outliers
Observed information matrix
4
Threshold for modification indices
표준화 추정값(계수)을 출력한다.
다중상관계수를 출력한다.
직/간접효과를 산정하는 옵션

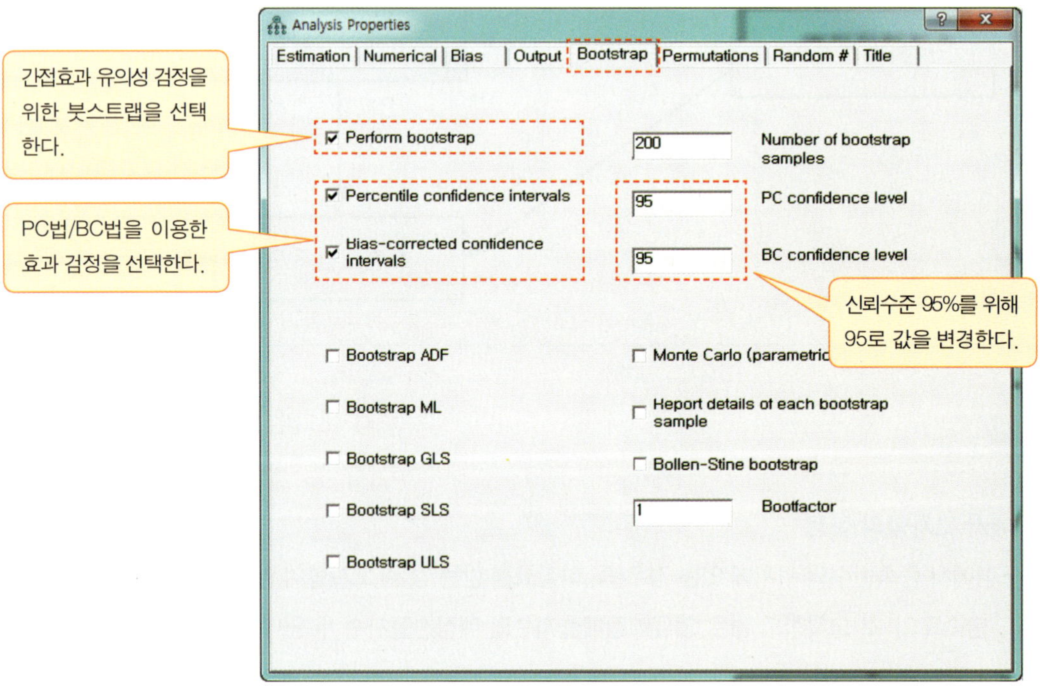
Analysis Properties
Estimation | Numerical | Bias | Output | Bootstrap | Permutations | Random # | Title
Perform bootstrap
Percentile confidence intervals
Bias-corrected confidence intervals
Bootstrap ADF
Bootstrap ML
Bootstrap GLS
Bootstrap SLS
Bootstrap ULS
200
Number of bootstrap samples
95
PC confidence level
95
BC confidence level
Monte Carlo (parametric
Report details of each bootstrap sample
Bollen-Stine bootstrap
1
Bootfactor
간접효과 유의성 검정을 위한 붓스트랩을 선택한다.
PC법/BC법을 이용한 효과 검정을 선택한다.
신뢰수준 95%를 위해 95로 값을 변경한다.

결과

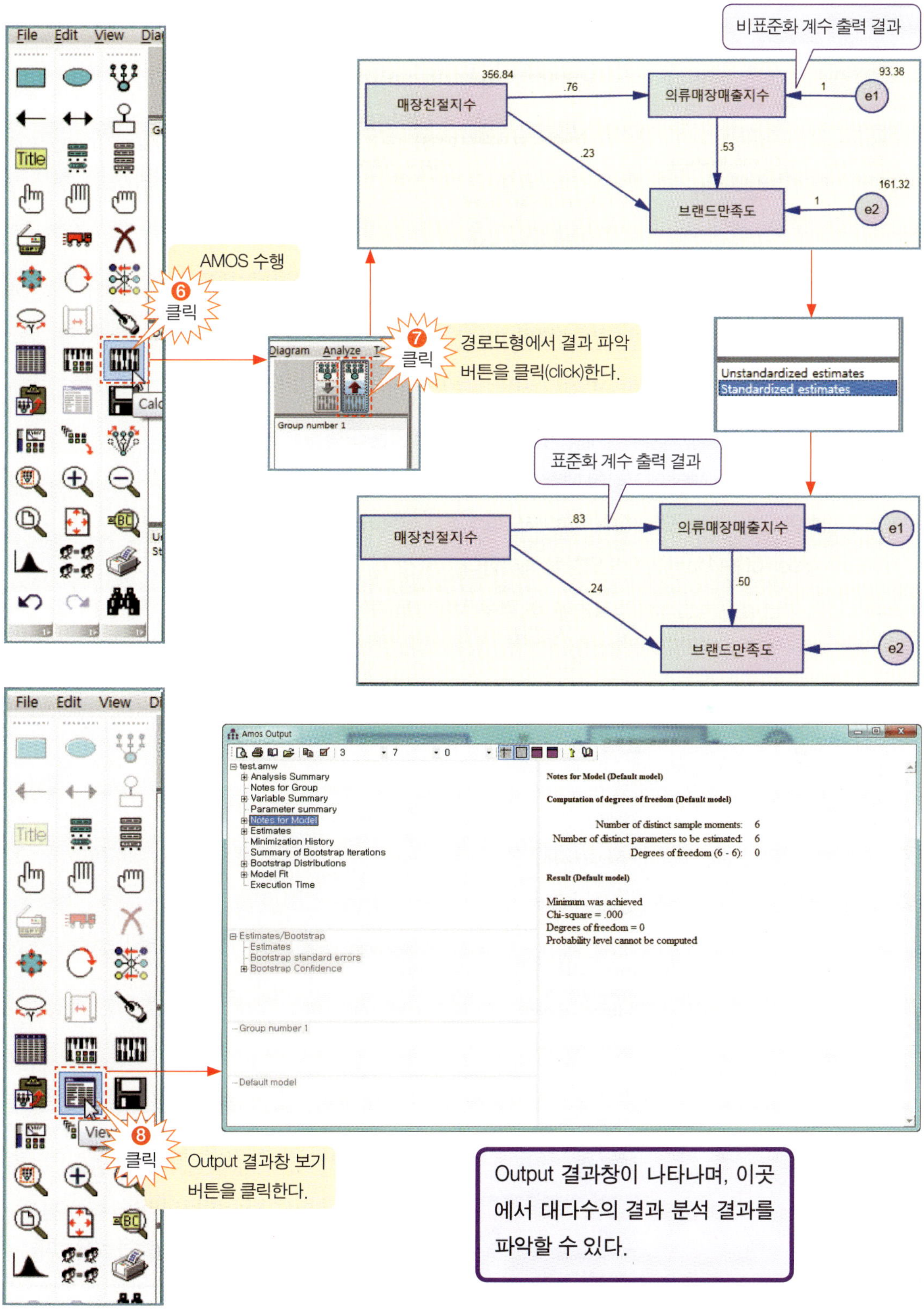
File Edit View Diagram
AMOS 수행
6 클릭
비표준화 계수 출력 결과
356.84
매장친절지수
.76
의류매장매출지수
93.38
1
e1
.23
.53
161.32
브랜드만족도
1
e2
Diagram Analyze
7 클릭
경로도형에서 결과 파악
버튼을 클릭(click)한다.
Group number 1
Unstandardized estimates
Standardized estimates
표준화 계수 출력 결과
매장친절지수
.83
의류매장매출지수
e1
.24
.50
브랜드만족도
e2
File Edit View
Amos Output
test.amw
Analysis Summary
Notes for Group
Variable Summary
Parameter summary
Notes for Model
Estimates
Minimization History
Summary of Bootstrap Iterations
Bootstrap Distributions
Model Fit
Execution Time
Estimates/Bootstrap
Estimates
Bootstrap standard errors
Bootstrap Confidence
Group number 1
Default model
Notes for Model (Default model)
Computation of degrees of freedom (Default model)
Number of distinct sample moments: 6
Number of distinct parameters to be estimated: 6
Degrees of freedom (6 - 6): 0
Result (Default model)
Minimum was achieved
Chi-square = .000
Degrees of freedom = 0
Probability level cannot be computed
8 클릭
Output 결과창 보기
버튼을 클릭한다.
Output 결과창이 나타나며, 이곳
에서 대다수의 결과 분석 결과를
파악할 수 있다.

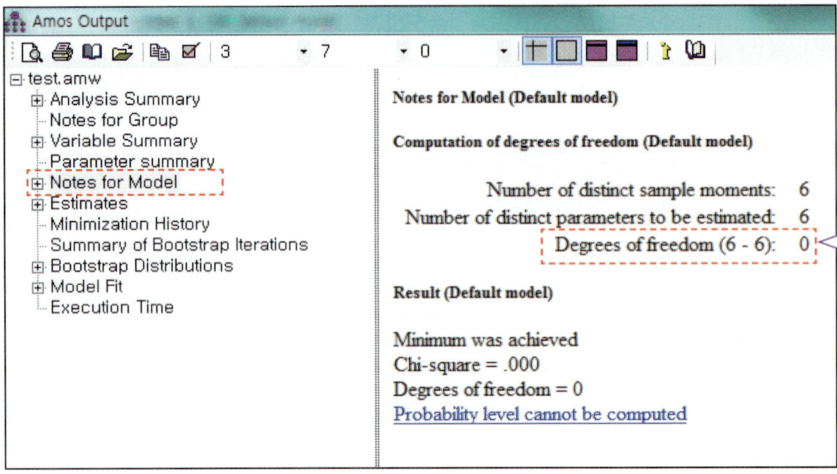

자유도가 "0"이면 포화모형임을 의미한다.

포화모형

- 포화모형(model)의 경우 parameter에 구속을 전혀 과하지 않는 모형을 의미한다.
- 완전 적합된 모형이며, 해당 데이터에 대한 완전 적합이 되어진 모형을 의미한다.
- 가장 일반화된 모형이며, 구조방정식모형에서 가장 초기 모형이라고 할 수 있다.
- 자유도(Degrees of freedom)가 0인 모형을 의미한다.
- 포화모형이 아닌 경우 독립모형이 되는데, 이 경우 적합성을 파악해야 한다.

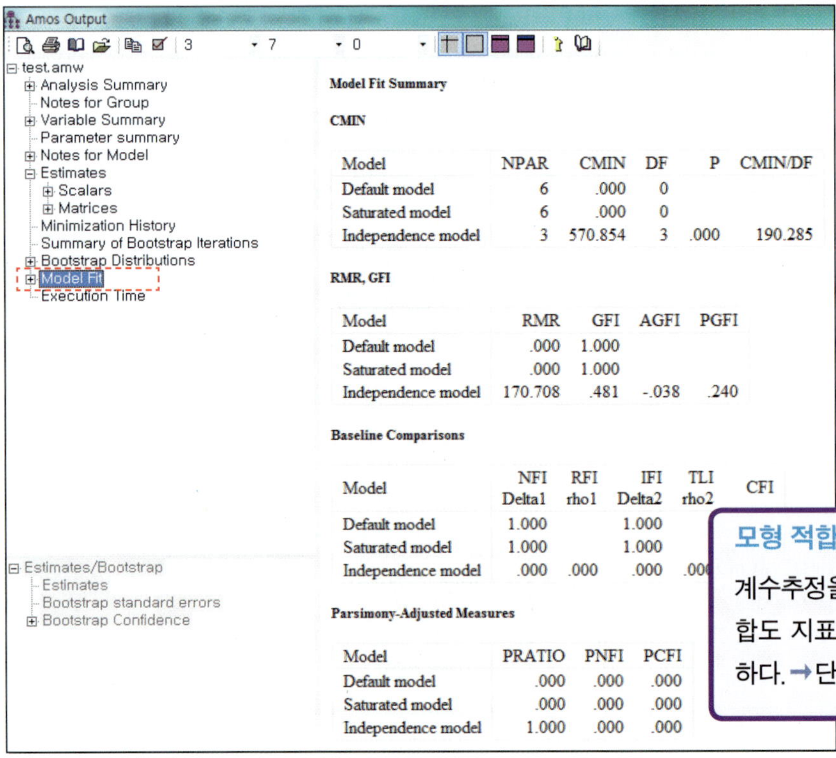

모형 적합성을 파악하는 단계

계수추정을 하기 전에 모형의 적합도 지표를 파악하는 것이 필요하다. → 단, 포화모형은 필요 없다.

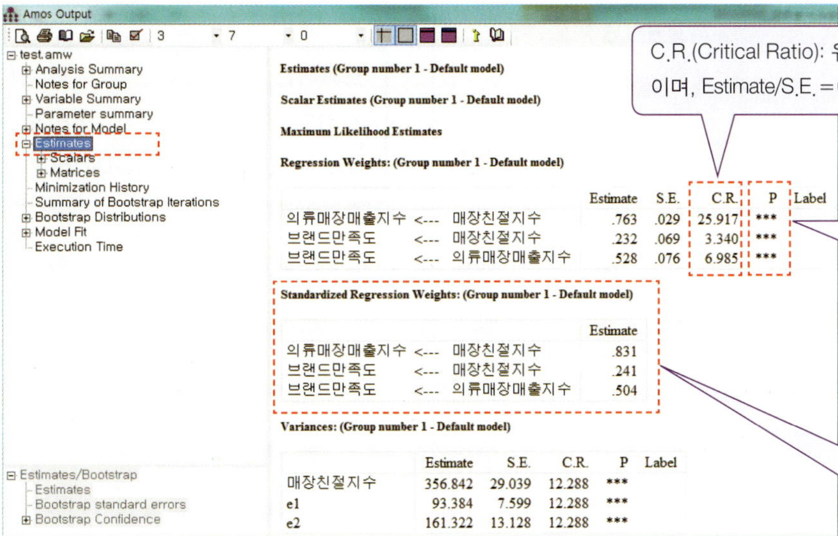

C.R.(Critical Ratio): 유의성 파악을 위한 검정통계량이며, Estimate/S.E.=0.763/0.029=25.917

유의확률인 p-value를 의미한다.
***는 0.0000을 의미한다.(매우 유의함을 의미)
C.R.≥1.96이면 95% 신뢰수준에서 유의함!

표준화 계수값이 출력된다.(검정 결과는 비표준화와 동일하다.)

Variances: (Group number 1 - Default model)

	Estimate	S.E.	C.R.	P	Label
매장친절지수	356.842	29.039	12.288	***	
e1	93.384	7.599	12.288	***	
e2	161.322	13.128	12.288	***	

분산 및 오차분산을 나타내고, 이를 검정하는 단계이다.
➜ 해석에 별로 활용되지 않는다.

Squared Multiple Correlations: (Group number 1 - Default model)

	Estimate
의류매장매출지수	.690
브랜드만족도	.513

다중상관값(SMC)이란 종속변수가 독립변수에 의해서 설명되는 비율을 의미한다.
즉, 독립변수인 매장친절지수에 의해 의류매장 매출지수는 약 69% 설명이 되고, 브랜드 만족도는 51.3% 설명이 된다고 파악할 수 있다.
➜ 일반적으로 60~70% 선이면 설명력이 있다고 볼 수 있다.(절대 기준은 아니다.)

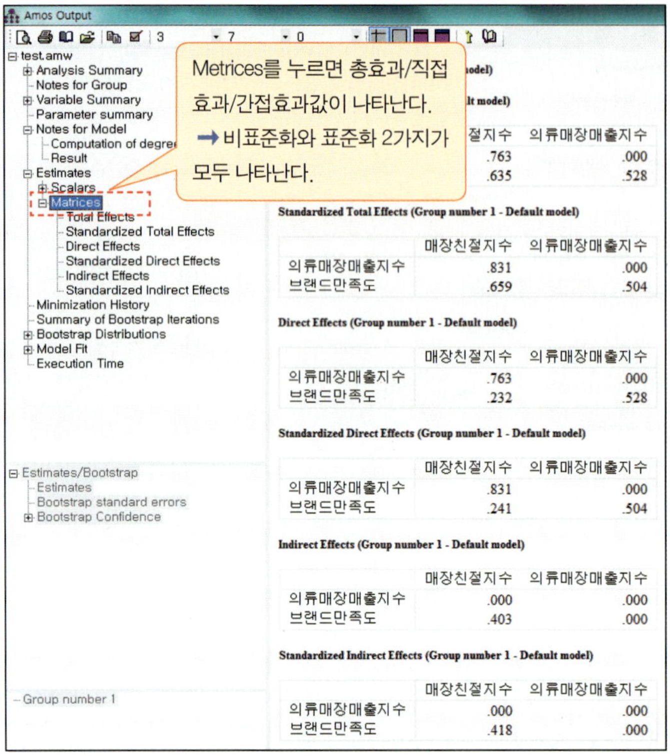

	절지수	의류매장매출지수
	.763	.000
	.635	.528

Standardized Total Effects (Group number 1 - Default model)

	매장친절지수	의류매장매출지수
의류매장매출지수	.831	.000
브랜드만족도	.659	.504

Direct Effects (Group number 1 - Default model)

	매장친절지수	의류매장매출지수
의류매장매출지수	.763	.000
브랜드만족도	.232	.528

Standardized Direct Effects (Group number 1 - Default model)

	매장친절지수	의류매장매출지수
의류매장매출지수	.831	.000
브랜드만족도	.241	.504

Indirect Effects (Group number 1 - Default model)

	매장친절지수	의류매장매출지수
의류매장매출지수	.000	.000
브랜드만족도	.403	.000

Standardized Indirect Effects (Group number 1 - Default model)

	매장친절지수	의류매장매출지수
의류매장매출지수	.000	.000
브랜드만족도	.418	.000

총효과는

직접효과(Direct Effect) + 간접효과(Indirect Effect)로 구성되어져 있다.

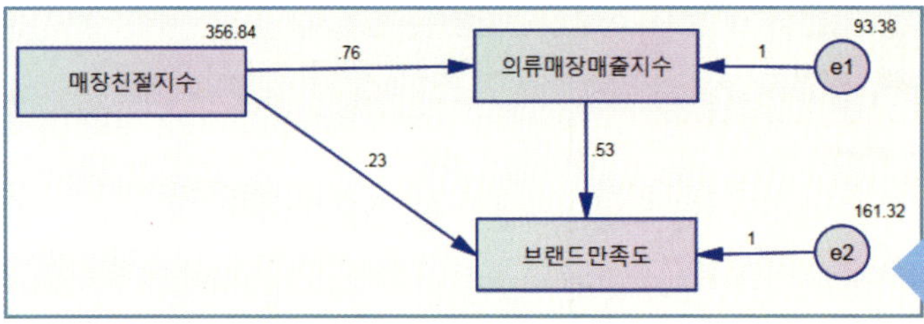

Direct Effects (Group number 1 - Default model)

	매장친절지수	의류매장매출지수
의류매장매출지수	.763	.000
브랜드만족도	.232	.528

Standardized Direct Effects (Group number 1 - Default model)

	매장친절지수	의류매장매출지수
의류매장매출지수	.831	.000
브랜드만족도	.241	.504

직접효과는 보다시피 회귀계수값을 의미한다.

➡ 표준화 값과 비표준화 값으로 나누어져 있다.

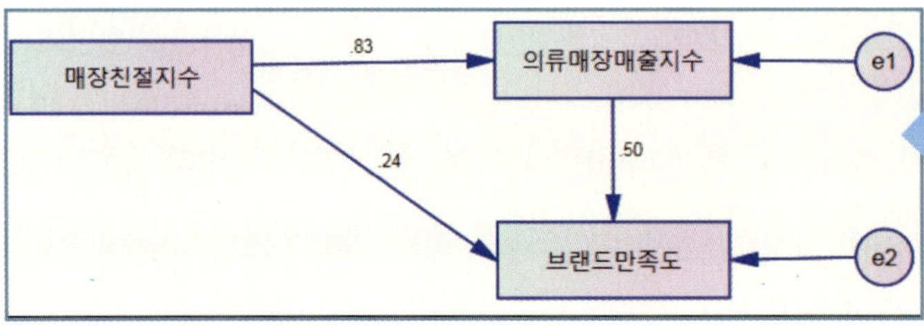

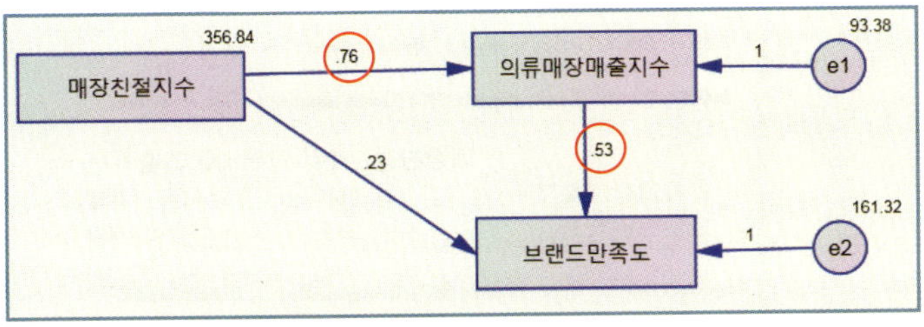

Indirect Effects (Group number 1 - Default model)

	매장친절지수	의류매장매출지수
의류매장매출지수	.000	.000
브랜드만족도	.403	.000

Standardized Indirect Effects (Group number 1 - Default model)

	매장친절지수	의류매장매출지수
의류매장매출지수	.000	.000
브랜드만족도	.418	.000

비표준화

매장친절지수 → 의류매장매출지수 = 0.76

의류매장매출지수 → 브랜드만족도 = 0.53

매장 친절지수 → 브랜드만족도의 "간접효과"는 0.76×0.53 = 0.403

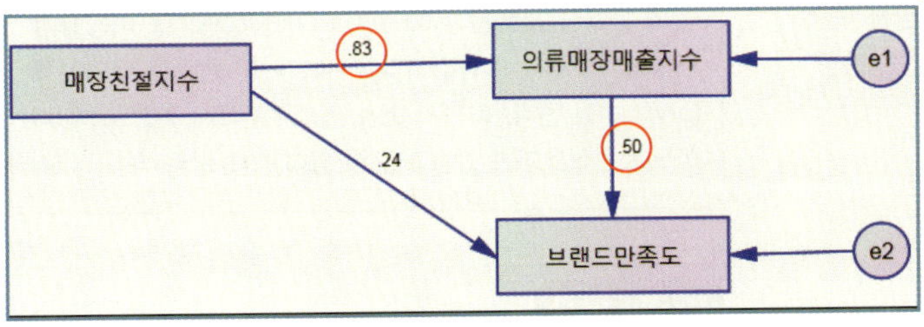

표준화

매장친절지수 → 의류매장매출지수 = 0.83

의류매장매출지수 → 브랜드만족도 = 0.50

매장 친절지수 → 브랜드만족도의 "간접효과"는 0.83×0.50 = 0.418

Total Effects (Group number 1 - Default model)

	매장친절지수	의류매장매출지수
의류매장매출지수	.763	.000
브랜드만족도	.635	.528

Standardized Total Effects (Group number 1 - Default model)

	매장친절지수	의류매장매출지수
의류매장매출지수	.831	.000
브랜드만족도	.659	.504

총효과

직접효과+간접효과 = 0.232+0.403 = 0.635

직접효과

Direct Effects (Group number 1 - Default model)

	매장친절지수	의류매장매출지수
의류매장매출지수	.763	.000
브랜드만족도	.232	.528

Standardized Direct Effects (Group number 1 - Default model)

	매장친절지수	의류매장매출지수
의류매장매출지수	.831	.000
브랜드만족도	.241	.504

+

간접효과

Indirect Effects (Group number 1 - Default model)

	매장친절지수	의류매장매출지수
의류매장매출지수	.000	.000
브랜드만족도	.403	.000

Standardized Indirect Effects (Group number 1 - Default model)

	매장친절지수	의류매장매출지수
의류매장매출지수	.000	.000
브랜드만족도	.418	.000

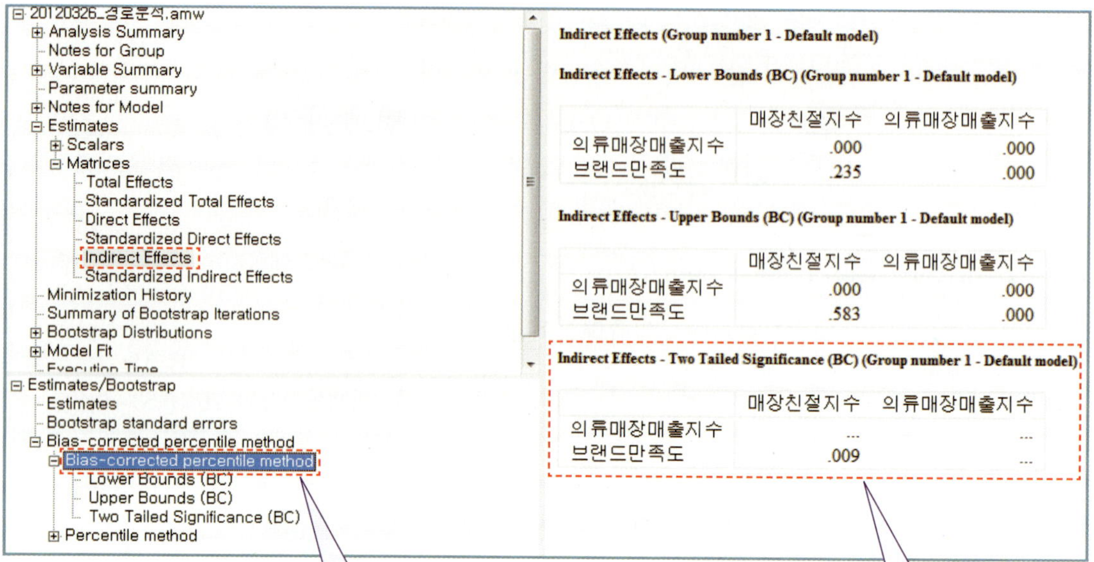

간접효과의 유의성을 검정한 결과를 보여주는 메뉴이다. ➜ 반드시 붓스트래핑을 수행해야 나타난다.(아니면 나타나지 않는다.)

위의 Lower 또는 Upper는 참고용이다. 실제 유의성 검정은 Two-tailed Significance를 이용하여 파악할 수 있다. 결과값이 0.009이다. 이것이 곧 유의확률(p-value)이 된다. 따라서 95% 신뢰수준에서 0.009<0.05이므로 간접효과가 있다고 알 수 있다.

BC법 결과

Indirect Effects (Group number 1 - Default model)

Indirect Effects - Lower Bounds (BC) (Group number 1 - Default model)

	매장친절지수	의류매장매출지수
의류매장매출지수	.000	.000
브랜드만족도	.235	.000

Indirect Effects - Upper Bounds (BC) (Group number 1 - Default model)

	매장친절지수	의류매장매출지수
의류매장매출지수	.000	.000
브랜드만족도	.583	.000

Indirect Effects - Two Tailed Significance (BC) (Group number 1 - Default model)

	매장친절지수	의류매장매출지수
의류매장매출지수	...	...
브랜드만족도	.009	...

PC법 결과

Indirect Effects (Group number 1 - Default model)

Indirect Effects - Lower Bounds (PC) (Group number 1 - Default model)

	매장친절지수	의류매장매출지수
의류매장매출지수	.000	.000
브랜드만족도	.229	.000

Indirect Effects - Upper Bounds (PC) (Group number 1 - Default model)

	매장친절지수	의류매장매출지수
의류매장매출지수	.000	.000
브랜드만족도	.580	.000

Indirect Effects - Two Tailed Significance (PC) (Group number 1 - Default model)

	매장친절지수	의류매장매출지수
의류매장매출지수	...	...
브랜드만족도	.010	...

BC(Bias-Corrected Percentile)법과 PC(Percentile)법

- 붓스트래핑을 이용한 간접효과 유의성 검정 시 유의확률을 계산하는 방법에는 BC법과 PC법이 있다.
- 둘 중 어느 것을 사용하는지는 사용자의 선택이지만, 대체적으로 차이가 많이 나지는 않는다.
- 단, 일반적으로 편의(bias)를 많이 보정한 BC법 사용을 권장한다.
- BC법과 PC법을 이용하는 경우, 표준화와 비표준화에 따라서도 아주 약간의 유의확률값이 달라질 수 있다.

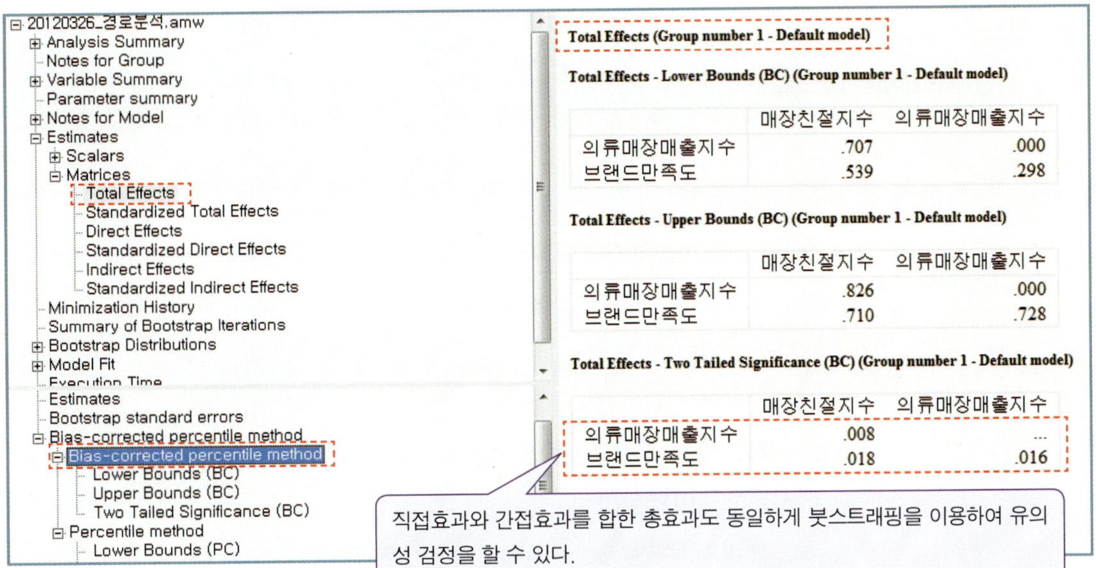

직접효과와 간접효과를 합한 총효과도 동일하게 붓스트래핑을 이용하여 유의성 검정을 할 수 있다.

ex) 매장친절지수 → 브랜드만족도의 총효과도 0.018(<0.05)이므로 95% 신뢰수준에서 유의하다는 것을 알 수 있다.

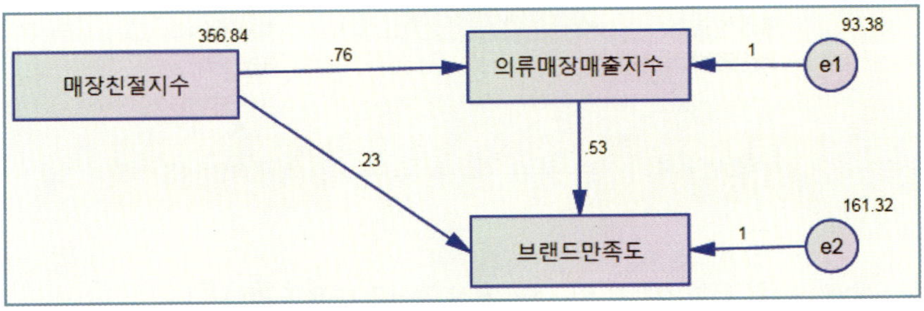

매개효과 정리 및 해석–비표준화 계수 기준

● 매장친절지수 → 브랜드만족도

- 위 그림에서 직접효과값은 0.230이고, C.R.값이 3.340이며, p-value가 0.000(***)로 매우 유의하다.
- 간접효과값은 0.76*0.53=0.403이며, 붓스트래핑의 BC법을 통한 p-value가 0.009로 유의하다.

1. 직접효과와 간접효과가 모두 유의한 본 예제의 경우
   → 매장친절지수와 브랜드 사이의 매개변수 "의류매장매출지수"는 **부분 매개를 하고 있다고 결론이 나타난다.(부분 매개효과)**
2. 만약 직접효과는 유의하지만 간접효과는 유의하지 않은 경우, 매개효과가 없다고 할 수 있으며
3. 만약 위의 사례에서 직접효과는 유의하지 않은데 간접효과가 유의한 경우, 매개변수인 의류매장매출지수가 **완전 매개효과**를 나타내고 있다고 할 수 있다.

06 Sobel Test

Sobel Test란?

- 검증하고자 하는 변수들이 아주 많지 않은 경우 독립변수와 종속변수 간의 매개변수가 있는 경우, 이들의 매개변수의 영향력을 검정하는, 즉 매개효과를 검정(test)하는 방법이다.

- Sobel(1982)이 처음 고안하였으며, 간단하게 매개효과를 검정하는 방법으로 자주 사용이 되어져 왔다.
  → 그러나 AMOS는 Sobel Test보다 붓스트래핑(Boostrapping)을 이용한 방법을 채택하고 있다.

Sobel Test의 공식

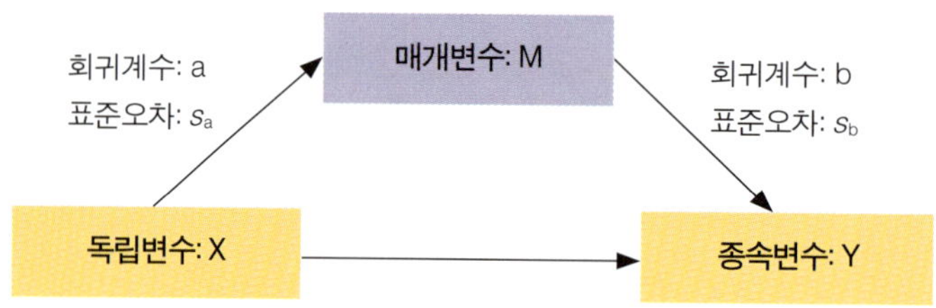

- Sobel Test를 위한 검정통계량 z의 계산 공식은 다음과 같다.

$$\text{z-value} = a*b/\text{SQRT}(b^2*s_a^2 + a^2*s_b^2)$$

- z-value의 계산이 끝나면 표준정규분포를 이용한 검정을 수행한다.

개량된 Sobel Test

- **Aroian Test**: Aroian Test는 Sobel Test에서 표준오차들의 제곱항의 곱을 추가로 더한 것이다.(아래의 식을 참고한다.)

  → Aroian test equation(Baron & Kenny, 1986)

  $$\text{z-value} = a*b/\text{SQRT}(b^2*s_a^2 + a_2*s_b^2 + s_a^2*s_b^2)$$

  → Aroian test는 s_a과 s_b의 곱이 매우 작을 때 불필요한 추정을 굳이 하지 않아도 되기 때문에, 실제 Sobel Test보다 좀 더 효율적으로 사용할 수 있다.(Preacher & Leonardelli)

- **Goodman Test**: Aroian Test가 $s_a^2*s_b^2$항을 더해준다면, Goodman은 이것을 빼주는 것으로 검정통계량을 만든다.

  → Goodman test equation: $\text{z-value} = a*b/\text{SQRT}(b^2*s_a^2 + a_2*s_b^2 - s_a^2*s_b^2)$

  → Goodman Test는 매개효과의 분산 추정값의 Bias(편의)를 없애주는 효과(즉, Unbiased하게 만듦)가 있지만, 때때로 이것은 분산 추정을 음수로 만들어 전혀 엉뚱한 결과 계산값을 도출할 우려가 있다.

⭐ 정리를 하면, Sobel Test만으로는 불편추정량(Unbiased estimation)이 안 되고, 과도하게 분산을 추정하여 제대로 된 값을 못 낼 수 있는 등의 문제점이 있어 Aroian Test, Goodman Test 등의 변형된 Sobel Test를 하게 되는데, 현재 연구 결과로는 Sobel Test 그 자체보다는 여러 변형 중 Aroian Test가 가장 효과적이라고 알려져 있다.

→ 그러나 일반적으로 표준오차가 작은 경우 값들 간의 차이가 크지 않다.

6.1 Sobel Test 공식의 실습

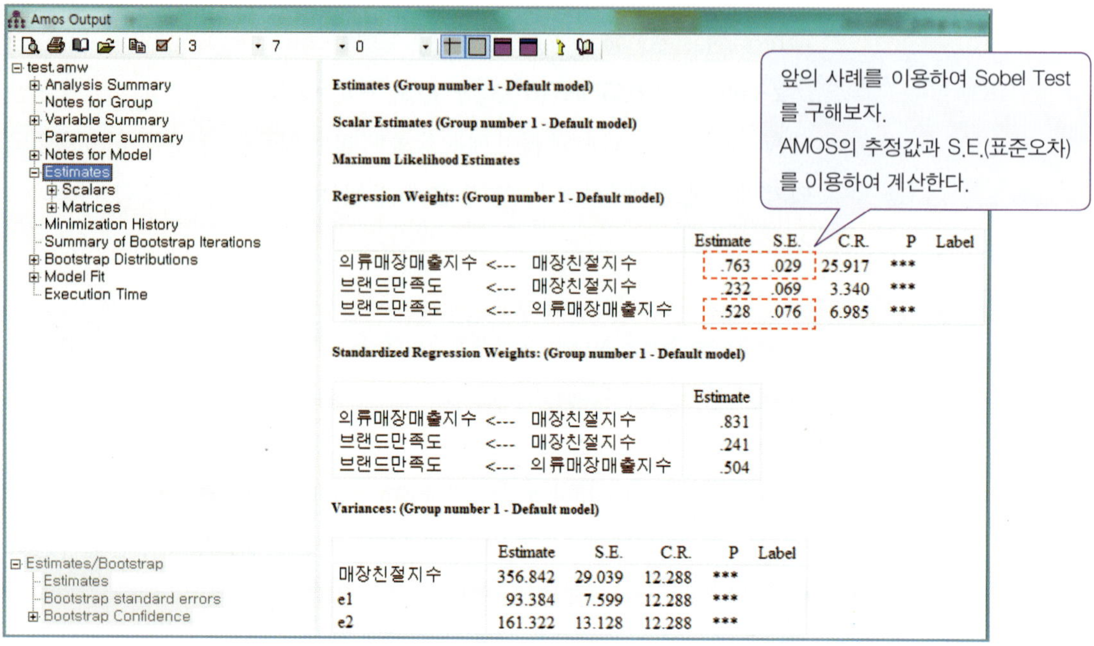

Estimates (Group number 1 - Default model)

Scalar Estimates (Group number 1 - Default model)

Maximum Likelihood Estimates

Regression Weights: (Group number 1 - Default model)

			Estimate	S.E.	C.R.	P	Label
의류매장매출지수	<---	매장친절지수	.763	.029	25.917	***	
브랜드만족도	<---	매장친절지수	.232	.069	3.340	***	
브랜드만족도	<---	의류매장매출지수	.528	.076	6.985	***	

Standardized Regression Weights: (Group number 1 - Default model)

			Estimate
의류매장매출지수	<---	매장친절지수	.831
브랜드만족도	<---	매장친절지수	.241
브랜드만족도	<---	의류매장매출지수	.504

Variances: (Group number 1 - Default model)

	Estimate	S.E.	C.R.	P	Label
매장친절지수	356.842	29.039	12.288	***	
e1	93.384	7.599	12.288	***	
e2	161.322	13.128	12.288	***	

위의 AMOS 분석 결과를 다음과 같이 도식화할 수 있다.

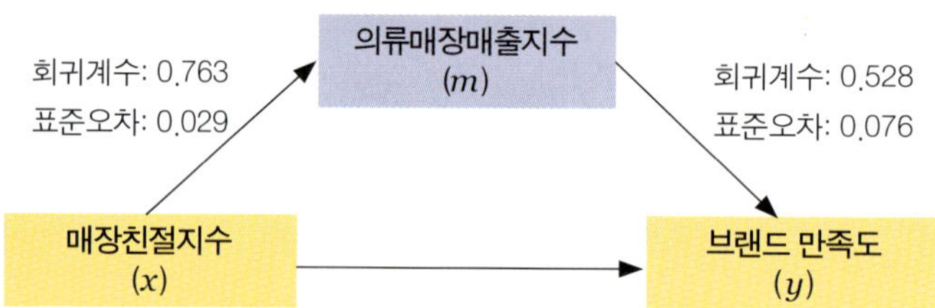

Sobel Test 검정통계량 계산

Z = (0.763*0.528) / SQRT(0.763^2*0.076^2 + 0.528^2*0.029^2)

= **6.717138**

Aroian Test 검정통계량 계산

Z = (0.763*0.528) / SQRT(0.763^2*0.076^2 + 0.528^2*0.029^2 + 0.029^2*0.076^2)

= **6.712607**

Goodman Test 검정통계량 계산

Z = (0.763*0.528) / SQRT(0.763^2*0.076^2 + 0.528^2*0.029^2 − 0.029^2*0.076^2)

= **6.721678**

Sobel Test 결과의 해석

앞의 결과에서, Sobel Test의 Z값이 6.717138이 나왔으므로, 이는 표준정규분포의 5% 유의수준에서 +1.96보다 크거나 -1.96보다 작으면 매개효과가 유의하다고 설명한다.(귀무가설 H_0 = 매개효과값이 0이다., H_1: not H_0)

이 경우 6.717이므로 +1.96보다 크기 때문에, 매개변수 "의류매장매출지수"의 매개효과가 유의하다고 할 수 있다.(Aroian과 Goodman 모두 동일하게 해석한다.)

→ 단, 양측검정일 때의 경우이며, 단측검정이면 ±1.65를 기준으로 하고, 1% 유의수준에서 정의할 때에는 ±2.57(양측검정)을 기준으로 한다.

잠깐 논문에 적을 수 있도록 유의확률값, 즉 p-value를 정확히 알고 싶어요!

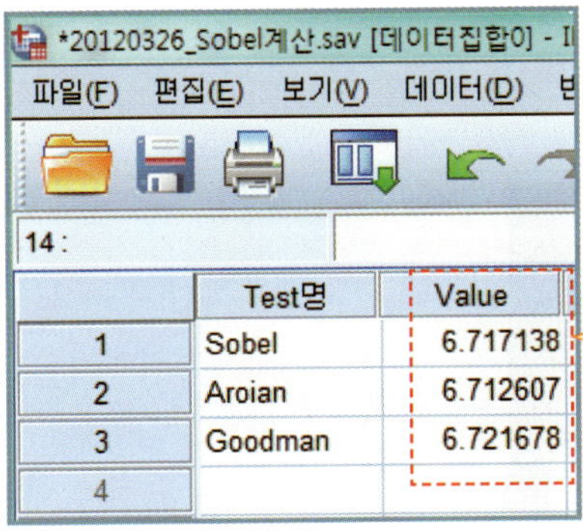

SPSS에서 Sobel, Aroian 그리고 Goodman의 z 검정값을 좌측의 그림처럼 코딩하여 입력하자.

Spss Statistics의 상단 메뉴에서 변환(T) → 변수계산(L)을 선택한다.

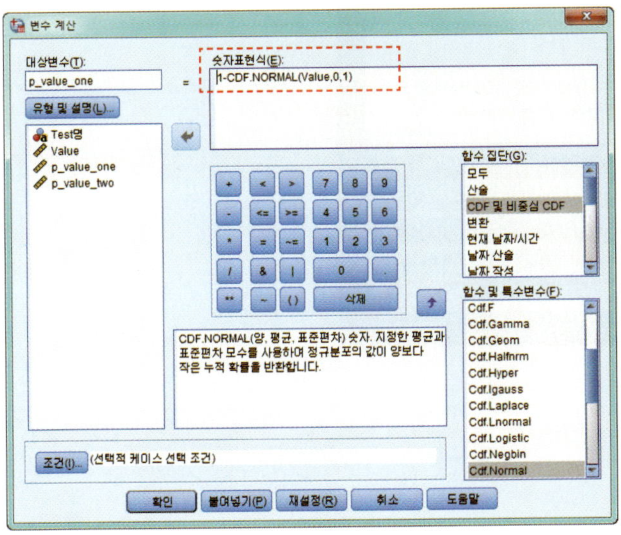

단측검정을 했을 때의 유의확률(p-value)이 나온다.
그렇다면 양측검정일 때는 어떻게 하는가?

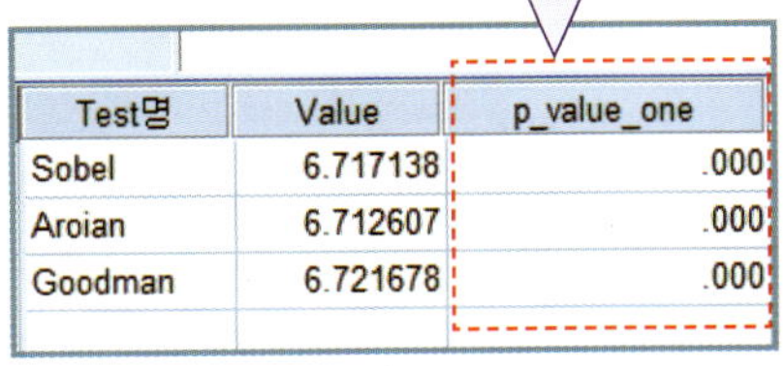

※ 실습 파일명: CHAP03_Sobel_Test.sav

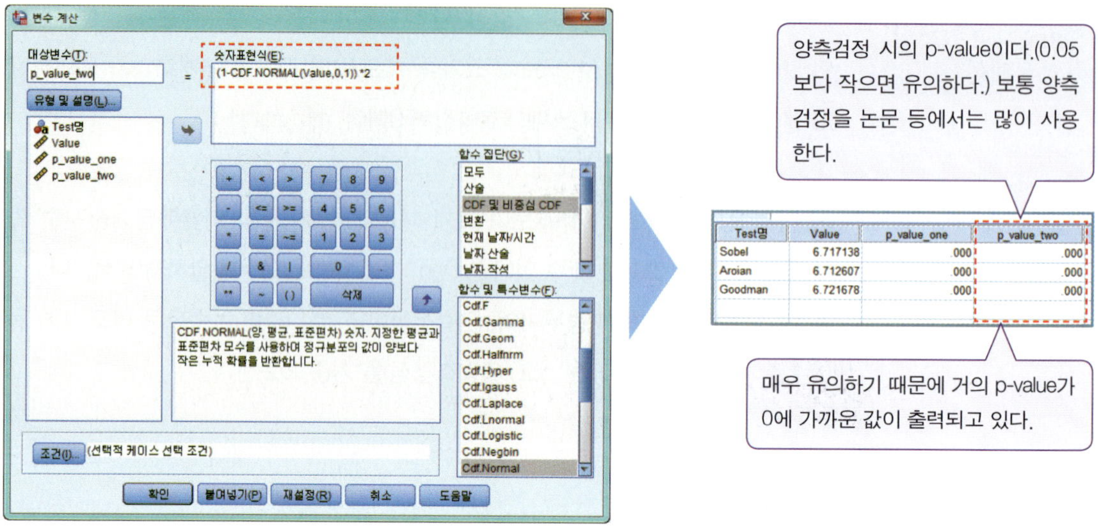

※ 참고로 아래의 홈페이지에 들어가면 간단하게 웹상에서 Sobel Test를 해볼 수 있다.

http://danielsoper.com/statcalc3/calc.aspx?id=31

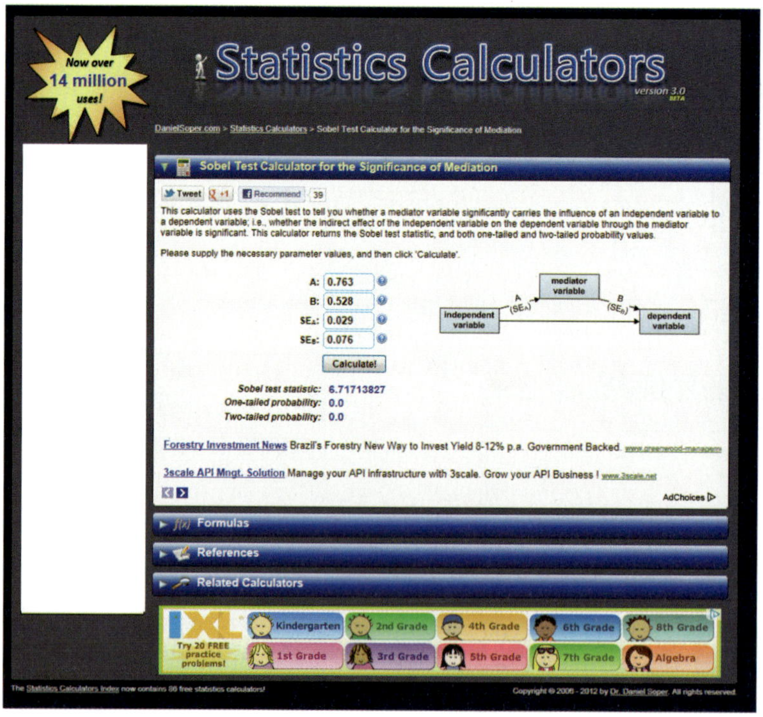

07 전체 매개효과와 개별 매개효과의 분석과 실습

잠깐 전체 매개효과와 개별 매개효과 분석을 하기 전에…

이 부분의 이해를 위해서는 많은 지식이 필요합니다.

구조방정식모형을 처음 하시는 분이라면 건너뛰고 나중에 해도 좋습니다.

아래와 같은 예제를 생각해보자.

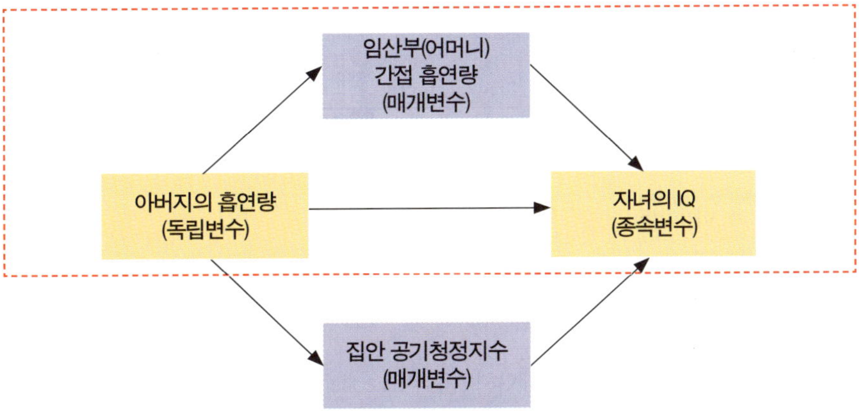

- 아버지의 흡연량이 자녀의 IQ에 미치는 영향을 볼 때, 어머니의 간접 흡연량을 매개변수로 하는 매개 모형(빨간색 점선 내)은 앞에서 설명이 되었다.

- 그러나 매개변수가 2개 이상인 경우가 있다. 위의 예제와 같이 기존의 매개변수(임산부 간접 흡연량) 외에 집안 공기청정지수라는 매개변수가 1개 더 있을 때에는 어떻게 모형을 만들고 검정해야 할 것인가?

- 위와 같은 예에서 2개의 매개변수 효과가 합쳐지면, "전체 매개효과" 그리고 각각의 매개효과를 "개별 매개효과"라고 한다. → 2개 이상의 매개변수가 있을 때 전체 매개효과와 개별 매개효과를 파악하는 방법에 대하여 알아보고자 한다.

실습 데이터 파일

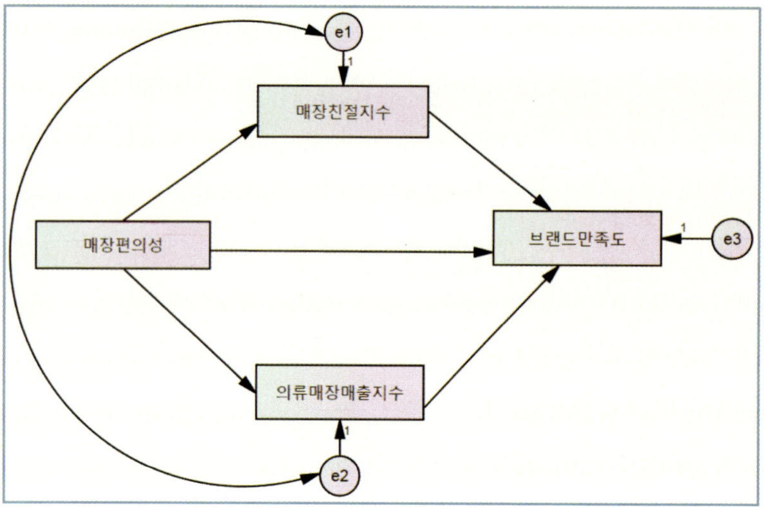

- 실습 데이터 파일은 앞의 데이터 파일과 동일하며, 좌측의 그림과 같이 경로도형을 AMOS를 이용하여 그린다.

※ 실습 파일명:
CHAP03_경로분석과매개모형.sav

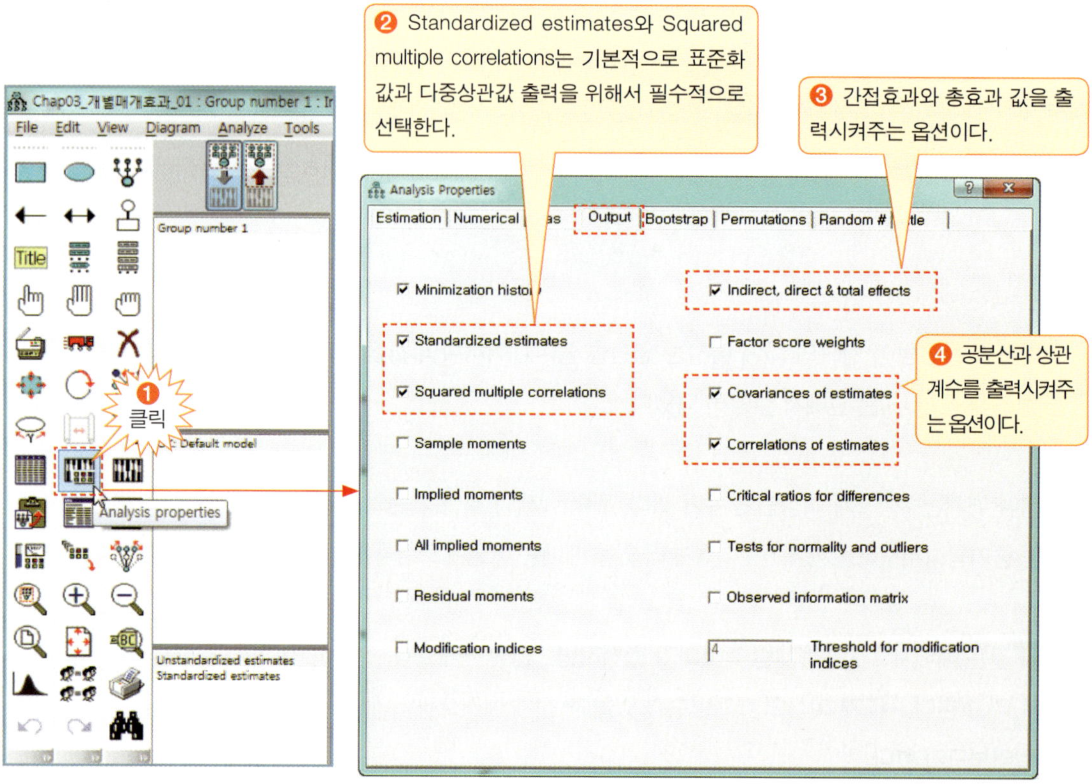

⑤ 클릭 Bootstrap 탭(tab)으로 이동

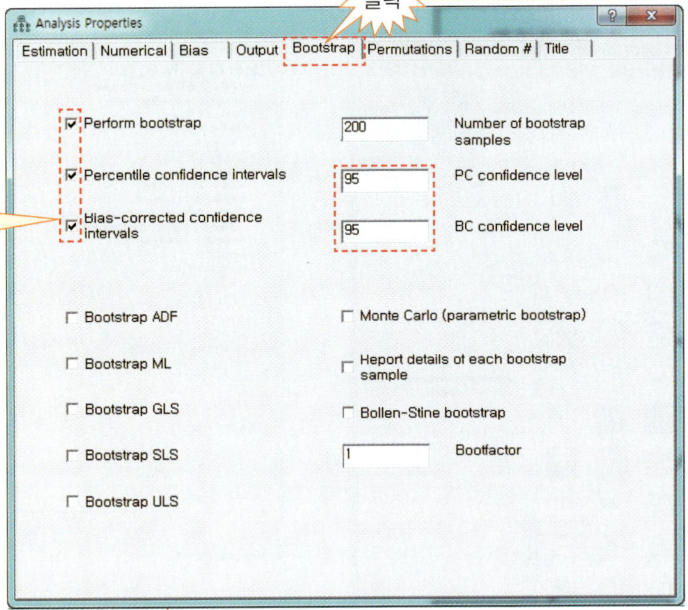

⑥ 붓스트래핑(Bootstrapping)을 수행하기 위한 체크 옵션을 선택한다.

PC법과 BC법 모두 90%의 신뢰구간을 95%로 변경한다.

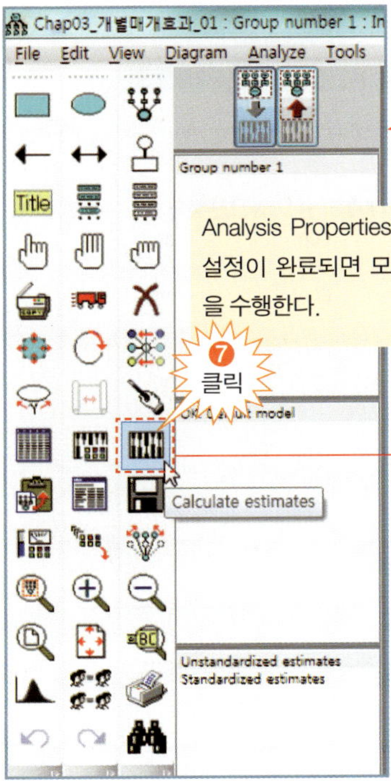

Analysis Properties의 설정이 완료되면 모형을 수행한다.

⑦ 클릭

⑧ 수행 결과가 나타난다.

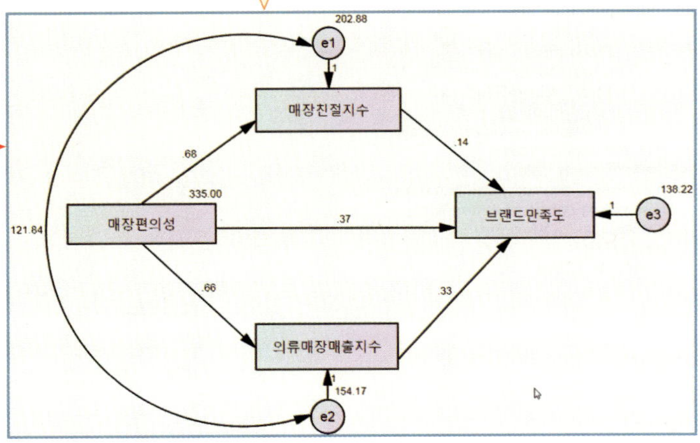

결과

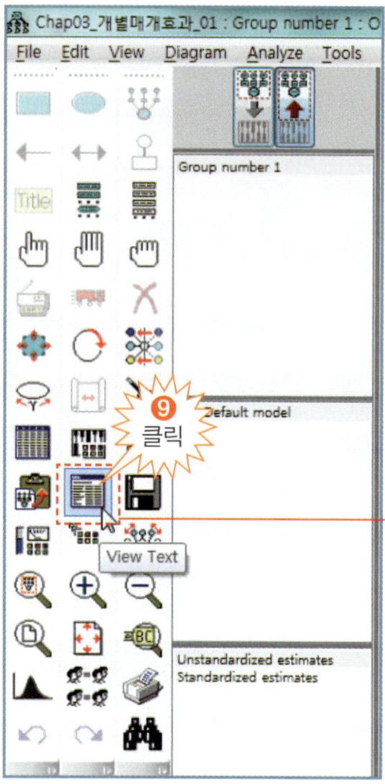

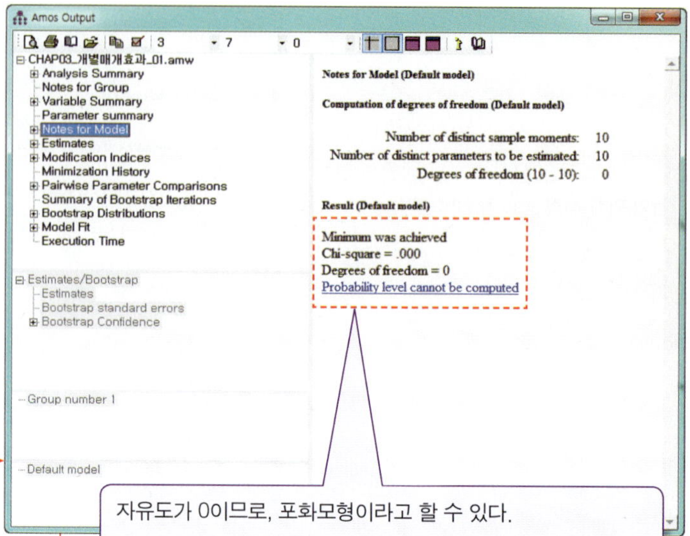

자유도가 0이므로, 포화모형이라고 할 수 있다.

포화모형이므로, 이 경우는 굳이 모형의 적합도는 살펴볼 필요가 없다고 할 수 있으며, 바로 구조방정식모형 결과를 살펴보도록 한다.

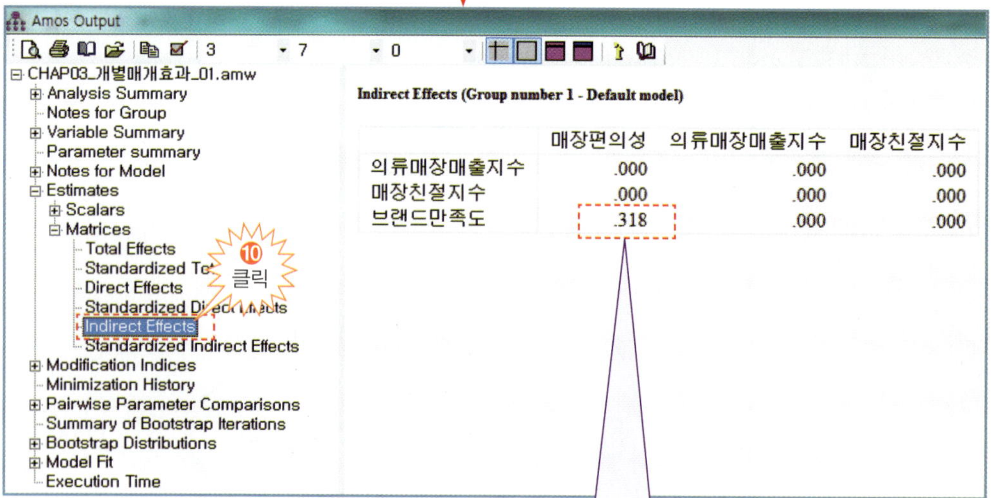

가장 관심이 있는 간접효과 부분에 대하여 먼저 살펴보면 매장편의성 → 브랜드 만족도에 대한 간접효과값은 0.318로 나타났다.

이것은 2개의 매개변수(의류매장매출지수, 매장친절지수)를 모두 합한 간접효과인 전체 매개효과를 의미한다.

AMOS는 이렇게 전체 매개효과값만을 제공해주고, 따로 개별 매개효과값은 제공해주지 않는다. → AMOS의 단점이다.

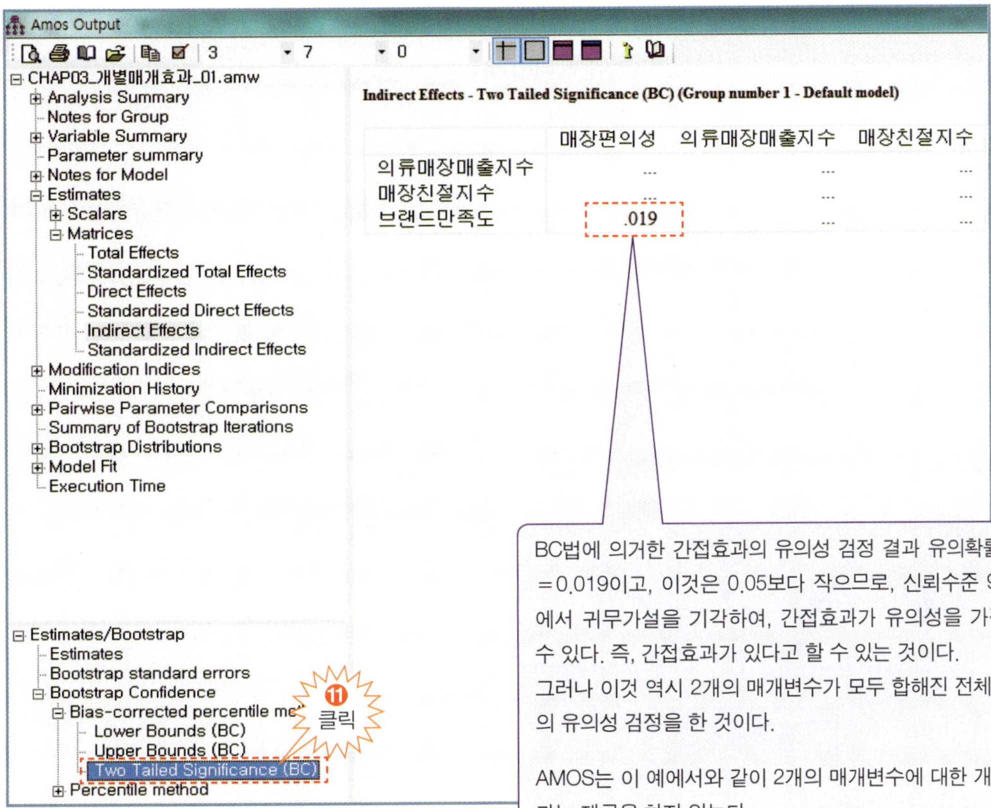

BC법에 의거한 간접효과의 유의성 검정 결과 유의확률(p-value) =0.019이고, 이것은 0.05보다 작으므로, 신뢰수준 95% 수준에서 귀무가설을 기각하여, 간접효과가 유의성을 가진다고 할 수 있다. 즉, 간접효과가 있다고 할 수 있는 것이다.

그러나 이것 역시 2개의 매개변수가 모두 합해진 전체 매개효과의 유의성 검정을 한 것이다.

AMOS는 이 예에서와 같이 2개의 매개변수에 대한 개별 매개효과는 제공을 하지 않는다.

아~~ 답답하네! AMOS에서는 2개 이상의 매개변수가 있을 때, 전체 합만 나오고 각각의 매개변수의 효과와 그 유의성 검정은 되질 않네……. 그렇다면 이 예제의 경우 어떤 변수가 더 매개효과를 많이 하는지 등을 상세하게 알 수가 없잖아…….

AMOS 내에서, 정상적인 방법은 아니지만 개별 매개효과를 파악할 수 있는 방법이 있습니다!

경로도형을 다음과 같이 그려보자.

L1과 L2는 유령변수라고 할 수 있다.(유령변수: 아무 의미가 없는 변수)

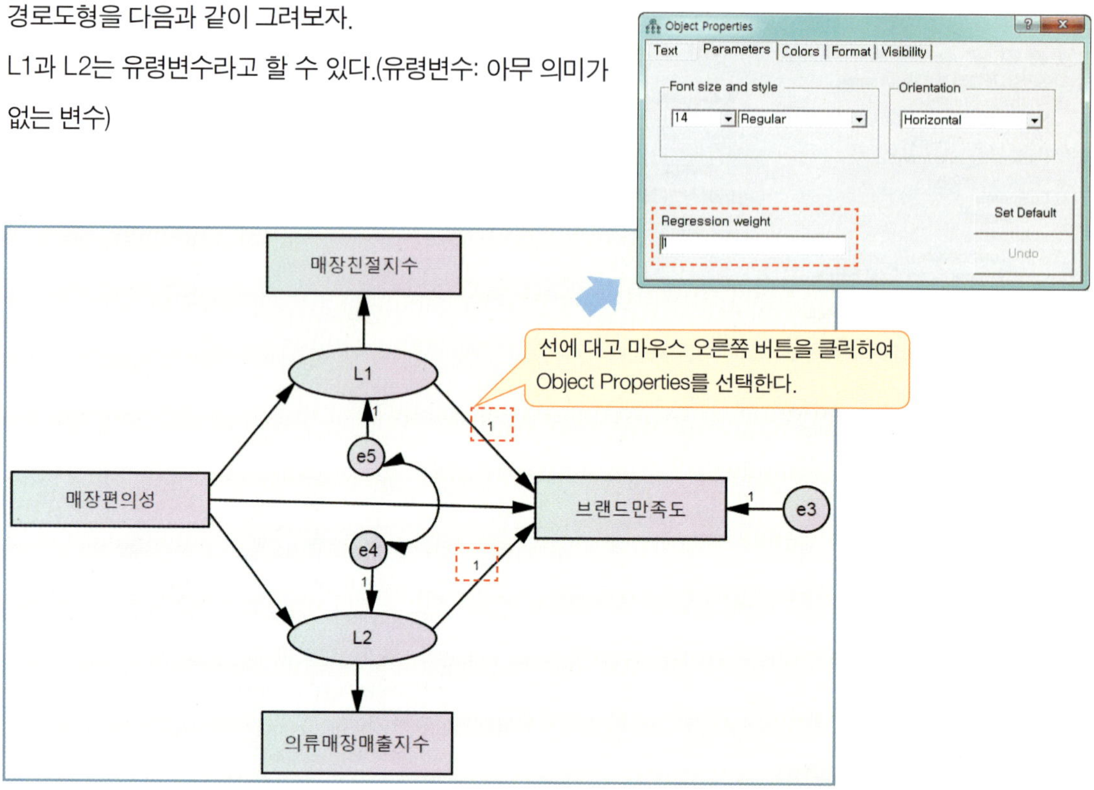

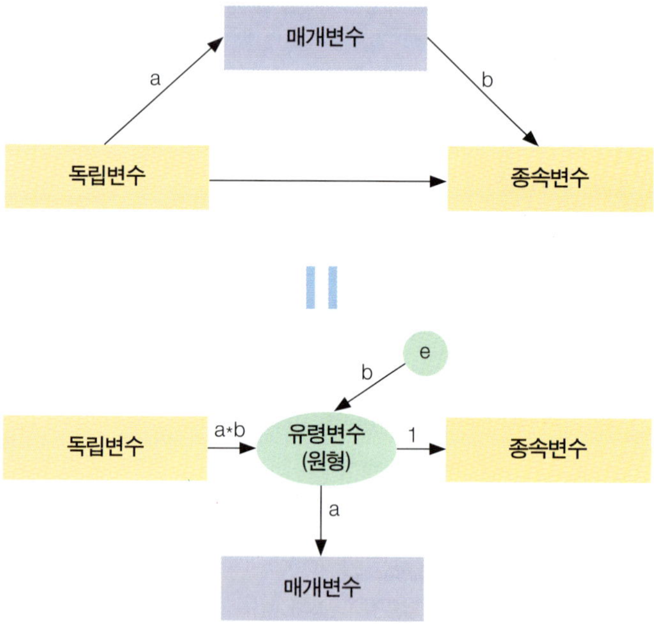

좌측의 그림에서 매개효과(간접효과)를 측정하는 방법은 앞서 설명했듯이 매개효과(간접효과) = a*b가 된다.

이와 동일한 방법이 아래와 같다.

독립변수와 종속변수 사이에 유령변수를 중간에 두고, 유령변수와 종속변수 사이에 회귀 효과를 1로 고정시키면, 실제 유령변수와 독립변수 간의 회귀식이 바로 위의 간접효과와 동일한 수학적 모형이 된다.

이 원리를 이용하여 개별 매개효과를 파악하고 검정한다.

※ 참조: 구조방정식모형에서 Bootstrapping 방법의 다양한 적용, 홍세희 교수(고려대), 2009년 AMOS DAY.

유령변수를 이용한 개별 매개분석 효과 실습

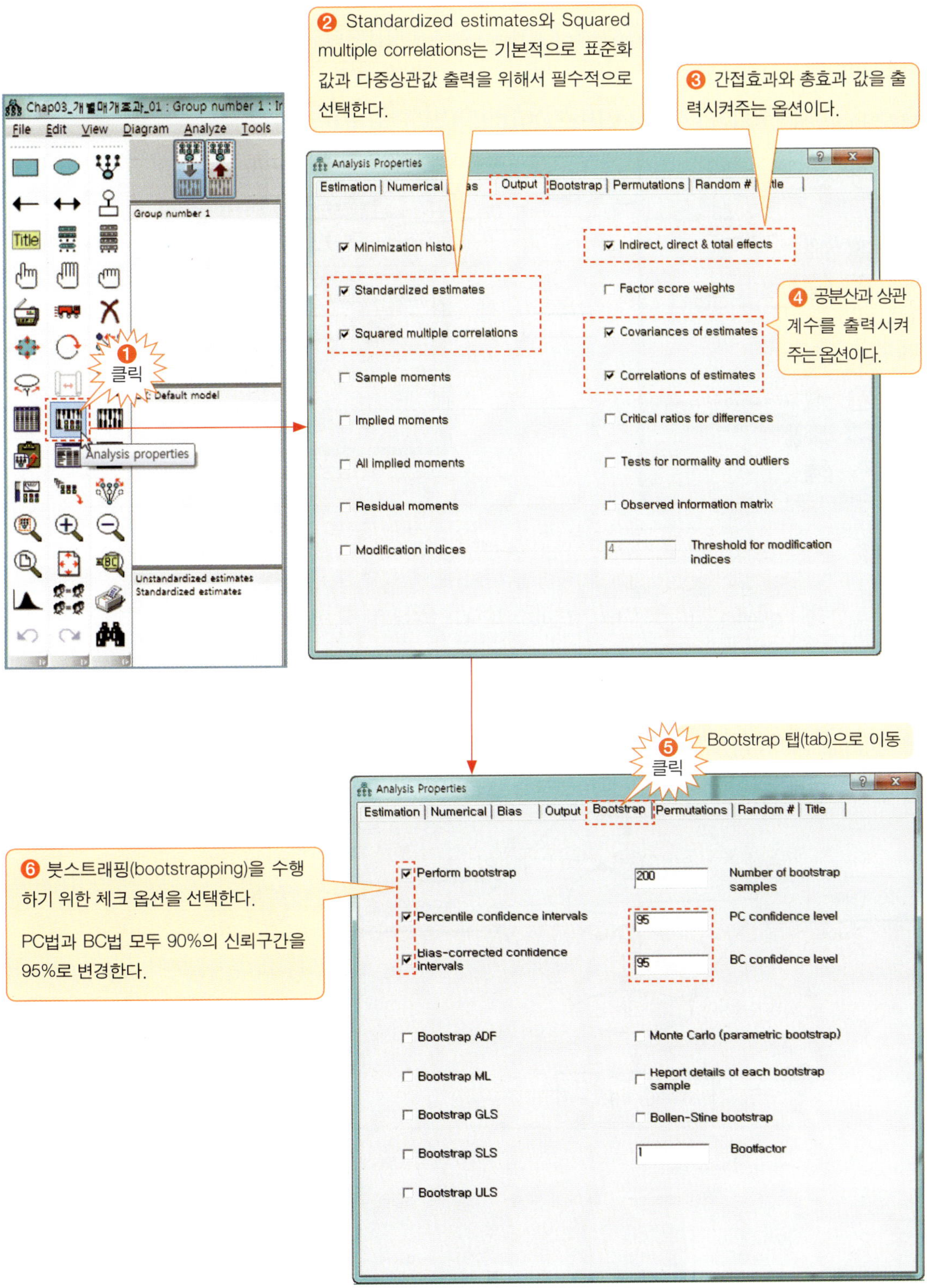

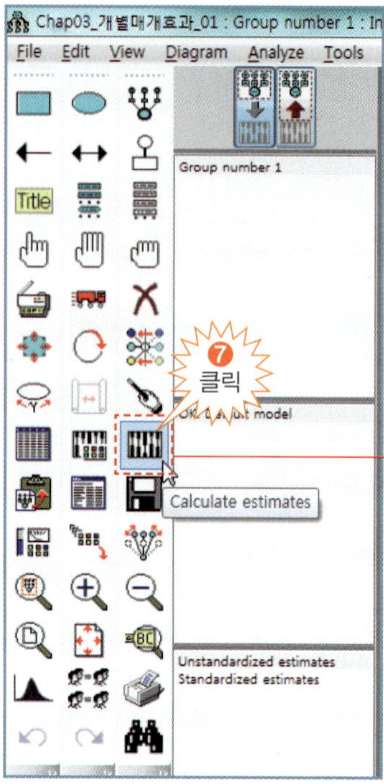

8 본 경고 화면은 매장친절지수와 의류매장매출지수가 내생변수(종속변수)인데 잔차(오차) 변수가 없다는 경고이다.

실제 결과 도출을 위한 모형이 아닌 유령변수와의 관계를 파악하는 것이 목적이므로 본 경고를 무시하고 Proceed with the analysis(계속 진행)를 선택한다.

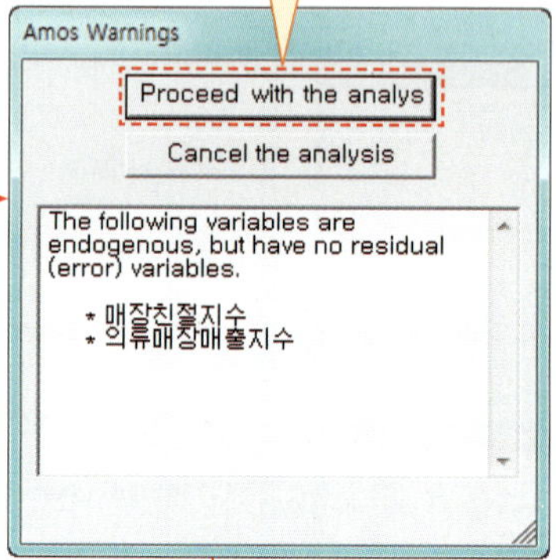

9 최종 수행이 완료된 것을 확인한다.

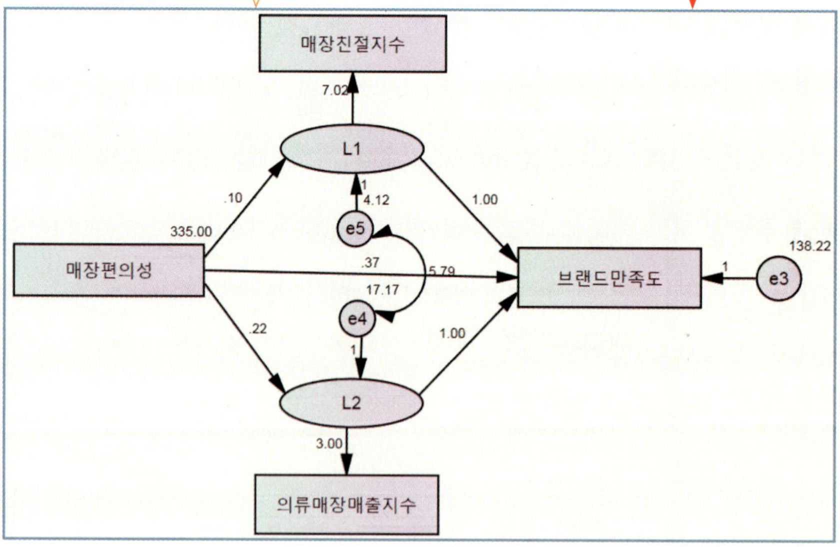

결과

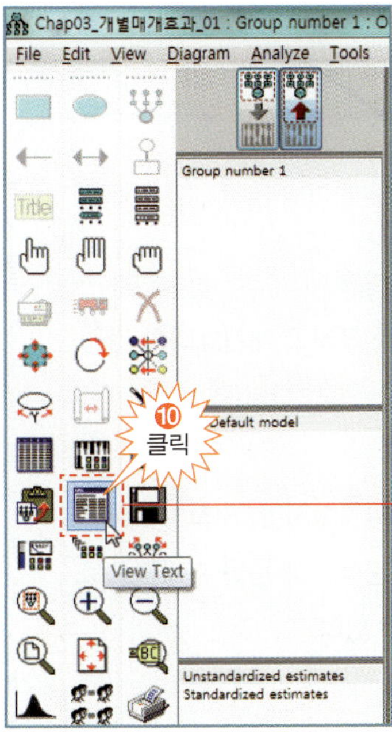

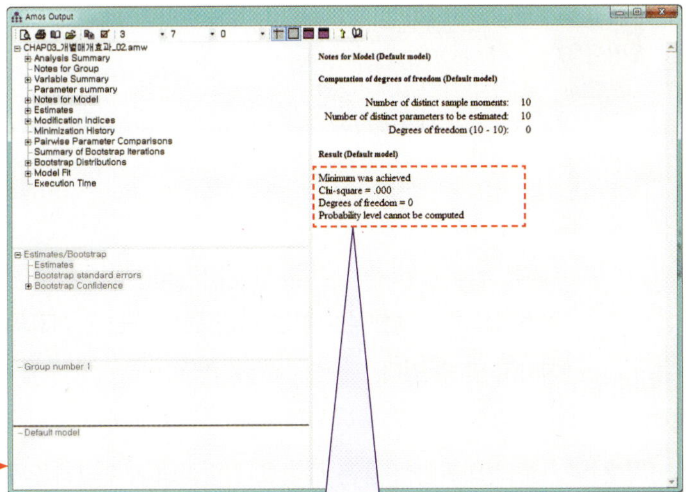

자유도가 0이므로, 포화모형이라고 할 수 있다.

포화모형이므로, 이 경우는 굳이 모형의 적합도는 살펴볼 필요가 없다고 할 수 있으며, 바로 다음 결과를 살펴보도록 한다.

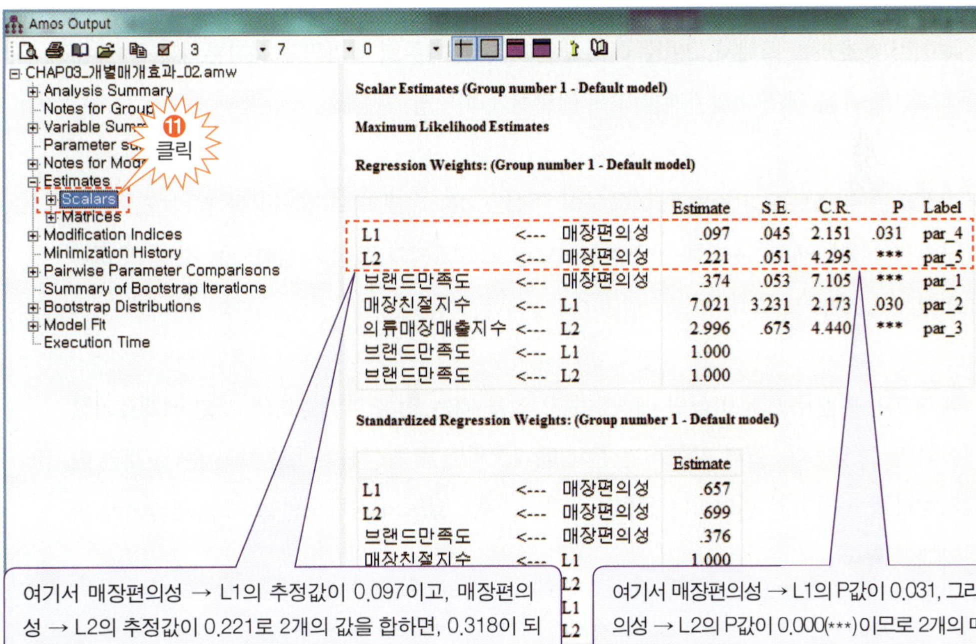

여기서 매장편의성 → L1의 추정값이 0.097이고, 매장편의성 → L2의 추정값이 0.221로 2개의 값을 합하면, 0.318이 되어 앞 예제의 간접효과값과 동일한 것을 알 수 있다. 즉, 0.318이 0.097과 0.221로 분리되어졌음을 알 수 있고, 여기서 L1이 매장친절지수, L2가 의류매장매출지수라는 매개변수이므로, 일단 L2인 의류매장매출지수라는 매개변수가 더욱 많은 기여를 하고 있다는 것을 알 수 있다.

여기서 매장편의성 → L1의 P값이 0.031, 그리고 매장편의성 → L2의 P값이 0.000(***)이므로 2개의 매개변수는 모두 95% 신뢰수준에서 유의한 것을 알 수 있다. (P< 0.05)

각각 2개의 매개변수는 모두 간접효과 유의성이 있다고 할 수 있다.

1 일반적으로 경로분석을 하는 가장 큰 이유는 간접효과의 파악 그리고 매개효과의 검증이라고 할 수 있다.

2 기존의 회귀분석 등은 직접효과 중심의 계수값과 영향력을 파악했지만, 구조방정식모형 중 경로분석은 직접효과 이외에도 간접효과, 의사효과, 미분석효과 등을 추가적으로 파악할 수 있고, 이를 통해서 좀 더 정확한 총효과를 파악할 수 있다.

3 엄격하게는 총효과 = 직접효과 + 간접효과 + 의사효과 + 미분석효과이지만, 실제적으로는 총효과 = 직접효과 + 간접효과로 간소하게 활용하는 경우가 많다.
→ 이런 총효과를 통해서, 2변수 이상의 관계에서, 기존의 인과관계(회귀분석과 같은) 분석보다 변수들 간의 인과관계를 더욱 명확하게 파악할 수 있다.

4 AMOS는 붓스트래핑 방법을 이용하여 간접효과(매개효과)의 유의성을 검정하고 신뢰구간을 산출해낸다. → 다른 구조방정식모형 프로그램과 가장 차별화되는 것 중의 하나이다.

5 매개효과의 경우 2개 이상의 매개변수가 있을 때는 전체 매개효과와 개별 매개효과를 파악할 수 있는데, 실제 AMOS는 전체 매개효과만을 계산하여 표출하여 준다. 개별 매개효과를 파악하기 위해서는 유령변수가 포함된, 별도의 경로도형을 새로 만들어서 파악해야 한다.

4장

구조방정식모형과 확인적 요인분석

01 탐색적 요인분석과 확인적 요인분석

1 탐색적 요인분석과 확인적 요인분석

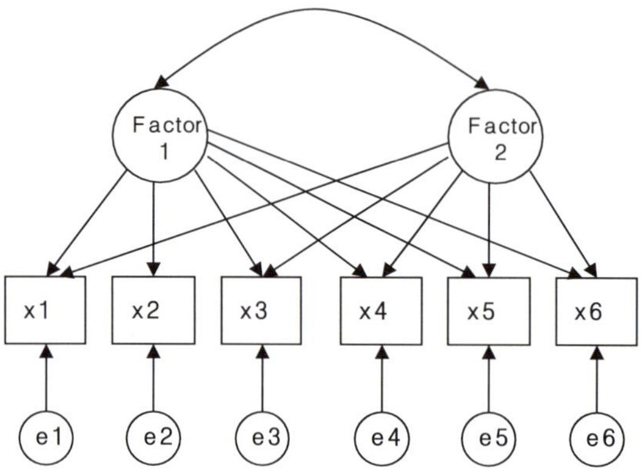

(가) 탐색적 요인분석

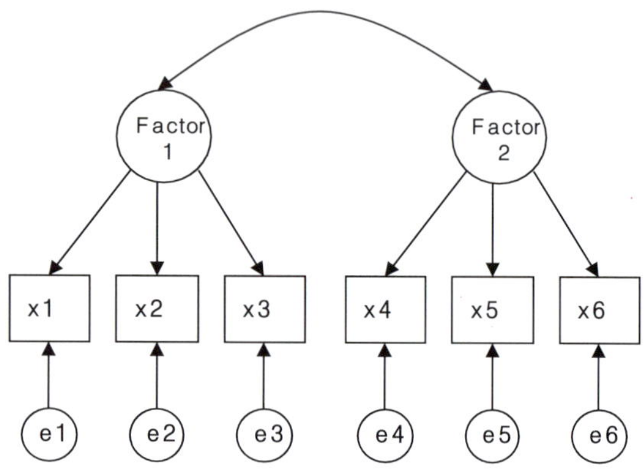

(가) 확인적 요인분석

탐색적 요인분석

변수의 축소 목적으로, 관측변수들과 잠재변수들 사이의 관계를 정확하게 알지 못할 때 사용하는 요인분석이다.

→ **미지의 변수들에서 최적으로 결합되는 조합을 찾는 요인분석이라고 할 수 있다.**

확인적 요인분석

내재된 잠재변수의 구조에 대하여 지식, 경험, 사전적 정의를 가지고 수행하는 요인분석이다.

→ **즉, 이론에 관한 지식이나 경험적 조사에 근거하여, 관측변수와 잠재변수 간의 관계를 사전에 가정 및 정의하고 이를 기반으로 가설구조를 통계적으로 검증하는 요인분석이다.**

탐색적 요인분석은 어떻게 하는지요?

A

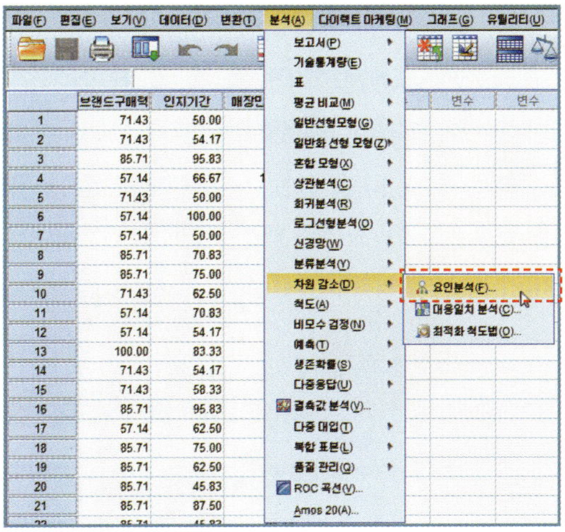

일반적으로 SPSS Statistics에서 수행한 요인분석이 바로 탐색적 요인분석입니다.

요인의 수 또는 어떤 요인들이 묶여야 되는지를 특정한 알고리즘에 따라 자동으로 해주는 SPSS Statistics 내의 요인분석, 그것이 바로 탐색적 요인분석입니다.

왜 확인적 요인분석은 하는지요?

A 원래 통계학에서는 구조방정식모형 또는 확인적 요인분석이라는 것 자체를 잘 인정하지 않았습니다. → 이유는 표본 내의 모든 변수들 간의 관계에서 최적의 값을 찾아내는 것이 통계학의 본질 중 하나인데, 확인적인 요인분석은 사용자 임의로 지정한 것을 두고, 이것이 유의한가 아닌가를 살펴보는 분석이기 때문이었습니다.

그러나 사회과학(특히 심리학 등)에서는 복잡다단한 인과관계와 영향력을 명확하게 파악하기 위해서는 특정한 최적값보다는 다양한 형태의 경로와 잠재변수를 이용한 사전적 정의에 의한 연구가 필요했고, 확인적 요인분석 그리고 구조방정식모형은 그로 인하여 필요도가 급증하였습니다.

Q 확인적 요인분석은 그냥 사용자가 막 지정을 하는 건가요? 아니 그렇다면, 확인적 요인분석은 그냥 여러 개의 변수들 중에서 내가 이거랑 이거랑 요인으로 묶이면 좋겠다고 생각만 한 상태에서, 아무 기준 없이 그냥 요인으로 묶어버리면 그만인가요?

A

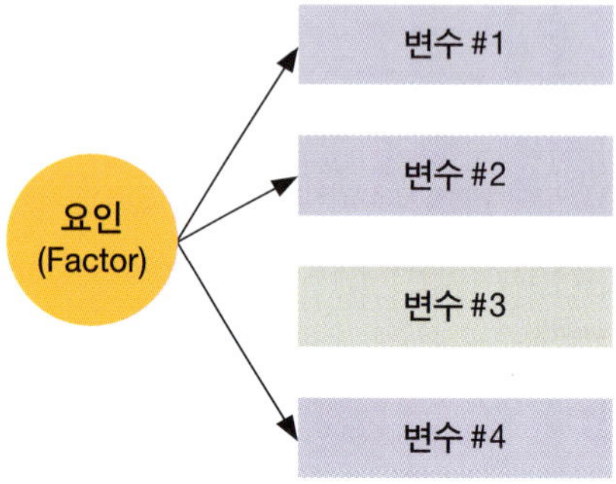

일단, 사용자가 원하는 대로(심지어는 아무 생각 없이) 특정변수를 마구 묶어 이것들이 1개의 요인이다라고 정의해도 AMOS는 특별한 문제 없이 수행될 수 있고, 좋든 나쁘든 결과는 산출될 수 있습니다.

그러나 기본적으로 확인적 요인분석은 사전연구나 선행분석을 통해서, 최소한 정성적으로 1개의 요인으로 이름 붙일 수 있는 변수들로 구성하는 것이 일반적인 상식입니다.

또한, 만약 그러한 선행연구 등이 없거나 할 수 없는 상황이라면, 최소한 탐색적 요인분석을 통해서(즉, 통계적 알고리즘을 이용하여) 대략적으로 묶이는 현황을 파악하고, 확인적 요인분석을 수행하는 것이 일반적이라고 할 수 있습니다.

02 확인적 요인분석을 이용한 잠재변수의 생성

1 잠재변수(Latent Variable)의 생성

Q 구조방정식모형은 어떤 특징이 있나요?

A 1. 통계 데이터 배후에 있는 “보이지 않는 것”을 구체화한다.

2. 통계 데이터 내부의 요인 사이의 관계를 정량화할 수 있다.

3. 경로도형을 통해서 시각적 데이터 분석이 가능하다.

→ 보이지 않고, 내부에 있는 것을 분석하는 것이 구조방정식모형? 어떻게 보이지 않는 것을 구체화할 수 있는가? 답은 잠재변수를 통해서 할 수 있다!

※ 참조: 노형진, AMOS에 의한 공분산구조분석, 한올출판사.

잠재변수의 생성 ▶

- 잠재변수는 정확하게 요인분석(Factor Analysis)으로부터 나왔다.
- 즉, 다수의 관측변수의 성질을 축소시켜 1개(또는 관측변수보다는 작은 수)의 변수로 만들어내는 것이 바로 잠재변수이다.
- 잠재변수는 직접 보이지는 않지만, 관측변수들을 사용자 정의에 근거하여 집합시켜 놓은 요인적재값이라고 정의할 수 있다.

잠재변수의 구조 ▶

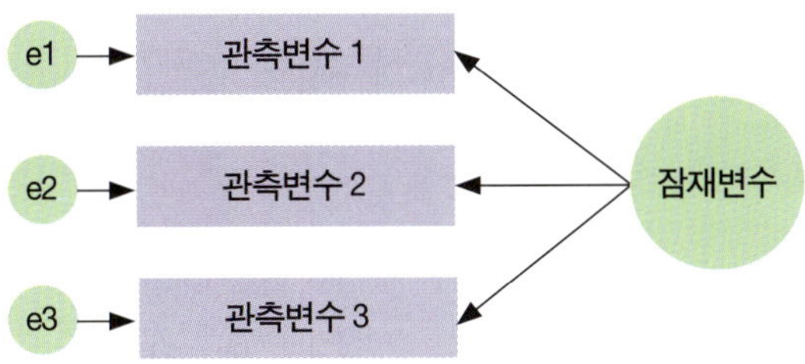

03 잠재변수에서 회귀계수와 공분산의 의미

1 잠재변수에서 경로(회귀)계수의 의미－일방향 화살표

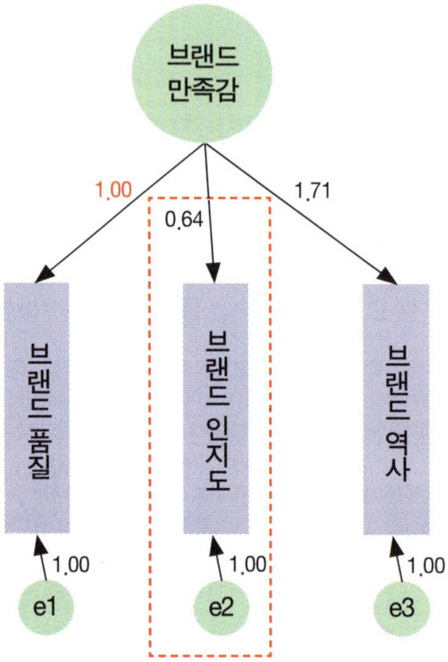

경로(회귀)계수의 의미

- 브랜드 품질＝1.00×브랜드 만족감＋1×오차(e1)
- 브랜드 인지도＝0.64×브랜드 만족감＋1×오차(e2)
- 브랜드 역사＝1.71×브랜드 만족감＋1×오차(e3)

→ 회귀계수의 의미라고 할 수 있다.

그러나 중요한 것은 경로계수와 함께, 정보량을 나타내는 분산(Variance)이라고 할 수 있다.

※ 참조: AMOS에 의한 공분산구조분석, 노형진, 한올출판사.

경로계수의 분산

- 앞의 그림에서…

  브랜드 인지도의 분산 = $(0.64)^2 \times$ (브랜드 만족감의 분산) + $1^2 \times$ 오차(e2)의 분산

  ➡ 분산은 정보량을 의미한다.

  ➡ 이를 도식화하여 보면 아래의 그림과 같다.

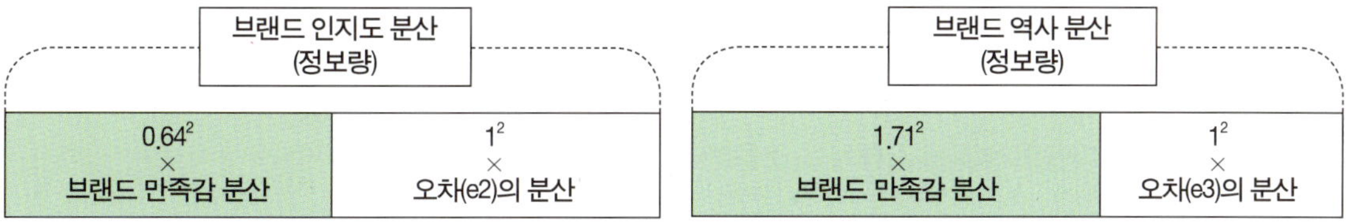

- 위의 정보량 계산 방식을 이용하여 좋은 추정치인지를 파악한다.

즉, 예를 들어 브랜드 만족감 분산 = 0.5라고 하고, 오차(e2)의 분산 = 0.36, 오차(e3)의 분산 = 0.57이라고 하면

- 브랜드 인지도 분산(정보량) = $0.64^2 \times 0.5 + 1^2 \times 0.36 = 0.5648$
- 브랜드 역사 분산(정보량) = $1.71^2 \times 0.5 + 1^2 \times 0.57 = 2.0321$

➡ 브랜드 인지도에서 차지하는 브랜드 만족감의 정보 비율은 $0.64^2 \times 0.5 = 0.2048$ → 0.2048 / 0.5648 *100 = 36.26%

➡ 브랜드 역사에서 차지하는 브랜드 만족감의 정보 비율은 $1.71^2 \times 0.5 = 1.4621$ → 1.4621 / 2.0321 *100 = 71.95%

➡ 따라서 브랜드 역사가 브랜드 만족감에 더 많은 영향력을 미치고 있다고 할 수 있다.(단순회귀계수로 정의하는 것이 아니다.)

※ 참조: AMOS에 의한 공분산구조분석, 노형진, 한올출판사.

참고 표준화와 비표준화

- 일반적으로 경로계수를 있는 그대로 단순히 비교하여 결과를 추정하는 것은 문제가 있다.
- 따라서 각 계수 산출 시 사용된 변수들의 단위가 다를 수 있기 때문에, 비교 해석을 위해서는 표준화 과정이 필요하다.
- 표준화를 수행함으로써 다른 비교 단위들과의 관계를 직접 표현할 수 있다.

변수의 표준화(공식)

변수 x에 대해서 다음의 변환을 시행하는 것을 변수의 표준화라고 한다.

$z = (x - \bar{x}) / s$ → 표준화 값 = (변수값 – 평균) / 표준편차

만들어진 표준화된 변수 z의 평균은 0, 분산과 표준편차는 1이 된다.

그러나 일반 사회과학에서 실험이나 관찰이 아닌 일반적인 설문조사 분석의 경우 거의 5점(또는 7점) Likert 척도를 이용한 관측변수이므로, 단위가 동일하여, 표준화의 의미가 없는 경우가 많다.

※ 참조: AMOS에 의한 공분산구조분석, 노형진, 한울출판사.

2 잠재변수에서 공분산의 의미 – 쌍방향 화살표

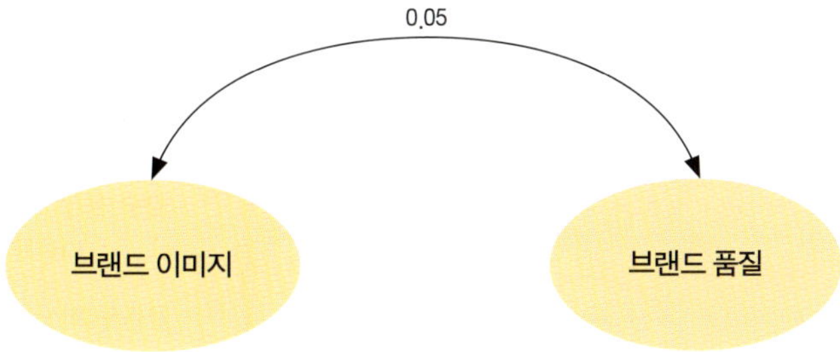

공분산의 공식

실수값을 지니는 2개의 확률변수 X와 Y에 대해서 공분산의 기대값 $E(X)=\mu$ and $E(Y)=\nu$은 아래와 같다.

$\text{Cov}(X, Y)=E((X-\mu)(Y-\nu))$.

기대값 연산자 E를 정리하면 아래와 같이 나타낼 수 있다.

$\text{Cov}(X, Y)=E(X \cdot Y)-\mu\nu$.

만약 X와 Y가 통계적 독립이라면 공분산은 0이 될 것이고 이 경우 아래와 같이 나타낼 수 있다.

$\text{Cov}(X \cdot Y)=E(X) \cdot E(Y)=\mu\nu$.

2번째 식을 3번째 식에 대입하면 아래와 같은 결과를 얻을 수 있다.

$\text{Cov}(X, Y)=\mu\nu-\mu\nu=0$.

반대로 X와 Y가 독립이 아니라면 위의 식은 성립하지 않는다.

$\text{Cov}(X, Y)$의 단위는 X와 Y의 곱이다. 상관관계는 공분산 값을 필요로 하며, 선형독립의 무원차수로 볼 수 있다. 공분산이 0인 확률변수를 비상관 확률변수라고 한다.

※ 참조: Wikipedia

공분산의 의미

- 공분산은 두 개의 확률변수가 어느 정도 결합되어져 있는지를 파악하는 것으로 상관계수 산출의 초석이 된다.
- 공분산은 인과관계가 아닌 양쪽 모두 대등한 입장에서의 관계를 의미한다.
- 2변수의 관계를 나타내는 정보 중 가장 순수한 형태의 정보이다.
- 반드시 그렇지는 않지만, 공분산의 값이 0에 가까울수록 상호 간 독립적이고, 영향력이 작다고 할 수 있다. (상관계수와 유사한 해석을 하면 된다.)
- AMOS에서는 비표준화의 경우 공분산 값이 경로도형에 출력되고, 표준화인 경우 상관계수가 출력된다.

04 구조방정식모형의 정의

1 구조방정식모형

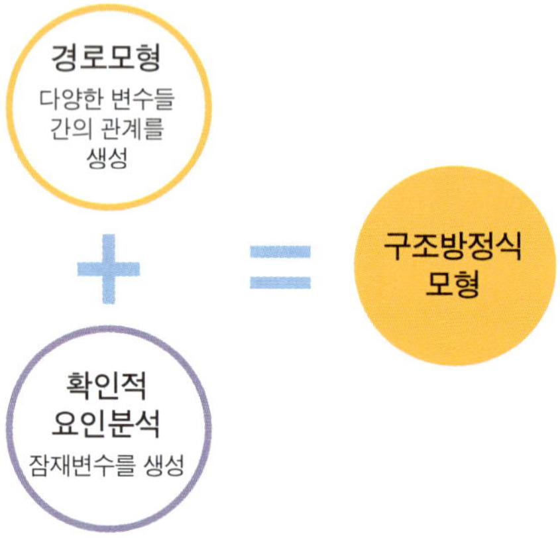

앞서 살펴본 경로모형과 잠재변수를 생성하는 확인적 요인분석을 이용하여, 다양한 경로에 대한 잠재변수 및 관측변수 간의 관계성을 살펴보는 것이 바로 구조방정식모형이다.

2 구조방정식모형의 태생적 단점

앞서 설명한 잠재변수를 만드는 과정에서, 확인적 요인분석은 아주 공격 당하기 딱 좋은 구조를 가지고 있다. 즉, 사용자(분석자)의 주관이 너무 개입되어 있어, 연구의 객관성이 흐려질 수 있는 문제가 발생할 수 있다는 것이다.(달리 보면, 연구에서의 큰 약점이자 구조방정식모형의 태생적 단점이라고 할 수 있다.)

이런 단점을 보완하고 끊임없는 자기 검정을 위해서 구조방정식모형 내에서는 매우 많은 평가지표 및 지수들이 존재한다.

05 구조방정식모형의 평가

확인적 요인분석 이외에 모든 구조방정식모형의 평가를 할 때에는, 주로 아래의 평가지표를 사용한다.

➡ 포화모형 제외

적합도 평가 지수

- **절대적합지수**
  - χ^2 카이제곱 통계량: 통계량 P-값이 0.05 이상이면 모형 적합
  - GFI(Goodness of Fit Index): 1에 가까울수록 모형이 적합
  - AGFI(Adjusted GFI): 1에 가까울수록 모형이 적합
  - RMSR(Root Mean-Squared Residual): 0.05~0.08 사이면 모형이 적합
  - RMSEA(Root Mean-Squared Error of Approximation): 0.05~0.08 사이면 모형이 적합
- **증분적합지수**
  - NNFI(Non-Normed Fit Index): 1에 가까울수록 모형이 적합
  - NFI(Normed Fit Index): 1에 가까울수록 모형이 적합
- **간명적합지수**
  - PGFI(Parsimonious GFI): 값이 클수록 모형이 적합
  - PNFI(Parsimonious NFI): 값이 클수록 모형이 적합
  - AIC(Akaike Information Criteria): 0에 가까울수록 모형이 적합

구조방정식모형에 있어서 딱 정해진 평가지표는 없다. 대체적으로 거의 모든 지표가 다 적합해야 한다.

➡ **자주 사용되는 몇 가지를 확인해 보도록 한다.**

1 절대적합지수

절대적합지수는 모형의 전반적인 적합/부합도를 평가하는 지수이다. 절대적합지수는 데이터의 공분산행렬과 추정된 모형의 공분산행렬과의 유사성을 가지고 적합도를 파악하는 지표로, 전체적인 모형의 적합성을 파악하는 데 주로 활용이 된다. 구조방정식모형에서는 가장 기초적이고, 우선적으로 파악해야 하는 평가지수라고 할 수 있다.

대표적으로 카이제곱(χ^2) 검정, GFI, AGFI, RMSR(또는 RMR), RMSEA와 같은 평가지표가 있다.

1.1 카이제곱(χ^2) 검정

χ^2: 자료가 정규분포를 따른다는 가정하의 모형의 완전성, 경로도형 내의 관계의 적합성을 검정하는 것으로 가장 보편적으로 활용되는 평가지표이다.

카이제곱(χ^2) 검정은 구조방정식모형 전체에 최우추정법을 이용한 오차값이 최소화가 되도록 한 기대 경로모형과 실제 데이터를 이용한 경로모형과의 차이를 검정하는 것으로, 기대와 실제와의 차이가 많이 발생하는 경우 유의확률값(p-value)이 낮아지면서, 모형이 적합하지 않다는 개념의 평가지표라고 할 수 있다.

H_0: (경로)모형이 모집단 자료에 적합하다.(또는 경로모형의 관계가 제대로 설정되어 있다.)

H_1: not H_0(경로도형의 관계가 제대로 설정되어 있지 않다.)

→ 따라서 95% 유의수준에서 ***p*-value값이 0.05보다 커야지만 유의한 지표가 된다.**

→ 그러나 실제 모형이 매우 복잡하여 모수가 많은 경우, 데이터가 다변량 정규분포를 따르지 않는 경우, 그리고 표본 수가 굉장히 많은 경우 등에서는 카이제곱 검정이 그다지 평가지표로 유용하지 않은 경우가 많다.

※ 참조: AMOS에 의한 공분산구조분석, 노형진, 한울출판사.

1.2 RMSR/RMSEA

RMSR(Root Mean Square Residual)은 잔차 제곱평균제곱을 의미하며, 관찰행렬과 추정행렬 사이의 잔차평균으로 **0.05~0.08 이하이면 적당한 모형으로 간주된다. (이 RMSR의 경우 1보다 큰 값이 나올 수 있다.)**

RMSEA(Root Mean Squared Error of Approximation)는 근사오차 평균제곱의 제곱근을 의미하며, 이는 특히 카이제곱(χ^2) 통계량의 한계를 교정하기 위해서 만들어진 적합도 지표이다. 이 또한 **0.05~0.08 이하의 값을 가지면 적당한 모형으로 간주된다.**

주의: 단, RMR(RMSR)이나 RMSEA의 경우 단위값이 커지면, 값이 같이 커지는 경향이 있다.(따라서 데이터를 처음부터 표준화시켜 놓은 다음 RMR을 보는 것이 좋을 수 있다.**(예를 들어 100점 만점의 만족도 점수를 10점 만점으로 환산 시 RMR/RMSEA 값이 줄어들 수 있다.)**

1.3 GFI/AGFI

GFI(Goodness of Fit Index)는 일반적으로 0~1 사이의 값을 가지며, 예측된 모형에 의해 설명되는 관측모형의 상대적인 분산과 공분산의 양을 측정하는 척도로 정의한다. 따라서 GFI의 경우 회귀분석의 R^2과 굉장히 유사한 성격을 가진다.

일반적으로 0.9 이상인 경우 좋은 모형으로 판단을 내린다.(가끔 다른 문헌이나 논문 등에는 0.8이라는 경우도 있다.)

$$GFI = 1 - \frac{tr((W(S-\Sigma))^2)}{tr((WS)^2)}$$

W: 가중치 행렬, S: 실제 분산/공분산행렬, Σ: 모형으로부터 나온 분산/공분산행렬

또한 GFI를 자유도에 의해서 조정한 AGFI가 있으며, 이는 역시 회귀분석의 *adjusted* R^2 정도의 의미를 가지고 있다. → 이 AGFI 또한 0.9 이상이면 좋은 모형으로 판단을 내린다.

2 증분적합지수

증분적합지수는 독립모형을 비교 기준으로 하는 경우, 모형과 실제 데이터 간의 괴리가 있는지를 파악하는 지표들을 의미한다. 괴리(discrepancy)라는 것은 모수 추정에 관여한 목적함수의 최소치를 의미하고, 이 괴리가 작을수록 데이터와 모형의 유사도가 높아져서, 좋은 모형이라고 평가할 수 있기 때문이다. 독립모형(또는 기초모형)이라는 것은 관측변수 간의 일체 경로를 표시하지 않은 순수한 모형을 의미하며, 괴리도가 높다는 것은 관측변수들 사이에서 경로를 나타내었을 때 변화가 적다는 것으로 굳이 구조방정식모형을 할 필요가 없다는 것을 의미한다.

대표적으로 NFI, IFI, RFI, TLI, CFI, 등과 같은 평가지표가 있다.

2.1 NFI

NFI(Normed Fit Index)는 분석모형의 괴리 정도가 독립모형으로부터 몇 % 정도 감소하였는지를 나타내는 지표로 0~1 사이의 값을 가진다. 예를 들어, NFI 값이 0.9라는 것은 향상이 90% 정도 되었다는 것을 의미하며, 일반적으로 0.9 이상이면 적합한 모형이라고 판단을 하는 경우가 많다.(다른 표현으로는 표준적합지수라는 표현을 사용한다.) ➡ Delta 1이라고 하기도 한다.

2.2 IFI

IFI(Incremental Fit Index)는 독립모형에서 괴리도를 통한 향상 정도 계산 시 독립모형의 자유도(모수의 수)까지 고려한 지표이다. 역시 0~1 사이의 값을 가지며, 1에 가까운 값이 나올수록 좋은 모형이라고 판단한다. 일반적으로 0.9 이상을 좋은 모형이라고 판단하기도 한다.(다른 이름으로는 Delta 2라고 하기도 한다.)

2.3 RFI

RFI(Relative Fit Index)는 다른 이름으로는 Rho1이라고도 하며, 독립모형과 경로모형 양쪽 모두의 자유도를 고려한 지표이다. 역시 0~1 사이의 값을 가지며, IFI와 같이 0.9 이상이면 일반적으로 좋은 모형이라고 판단한다.

2.4 NNFI/TLI

TLI(Tucker-Lewis Index) 또는 NNFI(Non-Normed Fit Index: 비표준 적합지수)는 동일한 지표를 의미이며, 또 달리 Rho2라고 사용하기도 한다. 이는 NFI에서 분모와 분자를 자유도로 나누고, 특히 분모에서 1을 차감한 지표식으로, NFI의 편의성(bias)을 좀 더 줄이고자 고안된 지표 방법이다. 해석은 NFI와 동일하다.

2.5 CFI

CFI(Comparative Fit Index)는 독립모형과 분석모형 모두의 자유도를 고려한 후 괴리 정도를 비교하는 지표로, RFI보다 고려 사항이 좀 더 많아진 지표이다. 역시 0~1 사이의 값을 가지며, 1에 가까울수록 모형이 좋다고 평가한다.

3 간명적합지수

간명적합지수는 특히 모형(경로도형)이 얼마나 복잡한지를 고려하여 만든 적합도 지표이다. 구조방정식모형의 목적은 추정 모형에 의하여 실제 데이터를 근사하는 것인데, 모수가 많을수록(즉, 복잡한 모형일수록) 근사값이 의미없이 좋아지는 경우 등이 발생한다. 따라서 재현성 문제가 발생할 수 있는데, 간명적합지수는 모형의 재현성에 대한 평가(복잡성을 고려한)를 중심으로 하는 지표이다.

대표적으로 PNFI, PCFI, PGFI, AIC 등의 평가지표가 있다.

3.1 PNFI/PCFI/PGFI

간명비(Parsimony ration: 검약비라는 표현을 사용하기도 한다.)란 독립모형과 실제 개발한 모형의 자유도의 비(ratio)를 의미하며, 0~1 사이의 값을 가진다. 이 값이 클수록 추정한 모수가 적고, 단순한 모형이라고 판단한다.

이들 검약비를 NFI, CFI, GFI에 곱한 것이 바로 PNFI, PCFI, PGFI이다. 이들 모두 역시 0~1 사이의 값을 가지며, 1에 가까운 값이 나올수록 좋은 모형이라고 판단한다.

3.2 AIC

AIC(Akaike Information Criterion)는 개발한 모형의 단독 괴리의 정도를 이용한 정보 기준량을 가지고 모형을 평가하는 방법으로, 모형의 복잡성이 커지면 이 또한 값이 커지게 된다. 따라서 특정한 값이 나오지 않아 절대적인 기준이 없으며, 다른 모형의 지표값과 비교해서 판단하는 수밖에 없어서, 활용도가 낮은 지표이기도 하다. AIC 값이 낮으면 낮을수록 좋은 모형이라고 판단한다.

참고 왜 이리 적합도 지표가 많나요, 전부 다 봐야 하나요?

원래 초기의 구조방정식모형에서 가장 원칙적으로 사용된 적합도 지표는 카이제곱(χ^2) 검정이었습니다.(그래서 특별히 AMOS에서도 카이제곱 검정값은 별도로 처음에 한 번 더 출력됩니다.)

하지만 카이제곱(χ^2) 검정만으로 적합도를 평가하기에는 불편한 여러 사항들, 즉 데이터 수의 문제, 다변량 정규분포 적합 문제 등이 발생하면서 구조방정식모형 적합도 평가를 좀 더 제대로 하기 위해 이렇게 다양한 적합도 지표가 발생하였습니다.

되도록 많은 지표를 통해서 판단해야겠지만, 보통 (A)GFI, RMSEA, RMSR, NFI 정도를 가장 많이 보는 편입니다.

위의 답변이나 몇몇 지표들이 0.9 이상이 좋다는 의견은 항상 옳거나 정답인 것은 아닙니다. 더 정확한 답변은 현재 자신의 연구 분야 및 연구자의 학계에서 자주 사용하는 것이 바로 정답일 수 있습니다. 또한 어떤 한 지표는 좋게 나오지만, 다른 지표는 좋지 않게 나올 수 있습니다.

참고 회귀분석과 SEM의 적합 모형의 판단 방법

회귀분석	구분	구조방정식모형
R^2, Ra^2, F	각종 추정식의 적합도/설명력	각종 적합도 지표(GFI, RMSEA, NFI, CFI, RMR,… 등)
$\lvert t \rvert > \pm 1.96$ t-분포를 이용한 검정	경로계수들의 유의성	$\lvert C.R. \rvert > \pm 1.96$ 정규분포를 이용한 검정
잔차 등을 이용한 정규성, 독립성의 검정/확인 Durbin-Watson 통계량을 이용한 이분산성의 검정 VIF 지수, 상태지수 등을 통한 다중공선성 파악을 통한 회귀 적합성 검정	기타	확인적 요인분석에서 개념타당도, 수렴타당도, 판별타당도의 확인

※ 참조: AMOS를 이용한 잠재성장모형, 김계수, 2009년 6월 SPSS Korea 오픈하우스.

참고 적합도 지표 GFI/RMR 등이 안 나와요? 다른 적합도 지표는 나오는데…

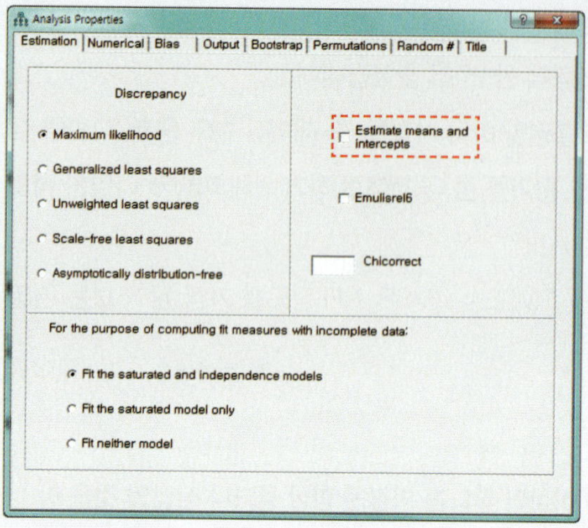

★ 가장 흔한 이유는 바로 결측값 문제입니다.

예를 들어 자신의 데이터에 결측값가 많은 경우, AMOS는 실행 전에 결측값 보정을 위한 "Estimate means and Intercept"를 선택하라고 하며, 이것을 선택하면 모형은 수행되지만 GFI/AGFI/RMR 값 등은 생성되지 않습니다!

06 AMOS를 이용한 확인적 요인분석의 실습

실습 데이터

	코미디	드라마	쇼_가요	다큐멘터리	뉴스
1	2	4	4	2	4
2	3	5	2	2	4
3	4	2	2	1	2
4	2	4	3	3	3
5	3	4	3	3	4
6	2	3	2	2	2
7	3	3	3	2	2
8	2	3	3	2	2
9	3	3	3	2	2
10	3	2	2	2	3
11	4	3	2	2	3
12	4	5	4	5	4
13	2	3	2	3	2
14	1	2	2	2	2
15	2	4	3	3	3

- 190명을 대상으로 AAA 방송국의 5개 장르(코미디, 드라마, 쇼_가요, 다큐멘터리, 뉴스)의 프로그램 만족도 조사를 1~5점 척도로 조사한 것이다.

※ 실습 파일명:
CHAP04_확인적요인분석.sav

참고 수행 전에 AMOS에서 캔버스 화면을 가로로 바꾸기

AMOS에서는 기본설정이 세로(portrait)여서 좀 불편한 부분이 있다.(경로도형을 인쇄할 때 더욱 불편하다.)

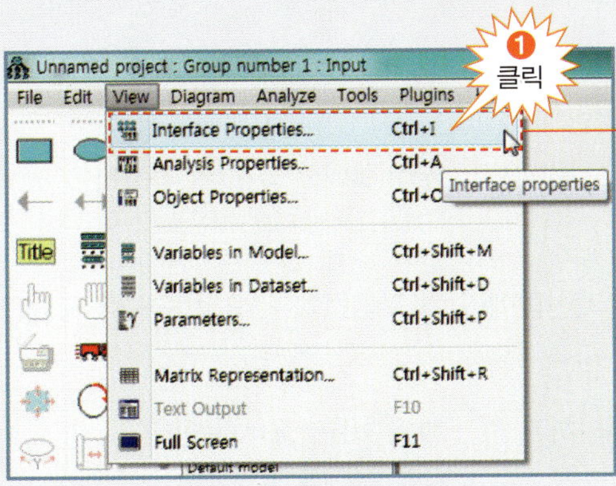

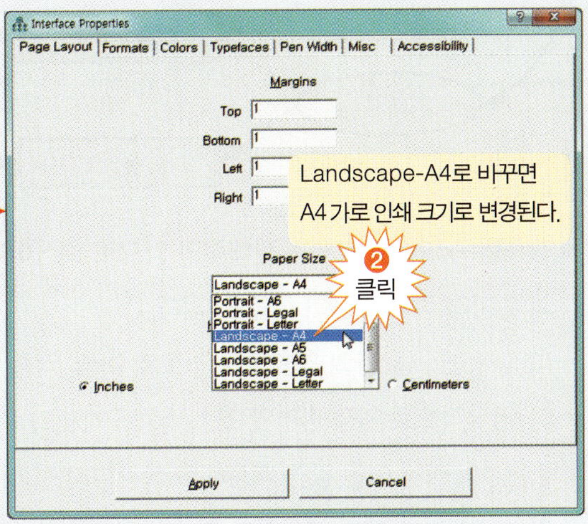

❶ 아래의 그림과 같이 경로도형을 AMOS를 이용하여 그려본다.

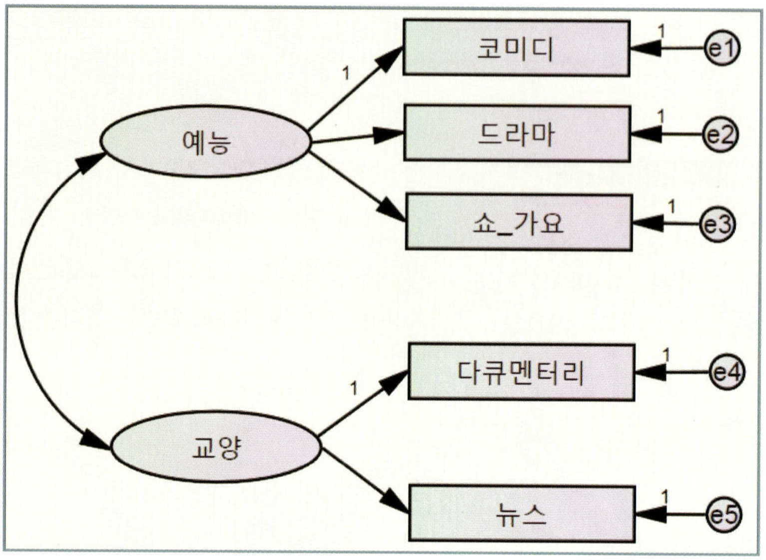

확인적 요인분석을 위해서, 코미디/드라마/쇼_가요를 예능요소라는 잠재변수로, 다큐멘터리/뉴스를 교양요소라는 잠재변수로 하여 확인적 요인분석을 수행한다.

참고 식별 문제

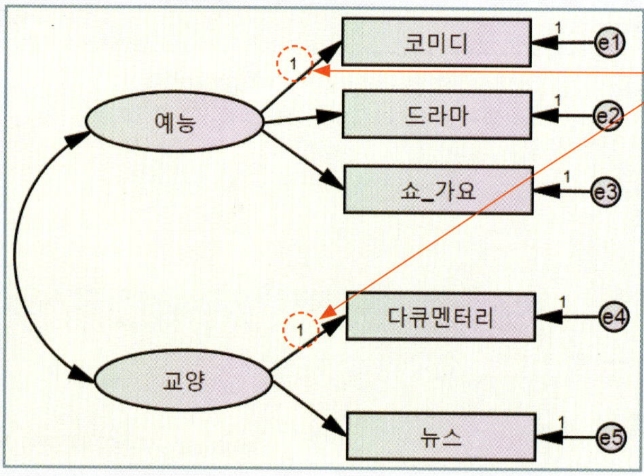

잠재변수 생성 시 왜 특정한 변수 관계에 1값을 지정할까?
→ 식별 문제 때문이다.

- 잠재변수라는 것 자체는 절대적인 양으로 측정이나 규정이 되어 있는 것이 아니다. 애당초 추상적인 것이기에 미리 정해진 양이 있을 리 없다.
- 따라서 변수들 간의 영향력인 경로계수 및 각종 분산을 계산함에 있어 기준값이 없으므로 이를 지정한다.(궁극적으로 지정하지 않으면 AMOS 자체가 수행되지 않는다!)
- 값은 1이 아닌 어떤 값을 지정해도 상관없지만, 비교를 편리하게 하기 위해 보통 1을 사용한다.
- 이렇게 식별 문제를 해결하기 위해 경로계수를 지정하는 경우 아래와 같은 문제가 발생한다.

❷ Output 탭(tab)에서 아래 사항을 설정한다.

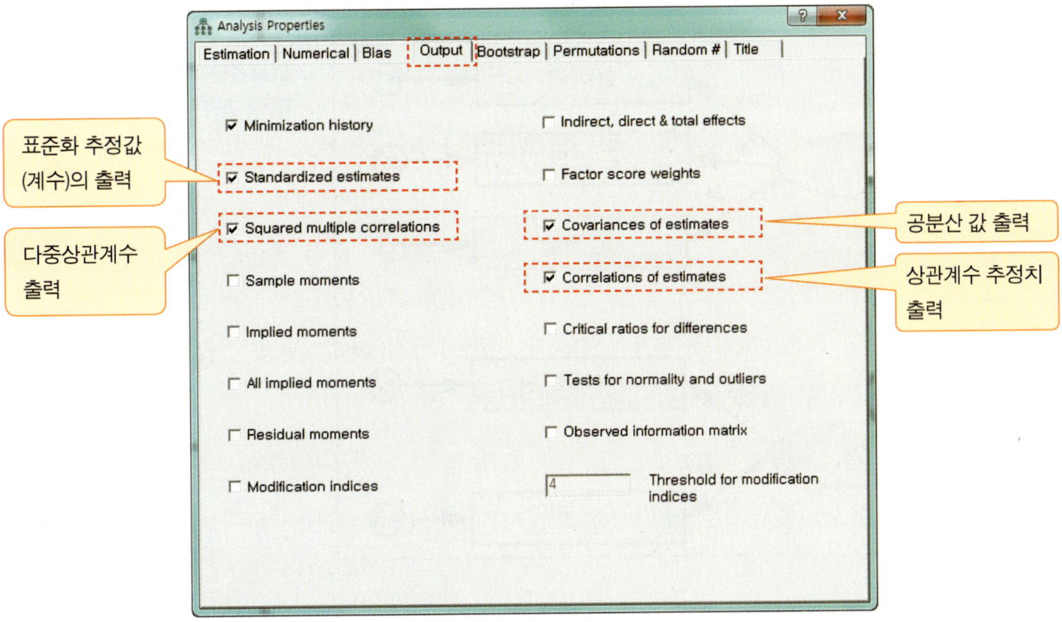

❸ 설정이 완료되면, AMOS를 수행한다.

Regression Weights: (Group number 1 - Default model)

			Estimate	S.E.	C.R.	P	Label
코미디	<---	예능	1.000				
드라마	<---	예능	1.077	.119	9.026	***	par_1
쇼_가요	<---	예능	.943	.106	8.910	***	par_2
다큐멘터리	<---	교양	1.000				
뉴스	<---	교양	.961	.090	10.710	***	par_3

식별문제 해결을 위해서 경로계수를 지정 시 좌측과 같이, 계수의 검정 및 유의확률이 나타나지 않는다.(어떻게 해야 할까?)

간단하게는 다른 경로계수를 통해서 추정을 해보는 방법이 있지만, 그것은 너무 부정확하다. 따라서 아래와 같이 지정을 한다.

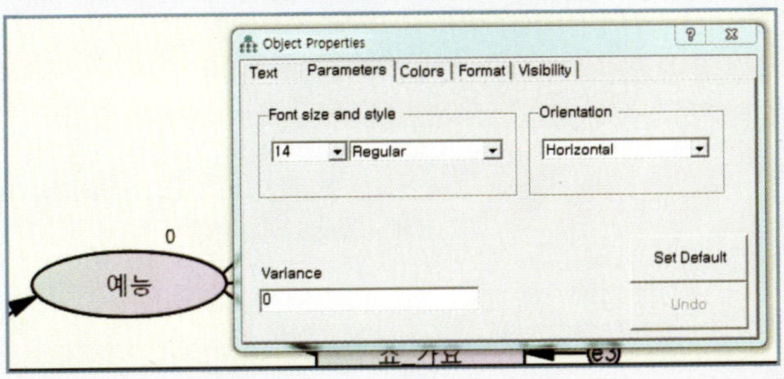

회귀계수에 1을 입력하는 대신 잠재변수 분산을 특정한 값으로 지정을 하면 된다.(보통 0 또는 1을 한다.)
➔ 그 외 다른 몇 가지(등치제약 등) 방법이 있지만 위의 방법이 가장 대표적 식별 문제 해결이다.

결과

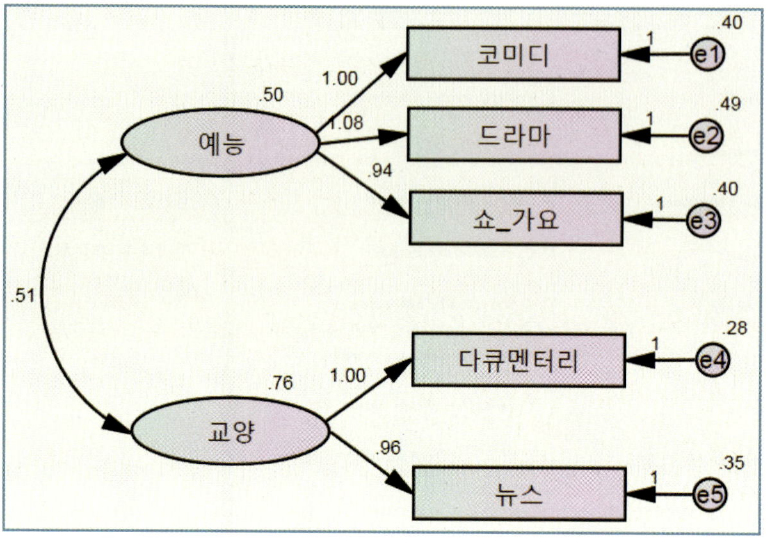

비표준화 확인적 요인분석 모형 결과

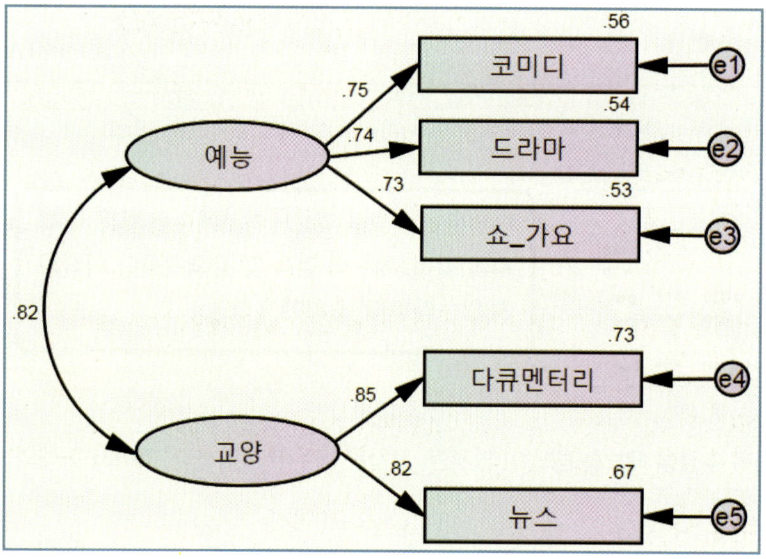

표준화 확인적 요인분석 모형 결과

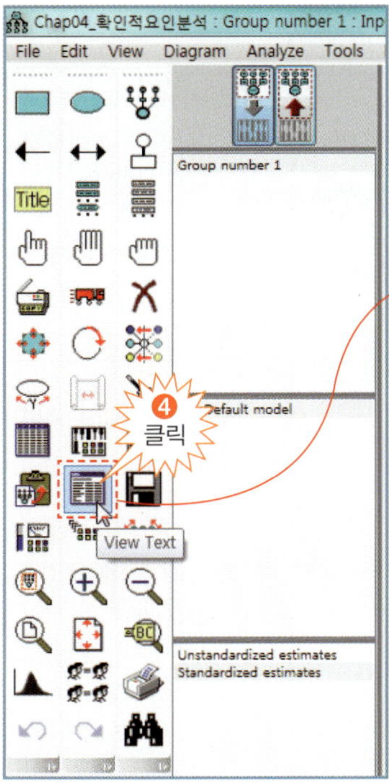

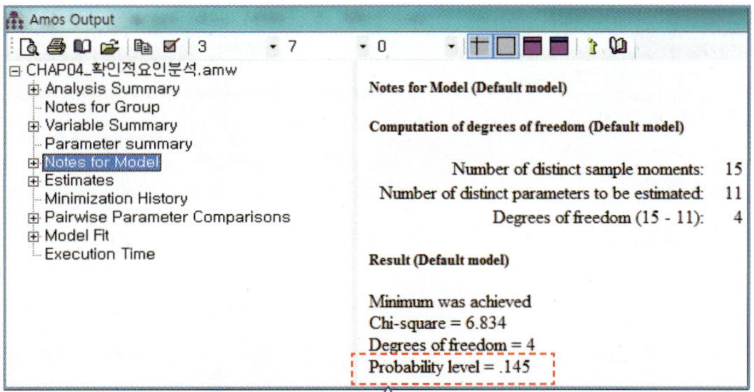

제일 먼저 모형의 적합도 평가 중 카이제곱(χ^2) 검정 결과 p-value=0.145로 H_0를 채택하여, 모형이 적합하다는 것을 알 수 있다.

자유도(Degree of freedom)가 4로 포화모형은 아니다.

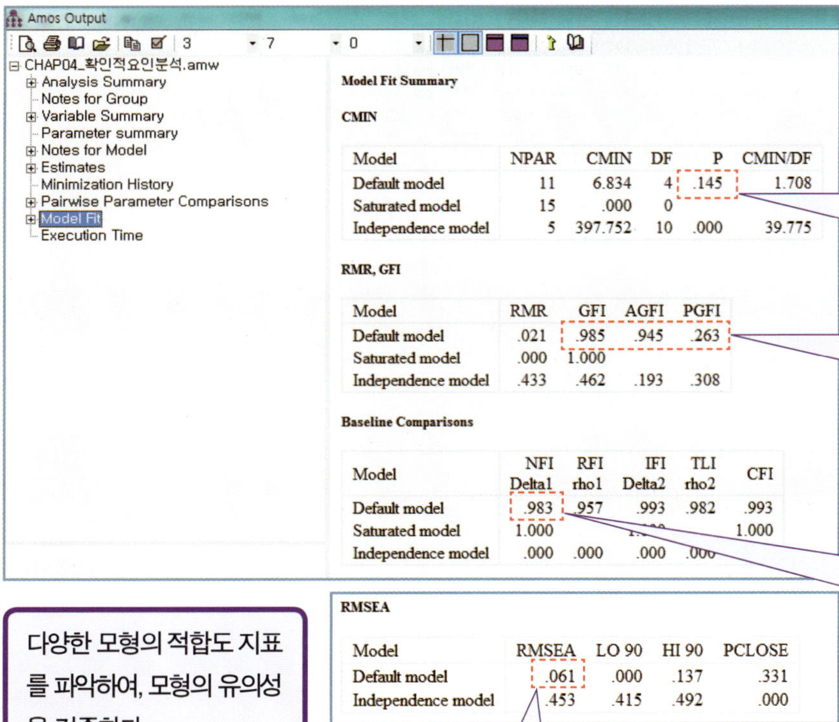

Model Fit Summary

CMIN

Model	NPAR	CMIN	DF	P	CMIN/DF
Default model	11	6.834	4	.145	1.708
Saturated model	15	.000	0		
Independence model	5	397.752	10	.000	39.775

RMR, GFI

Model	RMR	GFI	AGFI	PGFI
Default model	.021	.985	.945	.263
Saturated model	.000	1.000		
Independence model	.433	.462	.193	.308

Baseline Comparisons

Model	NFI Delta1	RFI rho1	IFI Delta2	TLI rho2	CFI
Default model	.983	.957	.993	.982	.993
Saturated model	1.000		[illegible]		1.000
Independence model	.000	.000	.000	.000	.000

RMSEA

Model	RMSEA	LO 90	HI 90	PCLOSE
Default model	.061	.000	.137	.331
Independence model	.453	.415	.492	.000

CMIN은 카이제곱을 의미한다.(앞의 결과와 동일하다.)

GFI/AGFI 값은 0.9이상으로 좋은 모형으로 판정한다. RMR 값은 0.05~0.08보다 작아서 좋은 모형으로 판정한다.

NFI 값 역시 0.9 이상으로 좋은 모형으로 판정한다.

다양한 모형의 적합도 지표를 파악하여, 모형의 유의성을 검증한다.
→ 주요한 몇 개 지표만 확인한다.

RMSEA 값이 0으로 매우 낮아 좋은 모형으로 판정한다.

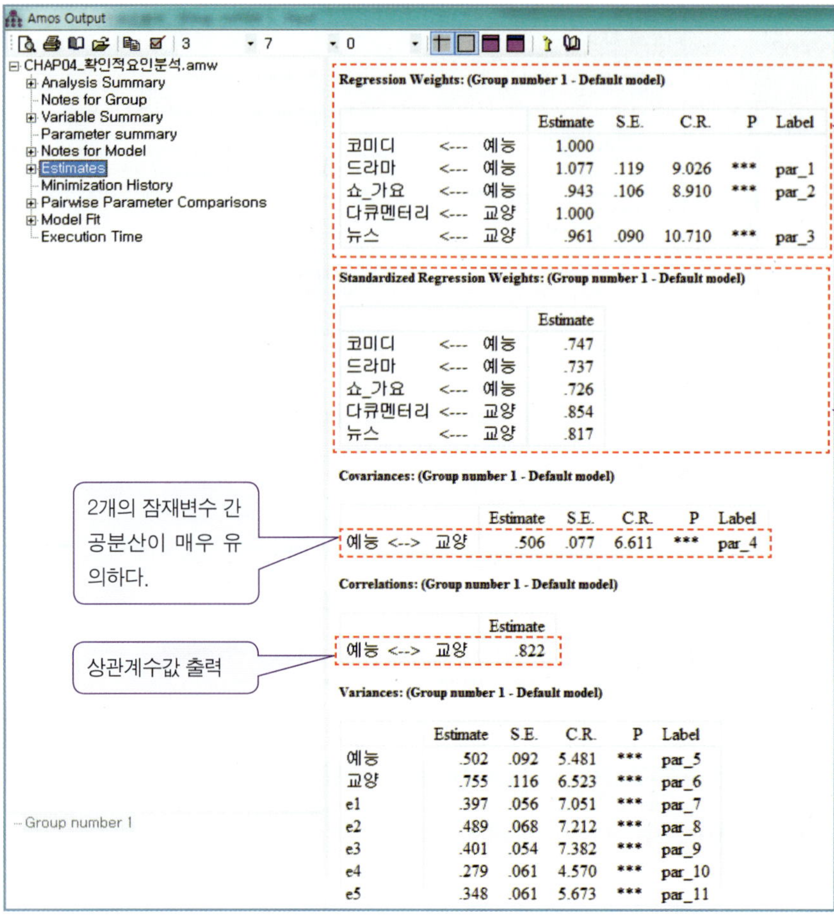

Regression Weights: (Group number 1 - Default model)

			Estimate	S.E.	C.R.	P	Label
코미디	<---	예능	1.000				
드라마	<---	예능	1.077	.119	9.026	***	par_1
쇼_가요	<---	예능	.943	.106	8.910	***	par_2
다큐멘터리	<---	교양	1.000				
뉴스	<---	교양	.961	.090	10.710	***	par_3

Standardized Regression Weights: (Group number 1 - Default model)

			Estimate
코미디	<---	예능	.747
드라마	<---	예능	.737
쇼_가요	<---	예능	.726
다큐멘터리	<---	교양	.854
뉴스	<---	교양	.817

Covariances: (Group number 1 - Default model)

			Estimate	S.E.	C.R.	P	Label
예능	<-->	교양	.506	.077	6.611	***	par_4

Correlations: (Group number 1 - Default model)

			Estimate
예능	<-->	교양	.822

Variances: (Group number 1 - Default model)

	Estimate	S.E.	C.R.	P	Label
예능	.502	.092	5.481	***	par_5
교양	.755	.116	6.523	***	par_6
e1	.397	.056	7.051	***	par_7
e2	.489	.068	7.212	***	par_8
e3	.401	.054	7.382	***	par_9
e4	.279	.061	4.570	***	par_10
e5	.348	.061	5.673	***	par_11

잠재변수 “예능”과 “교양”을 이루는 관측변수들에 있어서, 5개의 변수들 중에서 어떤 변수가 잠재변수에 많은 영향을 미치는지를 알 수 있다.

표준화 계수값의 출력 결과이다.
확인적 요인분석에서는 잠재요인에 대해 표준화 추정치가 0.5 이상일 때 해당 요인이 매우 의미 있는 것으로 일반적으로 해석한다.(반드시는 아니다.)

2개의 잠재변수 간 공분산이 매우 유의하다.

상관계수값 출력

07 확인적 요인분석의 타당성 검증과 실습

구조방정식모형 중 확인적 요인분석(일반적으로 잠재변수 생성)에 있어서는 타당성이 확보되는 것이 매우 중요하다. 이들 타당성을 확보하기 위한 여러 가지 지표들이 있는데, 대표적으로 타당성의 확보를 위해서 개념/수렴/판별 타당성 3가지를 확인한다.

→ 논문 및 연구의 성격에 따라서 일부만 사용하기도 하며, 이를 확인하지 않는 경우도 있다.

개념타당성 ▶ 확인적 요인분석을 통해서 만들어진 잠재변수를 구성하는 관측변수들이 제대로 된 개념과 정의를 가지고 만들어졌는지 확인하는 타당도이다.(가장 Rough한 타당도이기도 하다.)

확인 기준: 잠재변수를 구성하는 관측변수와의 "표준화 계수"값이 0.5 이상인 경우 개념 타당도를 확보했다고 판단한다.

→ 0.5 이하가 일부 있는 경우에는 부분 개념 타당도를 확보했다고 한다.

수렴타당성 ▶ 수렴타당성의 경우, 해당 잠재변수를 구성하는 관측변수들의 잠재변수의 설명력 타당성 부분을 의미한다.

확인 기준: 개념신뢰도와 분산추출지수를 이용하여 수렴타당성을 파악한다.
(참고로 다중상관값(SMC)을 이용/확인하기도 한다.)

판별타당성 ▶ 판별타당성은 2개 이상의 잠재변수(확인적 요인분석) 사이에서, 구성된 개념들 간의 중복 또는 유사성이 없고, 차별성이 있는지를 파악하는 타당성이다.

확인 기준: 앞서 수렴타당성의 분산추출지수와 각 요인의 상관계수의 제곱값(결정계수)의 비교를 통해서 타당성을 검증한다.

1 개념타당성

Standardized Regression Weights: (Group number 1 - Default model)

			Estimate
코미디	<---	예능	.747
드라마	<---	예능	.737
쇼_가요	<---	예능	.726
다큐멘터리	<---	교양	.854
뉴스	<---	교양	.817

각 잠재변수를 구성하는 표준화 계수값이 0.5를 넘으면 개념타당성이 있다고 한다.
현재 "예능"과 "교양" 2개의 잠재변수를 구성하고 있는 관측변수들은 표준화 계수값이 모두 0.5를 넘어서 개념타당성이 있다고 할 수 있다.

모든 경우에 개념타당성을 엄격하게 맞출 수는 없다(모형이 간단하지 않기 때문에). 따라서 각 상황에 맞게 최대한 노력하는 것이 필요하고, 융통성 있게 개념을 적용하는 것이 필요하다.

2 수렴타당성: 개념신뢰도와 분산추출지수

개념신뢰도(Construct Reliablity)와 분산추출지수(Variance extracted Index)는 측정모형의 신뢰성과 타당성을 파악하는 지표로, 정확하게는 앞서 카이제곱이나 적합도 지표(GFI , RMR 등) 등이 모형의 전체적인 적합성을 파악하는 것이라면, 이는 잠재변수 자체의 신뢰성 및 타당성을 파악하기 위한 지표라고 할 수 있다.

→ **개념신뢰도**: 잠재변수를 구성하는 관측변수들의 내적 일치도를 측정한 것으로 일반적으로 **0.7이상이면** 의미가 있다고 한다.

→ **분산추출지수**: 잠재변수에 대해 관측변수들이 설명할 수 있는 분산의 크기(정보량의 크기)를 나타내는 것으로 일반적으로 **0.5 이상이면** 의미가 있다고 한다.

※참고문헌

* Hair, J. F., Anderson, R. E., Tatham, R. L. and Black, W. C. (1998). Multivariate data analysis, 5th ed., Prentice-Hall International.
* Fornell, C. and Lacker, D. F. (1981). Evaluating structural equation models with unobservable variables and measurement error. Journal of Marketing Research, 19, 39-50.

★ 개념신뢰도와 분산추출지수의 계산 공식

$$\text{개념신뢰도} = \frac{(\Sigma\text{표준화추정치})^2}{[(\Sigma\text{표준화추정치})^2 + (\text{표준화측정오차합})]}$$

$$\text{분산추출지수} = \frac{(\Sigma\text{표준화추정치}^2)}{[(\Sigma\text{표준화추정치}^2) + (\text{표준화측정오차합})]}$$

→ 앞의 예제를 통해 신뢰도와 분산추출지수를 계산하면 다음과 같다.

Standardized Regression Weights: (Group number 1 - Default model)

			Estimate
코미디	<---	예능	.747
드라마	<---	예능	.737
쇼_가요	<---	예능	.726
다큐멘터리	<---	교양	.854
뉴스	<---	교양	.817

Variances: (Group number 1 - Default model)

	Estimate	S.E.	C.R.	P	Label
예능	.502	.092	5.481	***	par_5
교양	.755	.116	6.523	***	par_6
e1	.397	.056	7.051	***	par_7
e2	.489	.068	7.212	***	par_8
e3	.401	.054	7.382	***	par_9
e4	.279	.061	4.570	***	par_10
e5	.348	.061	5.673	***	par_11

AMOS 자체적으로는 분산추출지수 또는 개념신뢰도 값을 생성해주지 않아서, 수작업으로 계산해야 한다.

두 잠재변수(예능요소/교양요소)의 개념신뢰도와 분산추출지수를 구해본다.

예능요소 개념신뢰도 =

$\{(0.747+0.737+0.726)^2\}/[\{(0.747+0.737+0.726)^2+\{0.397+0.489+0.401\}]=0.7914$

예능요소 분산추출지수 =

$\{0.747^2+0.737^2+0.726^2\}/[\{0.747^2+0.737^2+0.726^2\}+\{0.397+0.489+0.401\}]=0.5585$

교양요소 개념신뢰도 =

$\{(0.854+0.817)^2\}/[\{(0.854+0.817)^2\}+\{0.279+0.348\}]=0.7271$

교양요소 분산추출지수 =

$\{0.854^2+0.817^2\}/[\{0.854^2+0.817^2\}+\{0.279+0.348\}]=0.6902$

본 예에서는 수렴타당성인 개념신뢰도와 분산추출지수가 기준값을 넘어서서 타당성이 있다고 판단할 수 있다.

개념신뢰도 및 분산추출지수는 일반적인 평가보다 안 좋을 수 있다. 만약 수렴타당성이 좋지 않은 경우는 재설문/데이터의 보강/잠재변수를 구성하는 관측변수들의 재설정을 통해서 모형 보완을 하는 것이 좋다.

3 판별타당성 검증

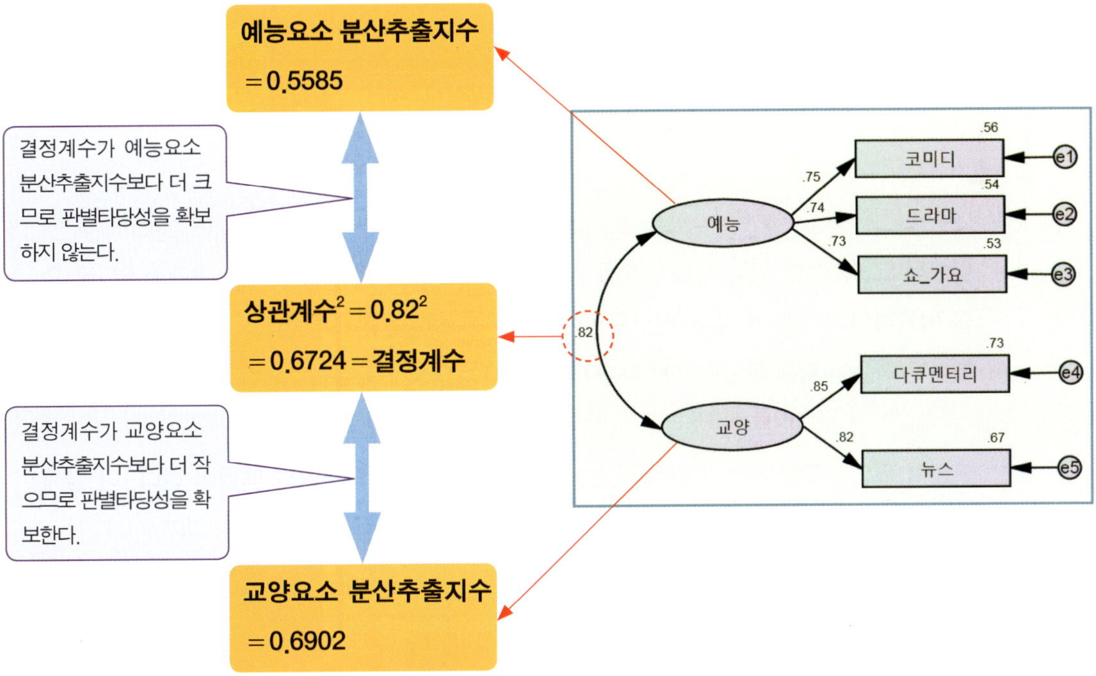

판별타당성의 경우 2개의 분산추출지수와 결정계수를 비교했을 때, 1개는 크고 1개는 작으므로 부분 판별 타당도를 확보했다고 할 수 있다.

→ 판별타당성은 이 경우 2개의 잠재변수가 비슷한 것인지 아닌지를 판별하는 기능을 가지고 있다고 할 수 있다.

1. 탐색적 요인분석은 여러 개의 변수를 작은 수로 축소하는 것이 목적이고, 통계적 알고리즘을 이용하여 변수를 축약하지만, 확인적 요인분석은 일반적으로 잠재변수를 만들어, 분석자가 원하는 상황을 확인하고자 하는 데 목적이 있다.

2. 확인적 요인분석을 통해서 만들어진 잠재변수는 구조방정식모형의 핵심이 된다. 이 잠재변수와 앞서 언급한 경로분석이 합쳐져서 구조방정식모형이 된다고 할 수 있다.

3. 확인적 요인분석이 들어간 구조방정식모형은 태생적으로 매우 많은 검정을 받아야 한다. 따라서 다양한 모형 적합 지표들을 이용하여 되도록이면 분석자의 주관적인 부분을 배제하고, 분석의 신뢰성을 많이 확보해야 한다.

4. 확인적 요인분석을 제대로 수행하기 위해서는 식별(identification) 문제를 경로도형상에서 잘 정리해야 한다.(초보자들의 가장 많이 저지르는 실수이다.)

5. 올바른 확인적 요인분석이 되기 위해서는 개념타당성, 수렴타당성, 판별타당성을 최대한 확보해야 한다.

5장

주요 구조방정식모형

01 구조방정식모형의 주요 형태

본격적인 구조방정식모형을 만들어 보자!

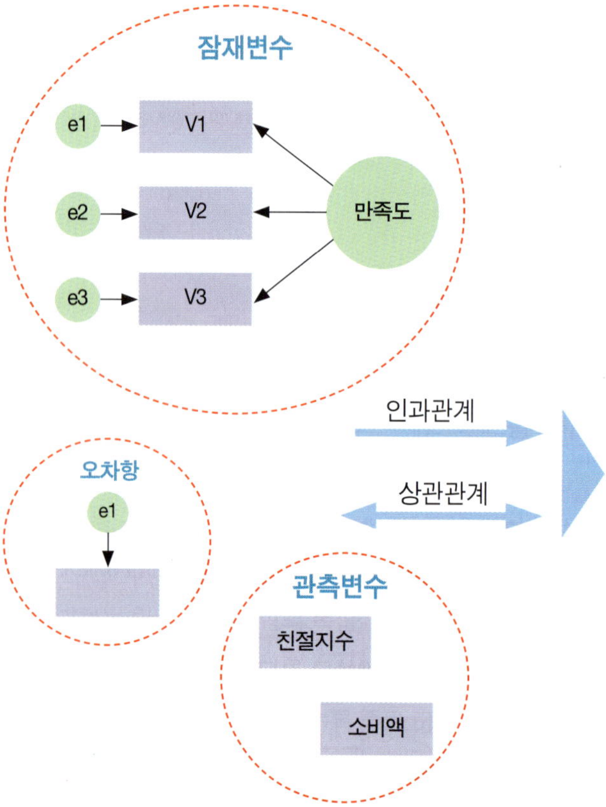

- 앞서 경로분석과 잠재변수라는 개념을 정확히 이해했다면, 이제 구조방정식모형을 본격적으로 만들어 볼 수 있는 기초 준비가 된 것이다.

- 따라서 관측변수, 잠재변수, 각종 관계 화살표, 오차항 등을 이용하여 분석자가 연구하고자 하는 가설에 맞추어 경로도형을 그려나가면 되는 것이다.

- 때로는 각종 추상적 의미(예를 들어 충성도, 만족도, 인지 정도 등)의 잠재변수를 이용하여 표현하고, 이들을 다양한 실제 관측변수(예를 들어 소비액, 광고시청률 등)들과 연결하여, 각종 인과 및 상관관계를 파악하는 경로도형을 자유롭게 그리면, 그것이 바로 분석자가 원하는 구조방정식모형이 되는 것이다.

- 자유롭게 그린다는 의미는 무원칙하게 그리는 것이 아니라 적절한 사전연구(혹은 선행연구) 및 의미 있는 가설을 기반으로 그리는 것을 의미한다.

- 기본적으로는 연구자가 원하는(또는 가설을 세운) 경로도형을 자유롭게 그리는 것이 원칙이지만, 기본적인 몇 가지 경로도형(구조방정식모형)의 형태는 있다.

구조방정식모형의 주요한 형태

경로분석모형과 확인적 요인분석을 여러 형태로 조합하면 대다수의 구조방정식모형을 개발할 수 있으며, 아래에서 설명하는 주요한 형태를 기본으로 하여 확장시키면 논문에 필요한 경로도형 구성은 거의 모두 가능하다고 볼 수 있다. 여러 가지의 구조방정식모형 중 핵심적인 5가지만 실습을 통해서 알아본다.

- Multi-Indicator Model
- MIMIC Model
- PLS Model
- 2/高차요인 Model
- 계층적 회귀모형

참고 반영지표와 조형지표

	반영지표	조형지표
	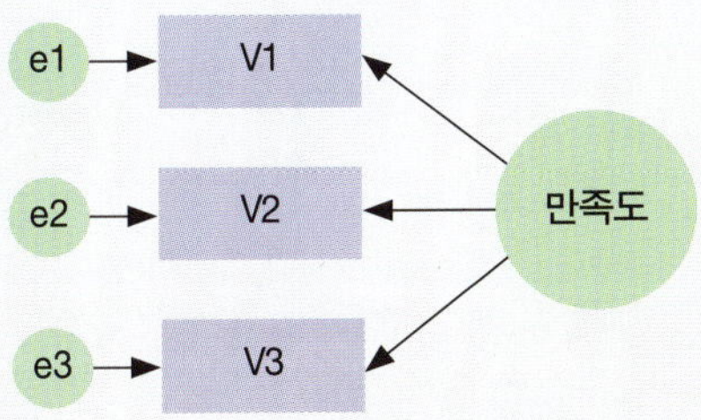	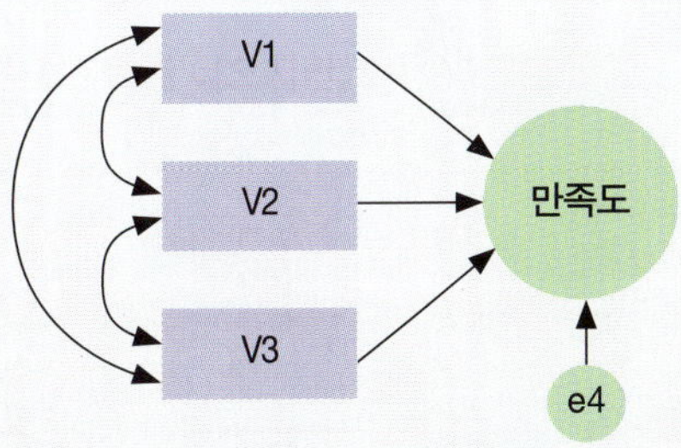
화살표의 방향	잠재변수(원)에서 관측변수(사각형)로 향한다	관측변수(사각형)에서 잠재변수(원)로 향한다
오차변수	지표인 관측변수에 존재한다	잠재변수에 구조오차가 발생한다
지표 간 일치성	지표인 관측변수들은 서로 비슷한 내용을 나타내야 한다 ➞ 개념타당성이 있어야 한다. 예를 들어 만족도를 만드는 데 엉뚱하게 애교심이 들어가면 안 된다	지표인 관측변수들이 굳이 서로 비슷한 내용일 필요는 없다
상관관계	지표인 관측변수들 간에 일반적으로 상관성이 매우 높다	지표인 관측변수들 간에 상관성이 낮아도 상관 없다
지표(관측변수)의 제거	유사한 것으로 이루어져 관측변수를 제거해도 큰 문제가 없다	관측변수 자체를 제거할 시에는 모형 자체가 다른 결과를 나타내어, 구성 개념에 영향이 발생할 가능성 높다
AMOS에서 모형 설정	잠재변수를 만들어주는 회귀계수 또는 분산에 식별이 반드시 필요하다	잠재변수에 영향을 주는 조형지표(관측변수) 사이에 반드시 고정 식별값(1)으로 고정이 필요하다
타당성 및 신뢰도	타당성 및 신뢰도가 매우 중요하다(개념/판별/수렴 타당성 등)	타당성과 신뢰도가 비교적 중요하지 않다

※ 참조: 구조방정식모델 개념과 이해, 우종필, 한나래출판사.

실습 데이터

- 어떤 의류 브랜드 매장에서 고객 만족도 설문을 8개 항목에 대하여, 198명을 대상으로 10점 만점으로 조사하였다.

할인만족도	포인트만족도	타사대비가격	교환반품만족도	편의시설만족도	매장시설만족도	브랜드만족도	직원친절도
5.71	8.57	8.57	8.57	5.71	8.57	8.57	6.67
7.14	10.00	5.71	10.00	5.71	8.57	10.00	8.89
8.57	5.71	5.71	5.71	1.43	5.71	8.57	5.00
4.29	8.57	7.14	5.71	7.14	7.14	10.00	7.78
7.14	8.57	7.14	10.00	7.14	8.57	8.57	7.22
5.71	7.14	5.71	7.14	5.71	5.71	7.14	6.67
7.14	7.14	7.14	7.14	5.71	5.71	8.57	5.56
5.71	7.14	7.14	4.30	5.71	4.29	5.71	3.89
7.14	7.14	7.14	7.14	4.29	5.71	5.71	3.33
7.14	4.29	4.29	5.71	5.71	7.14	10.00	3.33
8.57	7.14	4.29	8.57	4.29	7.14	5.71	5.56
8.57	10.00	8.57	10.00	10.00	8.57	10.00	8.89
5.71	7.14	4.29	5.71	7.14	5.71	8.57	6.67
2.86	5.71	5.71	5.71	4.29	4.29	8.57	3.89
5.71	8.57	7.14	8.57	7.14	7.14	8.57	8.33
4.29	7.14	1.43	9.81	7.14	7.14	8.57	6.11
10.00	8.57	8.57	8.57	8.57	8.57	10.00	6.67
4.29	7.14	7.14	8.57	4.29	7.14	7.14	7.78
4.29	5.71	5.71	4.29	7.14	8.57	7.14	6.67
5.71	5.71	5.71	7.14	4.29	5.71	7.14	5.00
5.71	7.14	4.29	8.57	5.71	5.71	7.14	6.67
10.00	10.00	8.57	8.57	7.14	8.57	8.57	8.89
7.14	5.71	5.71	7.14	7.14	8.57	7.14	6.67
5.71	5.71	5.71	5.71	4.29	7.14	8.57	7.22
10.00	10.00	10.00	7.14	10.00	10.00	10.00	9.44
5.71	5.71	5.71	5.71	4.29	5.71	5.71	6.11
8.57	8.57	10.00	7.14	10.00	8.57	10.00	8.33
5.71	10.00	8.57	8.57	8.57	8.57	10.00	8.33
7.14	7.14	5.71	7.14	4.29	7.14	8.57	6.11
7.14	8.57	5.71	7.14	8.57	7.14	8.57	7.78
5.71	5.71	5.71	5.71	7.14	7.14	5.71	6.67
8.57	8.57	5.71	10.00	8.57	8.57	8.57	10.00
5.71	5.71	5.71	7.14	5.71	7.14	8.57	6.67
5.71	7.14	5.71	10.00	7.14	7.14	8.57	6.67
8.57	10.00	5.71	8.57	10.00	10.00	10.00	10.00

※ 실습 파일명: CHAP05_주요구조방정식모형.sav

02 AMOS를 이용한 Multi-Indicator 모형 실습

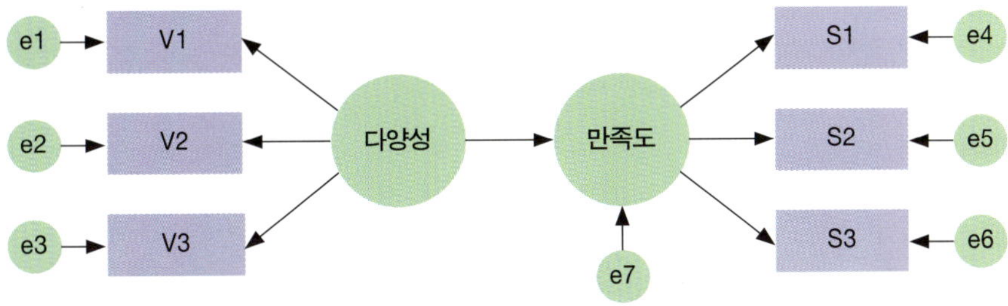

Multi-Indicator 모형

- 많은 수의 관측변수로 이루어진 모형으로 잠재변수로 만들어진 모형이다.
- 2개 이상의 잠재변수를 관측변수로 생성하고, 이를 기반으로 잠재변수 간의 인과관계를 파악하는 모형이다.
- 일반적으로 가장 많이 사용되는 구조방정식모형이다.

❶ 우측과 같이 경로도형을 그린다.

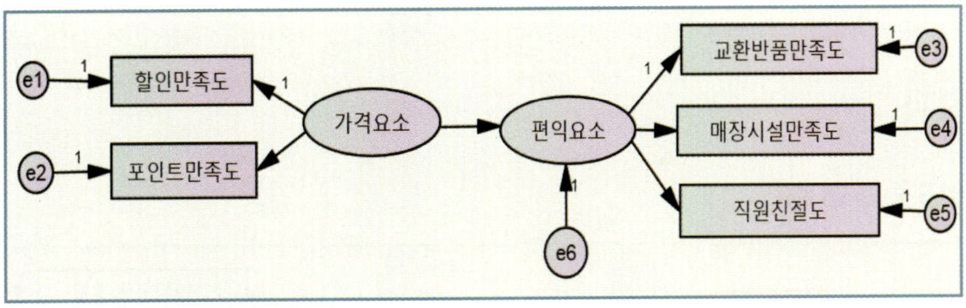

Multi-Indicator 모형에서 가장 중요한 목적은 잠재변수들 간의 인과관계를 파악하는 것이다. 즉, 위의 경로도형에서는 2개의 관측변수(할인/포인트 만족도)로 만들어진 가격요소가 역시 3개의 관측변수들로 만들어진 편익요소와 인과관계가 있는지 없는지가 가장 핵심적인 결과이며, Multi-Indicator 모형의 핵심이 된다.

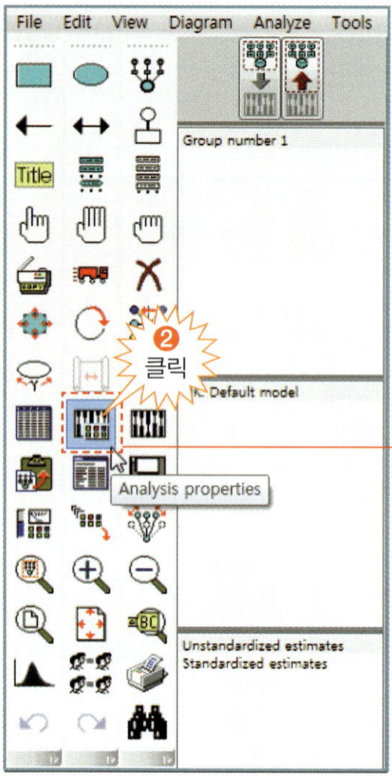

❸ 기본적인 Output 결과만 출력되도록 옵션을 선택한 후 바로 AMOS를 수행한다.

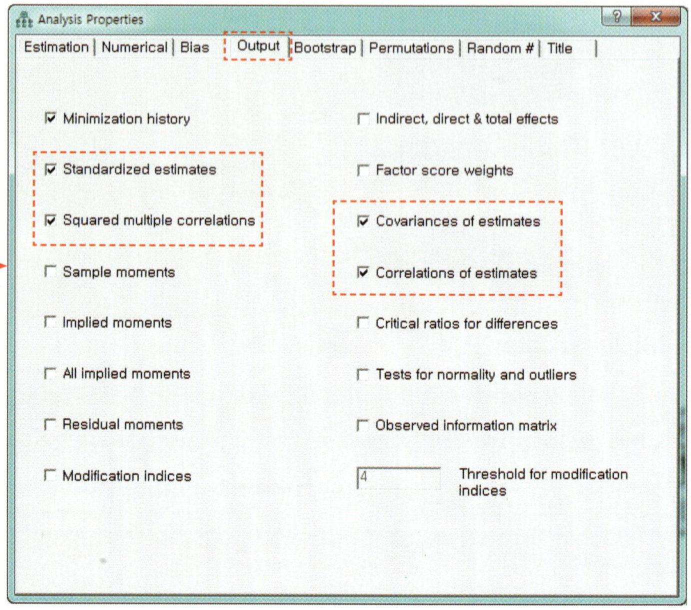

결과

비표준화 결과

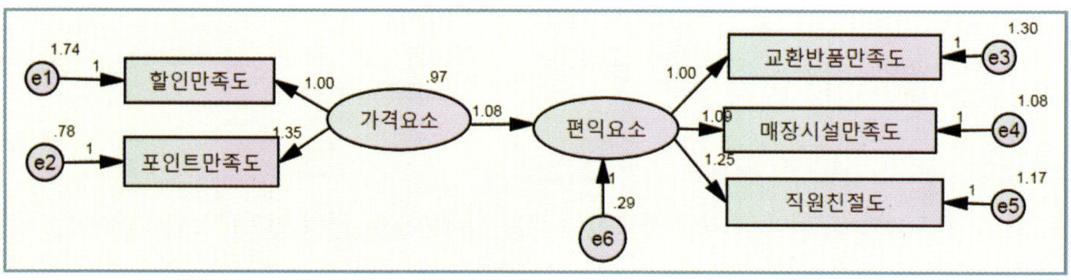

표준화 결과

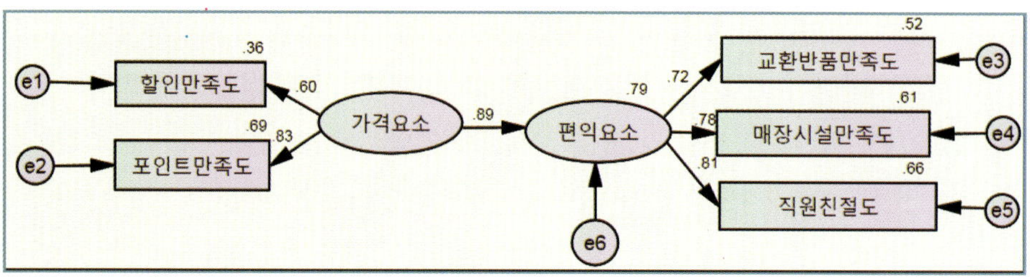

Notes for Model (Default model)

Computation of degrees of freedom (Default model)

Number of distinct sample moments:	15
Number of distinct parameters to be estimated:	11
Degrees of freedom (15 - 11):	4

Result (Default model)

Minimum was achieved
Chi-square = 8.690
Degrees of freedom = 4
Probability level = .069

모형의 전체적인 적합도는 매우 좋은 것으로 판단된다.(지표 기준과 비교해본다.)

Model Fit Summary

CMIN

Model	NPAR	CMIN	DF	P	CMIN/DF
Default model	11	8.690	4	.069	2.173
Saturated model	15	.000	0		
Independence model	5	396.599	10	.000	39.660

RMR, GFI

Model	RMR	GFI	AGFI	PGFI
Default model	.065	.983	.935	.262
Saturated model	.000	1.000		
Independence model	1.229	.471	.206	.314

Baseline Comparisons

Model	NFI Delta1	RFI rho1	IFI Delta2	TLI rho2	CFI
Default model	.978	.945	.988	.970	.988
Saturated model	1.000		1.000		1.000
Independence model	.000	.000	.000	.000	.000

RMSEA

Model	RMSEA	LO 90	HI 90	PCLOSE
Default model	.077	.000	.148	.210
Independence model	.443	.406	.481	.000

Regression Weights: (Group number 1 - Default model)

			Estimate	S.E.	C.R.	P	Label
편익요소	<---	가격요소	1.078	.159	6.789	***	par_4
할인만족도	<---	가격요소	1.000				
포인트만족도	<---	가격요소	1.347	.178	7.565	***	par_1
교환반품만족도	<---	편익요소	1.000				
매장시설만족도	<---	편익요소	1.092	.110	9.881	***	par_2
직원친절도	<---	편익요소	1.253	.123	10.146	***	par_3

거의 모든 항목에 걸쳐 유의한 결과를 나타낸다. 특히 가격요소 → 편익요소가 유의하게 나타난다.

가장 핵심적으로 봐야 하는 회귀계수 결과이다.

Standardized Regression Weights: (Group number 1 - Default model)

			Estimate
편익요소	<---	가격요소	.891
할인만족도	<---	가격요소	.598
포인트만족도	<---	가격요소	.832
교환반품만족도	<---	편익요소	.722
매장시설만족도	<---	편익요소	.782
직원친절도	<---	편익요소	.810

표준화 추정치 0.5 이하의 항목이 없다. 제대로 요인 생성이 되게 관측변수들이 묶였다.

Variances: (Group number 1 - Default model)

	Estimate	S.E.	C.R.	P	Label
가격요소	.969	.231	4.198	***	par_5
e6	.294	.136	2.155	.031	par_6
e1	1.739	.201	8.668	***	par_7
e3	1.303	.162	8.045	***	par_8
e4	1.076	.150	7.171	***	par_9
e2	.785	.194	4.042	***	par_10
e5	1.167	.177	6.580	***	par_11

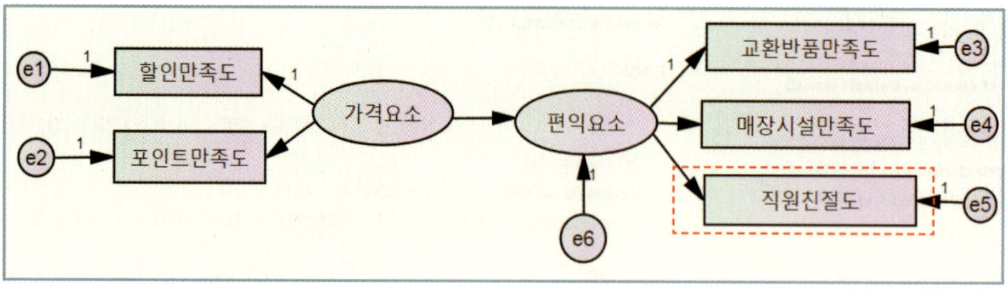

Squared Multiple Correlations: (Group number 1 - Default model)

	Estimate
편익요소	.793
직원친절도	.656
매장시설만족도	.611
교환반품만족도	.521
포인트만족도	.691
할인만족도	.358

다중상관값은 회귀분석으로 치면 R^2에 해당되는 것이다.
예를 들어 직원친절도 0.656은 편익요소에 의해 설명되는 설명량이 65.6%라는 의미이다.

03 AMOS를 이용한 MIMIC 모형 실습

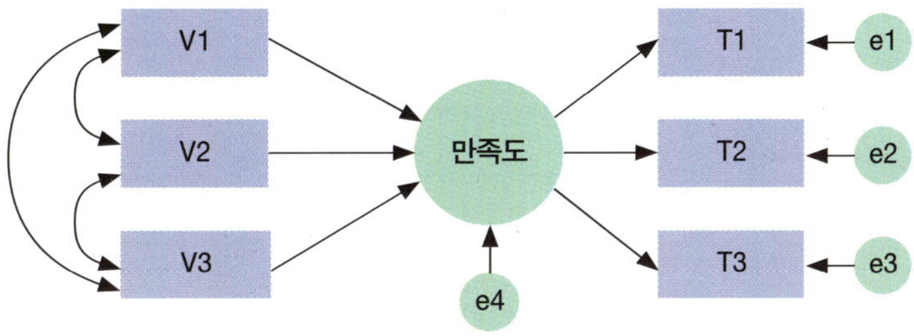

MIMIC 모형

- Multiple Indicator Multiple Cause 모형의 약자가 MIMIC이다.
- 다중지표 다중원인 모형이다.
- 다수의 변수가 외생변수와 관측변수로 사용된 모형을 의미한다.
- 위의 그림에서 만족도가 높을수록 T1~T3가 높을 확률이 높고, 만족도에 영향을 주는 변수로는 V1~V3라고 할 수 있다.

❶ 우측과 같이 경로도형을 그린다.(데이터는 동일하다.)

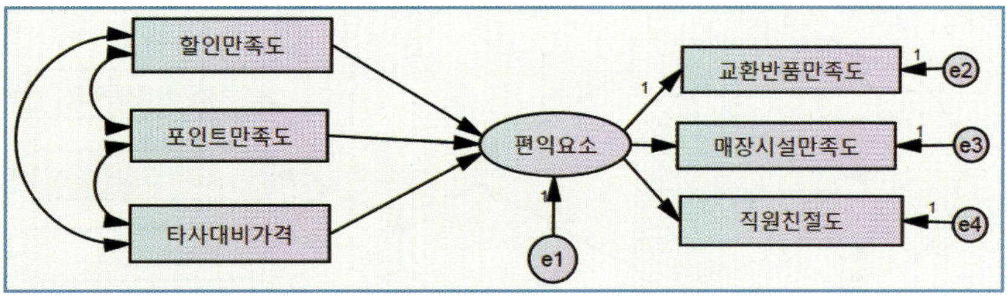

MIMIC 모형에서 가장 중요한 목적은 다중원인의 영향력이 어떻게 되느냐에 있다. 즉, 위의 경로도형에서 할인만족도, 포인트만족도, 타사대비가격이라는 3개의 다중원인이 편익요소에 어떻게 영향을 미치는지 파악하는 것이 MIMIC 모형에서는 가장 핵심이라고 할 수 있다.

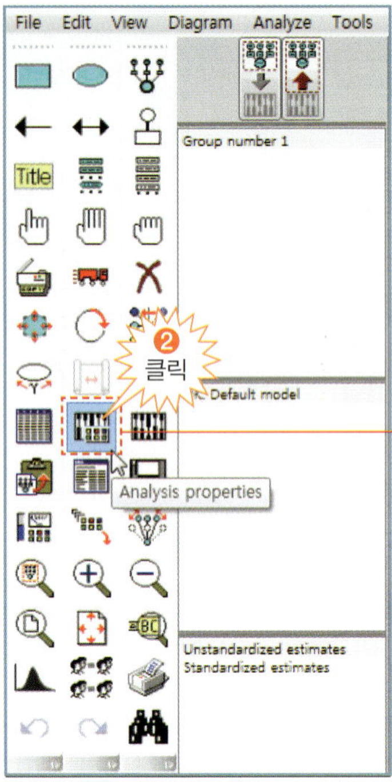

❸ 기본적인 Output 결과만 출력되게 옵션을 선택한 후 바로 AMOS를 수행한다.

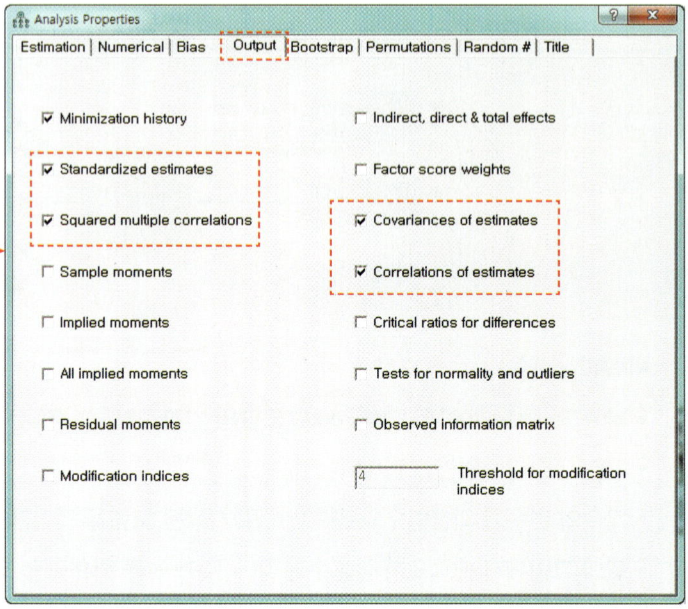

결과

비표준화 결과

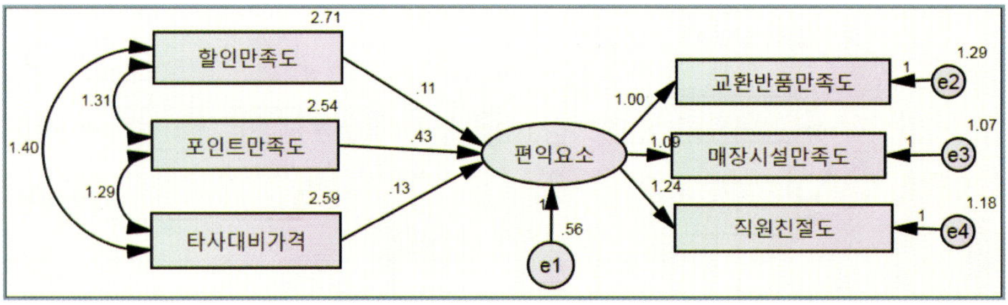

표준화 결과

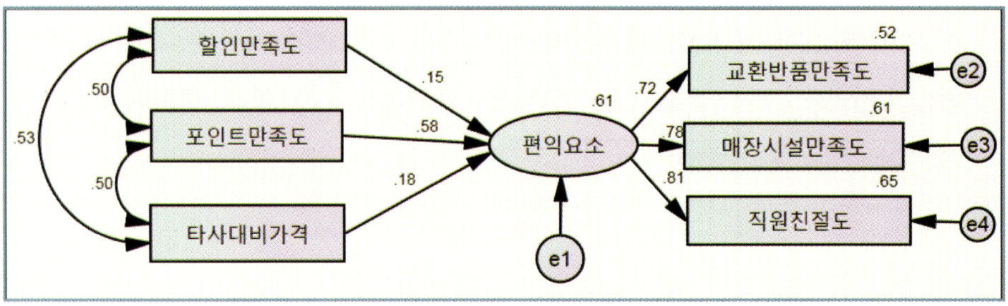

Notes for Model (Default model)

Computation of degrees of freedom (Default model)

Number of distinct sample moments:	21
Number of distinct parameters to be estimated:	15
Degrees of freedom (21 - 15):	6

Result (Default model)

Minimum was achieved
Chi-square = 9.035
Degrees of freedom = 6
Probability level = .172

Model Fit Summary

CMIN

Model	NPAR	CMIN	DF	P	CMIN/DF
Default model	15	9.035	6	.172	1.506
Saturated model	21	.000	0		
Independence model	6	489.982	15	.000	32.665

RMR, GFI

Model	RMR	GFI	AGFI	PGFI
Default model	.057	.985	.947	.281
Saturated model	.000	1.000		
Independence model	1.205	.436	.210	.311

Baseline Comparisons

Model	NFI Delta1	RFI rho1	IFI Delta2	TLI rho2	CFI
Default model	.982	.954	.994	.984	.994
Saturated model	1.000		1.000		1.000
Independence model	.000	.000	.000	.000	.000

RMSEA

Model	RMSEA	LO 90	HI 90	PCLOSE
Default model	.051	.000	.114	.425
Independence model	.401	.371	.432	.000

모형의 전체적인 적합도는 매우 좋은 것으로 판단된다.(지표 기준과 비교해본다.)

다른 적합도 지표(CFI, IFI 등)도 한번 살펴본다.

Estimates (Group number 1 - Default model)

Scalar Estimates (Group number 1 - Default model)

Maximum Likelihood Estimates

Regression Weights: (Group number 1 - Default model)

			Estimate	S.E.	C.R.	P	Label
편익요소	<---	할인만족도	.111	.051	2.184	.029	par_6
편익요소	<---	포인트만족도	.431	.059	7.353	***	par_7
편익요소	<---	타사대비가격	.132	.052	2.525	.012	par_8
교환반품만족도	<---	편익요소	1.000				
매장시설만족도	<---	편익요소	1.089	.109	9.957	***	par_1
직원친절도	<---	편익요소	1.245	.122	10.203	***	par_2

모든 항목에 걸쳐 전부 유의한 결과를 나타내었다.(회귀계수상에는 영향력이 있다.)

MIMIC 모형에서 가장 중요한 3개의 다중 원인이 편익요소에 영향을 미치는지에 대한 결과이다.(파란색 밑줄 부분이 핵심 결과이다.)

Standardized Regression Weights: (Group number 1 - Default model)

			Estimate
편익요소	<---	할인만족도	.153
편익요소	<---	포인트만족도	.575
편익요소	<---	타사대비가격	.178
교환반품만족도	<---	편익요소	.724
매장시설만족도	<---	편익요소	.782
직원친절도	<---	편익요소	.807

표준화 계수를 통한 적합한 관측변수가 되었는지 확인하는 부분은 잠재변수를 구성하는 3변수에 대해서만 파악한다.(0.5 이상이 되어야 한다.)

Covariances: (Group number 1 - Default model)

			Estimate	S.E.	C.R.	P	Label
할인만족도	<-->	포인트만족도	1.305	.209	6.251	***	par_3
포인트만족도	<-->	타사대비가격	1.293	.205	6.314	***	par_4
할인만족도	<-->	타사대비가격	1.398	.213	6.549	***	par_5

MIMIC 모형 특성상 상관관계를 보는 부분이 반드시 존재한다.
3가지의 상관관계가 모두 유의한 것을 알 수 있다.(***)

Correlations: (Group number 1 - Default model)

			Estimate
할인만족도	<-->	포인트만족도	.497
포인트만족도	<-->	타사대비가격	.504
할인만족도	<-->	타사대비가격	.528

상관계수값으로 보았을 때 할인만족도와 타사대비가격의 상관계수값이 0.528로 가장 상관성이 높다.(0.528)

Variances: (Group number 1 - Default model)

	Estimate	S.E.	C.R.	P	Label
할인만족도	2.708	.273	9.925	***	par_9
포인트만족도	2.543	.256	9.925	***	par_10
타사대비가격	2.592	.261	9.925	***	par_11
e1	.563	.117	4.811	***	par_12
e2	1.295	.161	8.058	***	par_13
e3	1.074	.149	7.216	***	par_14
e4	1.182	.176	6.708	***	par_15

Squared Multiple Correlations: (Group number 1 - Default model)

	Estimate
편익요소	.606
직원친절도	.652
매장시설만족도	.612
교환반품만족도	.525

다중상관값의 결과이다.

04 AMOS를 이용한 PLS 모형 실습

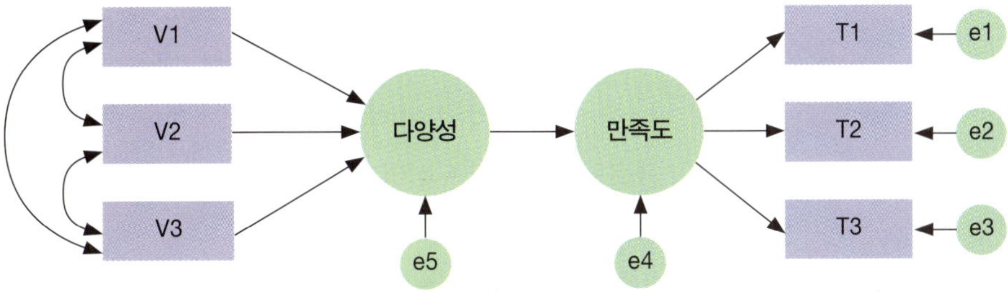

PLS 모형

- Partial Least Squares 모형의 약자이다.
- 다수의 관측변수가 Formative 모형과 Reflective 모형을 동시에 사용하는 모형을 의미한다.

❶ 우측과 같이 경로도형을 그린다.(데이터는 동일)

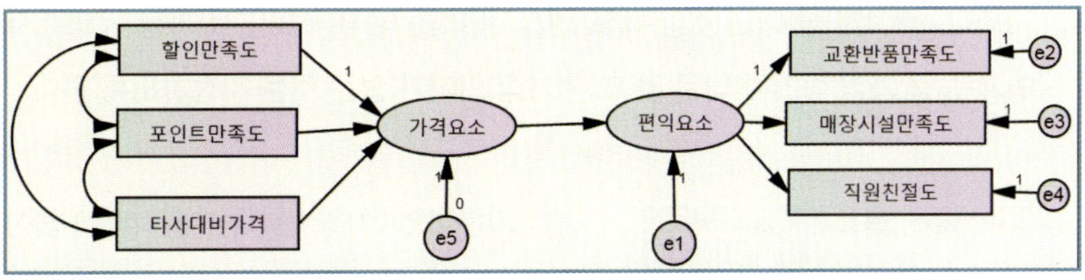

- PLS 모형은 잠재변수 사이에 구조를 갖게 하는 것이 가장 큰 특징이다.(고전적인 다변량분석에서는 불가능한 기능이다.)
- 위의 경로도형을 통해서, 할인만족도, 포인트만족도, 타사대비가격의 증감에 따라서 가격요소 만족도가 변화하고, 그 변화한 가격요소 만족도에 따라서 잠재변수인 편익요소가 어떻게 영향을 미치는지를 동시에 파악할 수 있는지 알아볼 수 있는 모형이다.

PLS 모형의 경로도형 구성 시 주의점

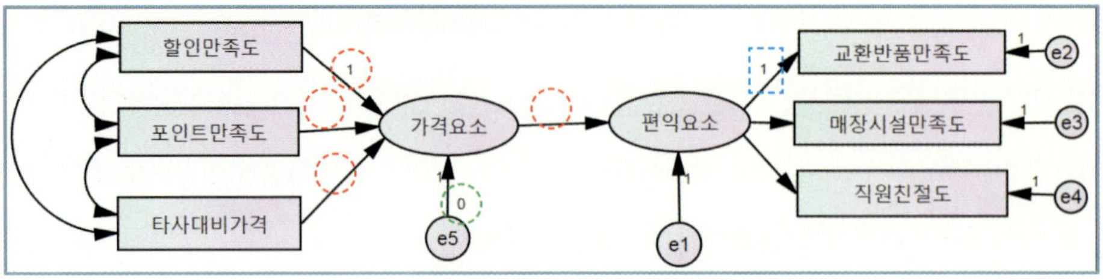

- PLS 모형의 경우 단순히 위와 같이 경로도형을 그리면 식별의 문제 때문에 AMOS가 구동을 하지 않고, 아무런 결과도 생성하지 못한다.
- 잠재변수를 만들 때(파란색 네모 참조) 특정 관측변수의 회귀계수에 특정값(예를 들어 1)을 지정해주는 것처럼 식별을 위한 지정 값을 주어야 한다.
- PLS 모형을 위해서 2군데의 식별 지정을 해야 한다.(2가지 중 하나라도 하지 않으면 식별 문제로 수행이 안 된다.)

  1) e5와 같이 가격요소라는 잠재변수의 오차항에 분산(variance)을 0으로 지정을 한다.(녹색 원)

  2) 위의 그림에서 붉은색 원 4가지 회귀계수 중 한 가지에 특정값 1을 지정한다.(여기서는 할인만족도에 지정하였다.) → 4개 중 어떤 것을 해도 괜찮지만, 좀 바꾸어 보면서 가장 유의하지 않은 것 또는 4가지의 회귀계수 중 가장 높거나 낮은 것 또는 가장 의미가 없는 것을 지정하도록 한다.

❸ 기본적인 Output 결과만 출력되게 옵션을 선택한 후 바로 AMOS를 수행한다.

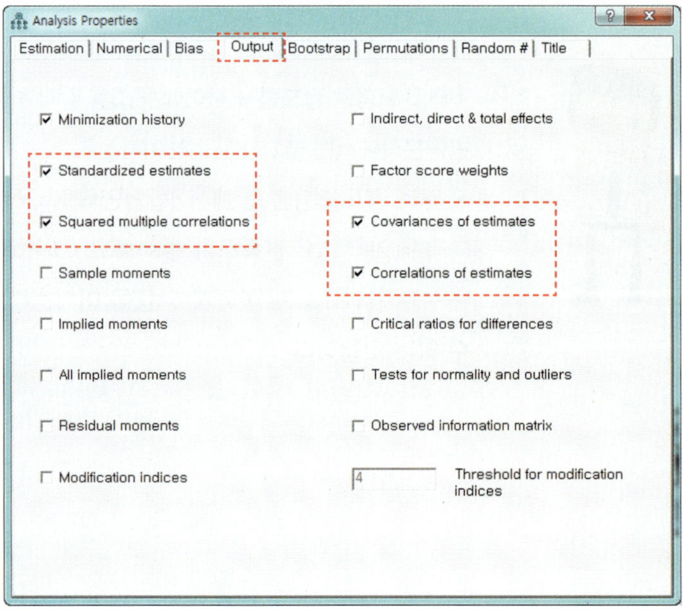

결과

비표준화 결과

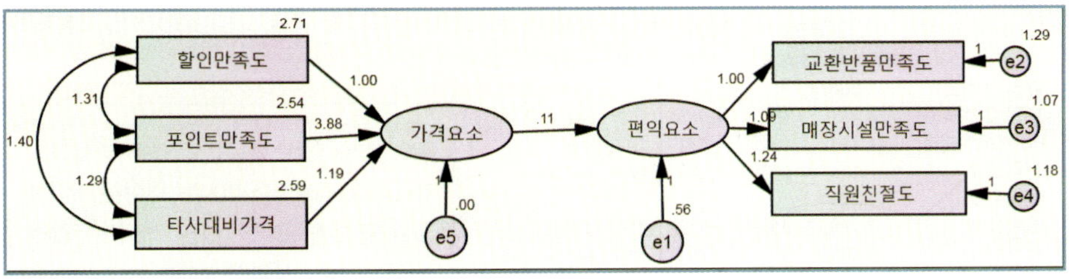

표준화 결과

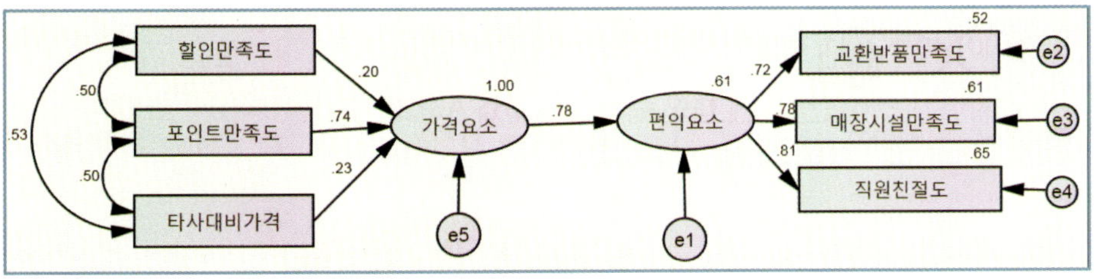

Notes for Model (Default model)

Computation of degrees of freedom (Default model)

Number of distinct sample moments:	21
Number of distinct parameters to be estimated:	15
Degrees of freedom (21 - 15):	6

Result (Default model)

Minimum was achieved
Chi-square = 9.035
Degrees of freedom = 6
Probability level = .172

모형의 전체적인 적합도는 매우 좋은 것으로 판단된다.(지표 기준과 비교해본다.)

Model Fit Summary

CMIN

Model	NPAR	CMIN	DF	P	CMIN/DF
Default model	15	9.035	6	.172	1.506
Saturated model	21	.000	0		
Independence model	6	489.982	15	.000	32.665

RMR, GFI

Model	RMR	GFI	AGFI	PGFI
Default model	.057	.985	.947	.281
Saturated model	.000	1.000		
Independence model	1.205	.436	.210	.311

Baseline Comparisons

Model	NFI Delta1	RFI rho1	IFI Delta2	TLI rho2	CFI
Default model	.982	.954	.994	.984	.994
Saturated model	1.000		1.000		1.000
Independence model	.000	.000	.000	.000	.000

RMSEA

Model	RMSEA	LO 90	HI 90	PCLOSE
Default model	.051	.000	.114	.425
Independence model	.401	.371	.432	.000

Estimates (Group number 1 - Default model)

Scalar Estimates (Group number 1 - Default model)

Maximum Likelihood Estimates

Regression Weights: (Group number 1 - Default model)

			Estimate	S.E.	C.R.	P	Label
가격요소	<---	할인만족도	1.000				
가격요소	<---	포인트만족도	3.881	1.952	1.988	.047	par_6
가격요소	<---	타사대비가격	1.191	.832	1.431	.152	par_7
편익요소	<---	가격요소	.111	.051	2.184	.029	par_8
교환반품만족도	<---	편익요소	1.000				
매장시설만족도	<---	편익요소	1.089	.109	9.957	***	par_1
직원친절도	<---	편익요소	1.245	.122	10.203	***	par_2

Standardized Regression Weights: (Group number 1 - Default model)

			Estimate
가격요소	<---	할인만족도	.197
가격요소	<---	포인트만족도	.739
가격요소	<---	타사대비가격	.229
편익요소	<---	가격요소	.778
교환반품만족도	<---	편익요소	.724
매장시설만족도	<---	편익요소	.782
직원친절도	<---	편익요소	.807

PLS 모형의 해석은 가격요소에는 포인트 만족도가 가장 영향을 미치고, 할인/포인트/타사대비 만족도로 이루어진 가격요소는 편익요소에 영향을 준다는 의미를 가진다.

주요 관심 있는 항목들의 경우 타사대비가격이 가격요소에 미치는 영향을 제외하고 유의하게 나타난다.(단, 회귀계수값을 보았을 때 1.191인 타사대비가격이 안 좋은 경우에는 1인 할인만족도도 유의하지 않아 보인다.)

Covariances: (Group number 1 - Default model)

			Estimate	S.E.	C.R.	P	Label
할인만족도	<-->	포인트만족도	1.305	.209	6.251	***	par_3
포인트만족도	<-->	타사대비가격	1.293	.205	6.314	***	par_4
할인만족도	<-->	타사대비가격	1.398	.213	6.549	***	par_5

할인/포인트/타사대비만족도의 공분산 관계는 모두 유의한 차이를 나타내고 있다.

Correlations: (Group number 1 - Default model)

			Estimate
할인만족도	<-->	포인트만족도	.497
포인트만족도	<-->	타사대비가격	.504
할인만족도	<-->	타사대비가격	.528

할인만족도와 타사대비가격이 상관계수가 가장 높다.(MIMIC 모형과 동일하다.)

Variances: (Group number 1 - Default model)

	Estimate	S.E.	C.R.	P	Label
할인만족도	2.708	.273	9.925	***	par_9
포인트만족도	2.543	.256	9.925	***	par_10
타사대비가격	2.592	.261	9.925	***	par_11
e5	.000				
e1	.563	.117	4.811	***	par_12
e2	1.295	.161	8.058	***	par_13
e3	1.074	.149	7.216	***	par_14
e4	1.182	.176	6.708	***	par_15

Squared Multiple Correlations: (Group number 1 - Default model)

	Estimate
가격요소	1.000
편익요소	.606
직원친절도	.652
매장시설만족도	.612
교환반품만족도	.525

(경로도형을 참조하여 본다.) 다중상관값의 편익요소=0.606은 가격요소로 인해 설명되는 편익요소가 60.6%라는 의미이다.

05 AMOS를 이용한 계층적 회귀분석 모형 실습

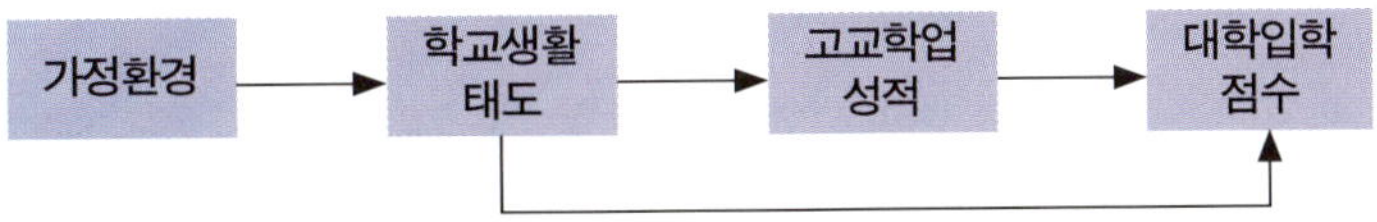

계층적 회귀분석 모형

- 경로분석의 확장 형태로, 회귀분석을 단계적으로 수행하는 모습을 가지고 있다.
- 일반적인 선형회귀분석을 여러 번 수행하는 방법도 있지만, 구조방정식모형에서는 이를 동시에 수행하고, 무엇보다 중간의 변수들을 매개로 한 간접효과를 파악할 수 있다는 것이 계층적 회귀분석의 가장 큰 특징이다.

❶ 우측과 같이 경로도형을 그린다.(데이터는 동일하다.)

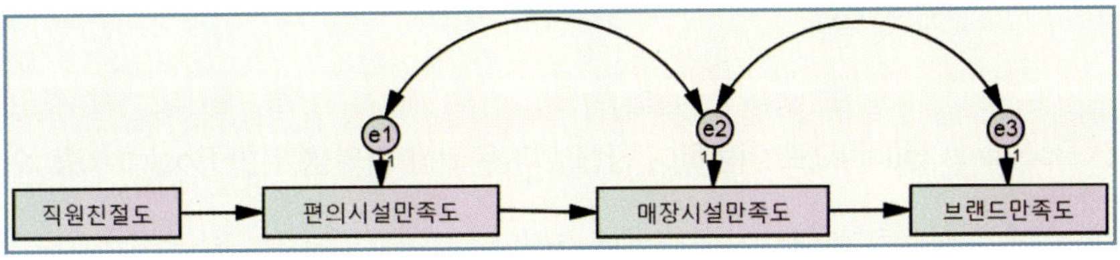

계층적 회귀분석의 가장 큰 목적은 일종의 계층적인 경로에 따라 각 변수들의 영향이 어떻게 되는지, 그리고 간접효과 유의성 검정을 통해서 경로 중간의 매개변수가 최종 변수에 미치는 영향이 어떤 것인지를 파악하는 것이라고 할 수 있다.
또한 **본 예제에서는 모두 관측변수를 이용하였지만, 때에 따라서는 관측변수와 잠재변수를 혼합하여 사용도 가능하고, 잠재변수로만 이루어질 수도 있다.**

❸ 기본적인 Output 결과와 간접효과를 파악할 수 있는 옵션을 체크한 후 바로 AMOS를 수행한다.

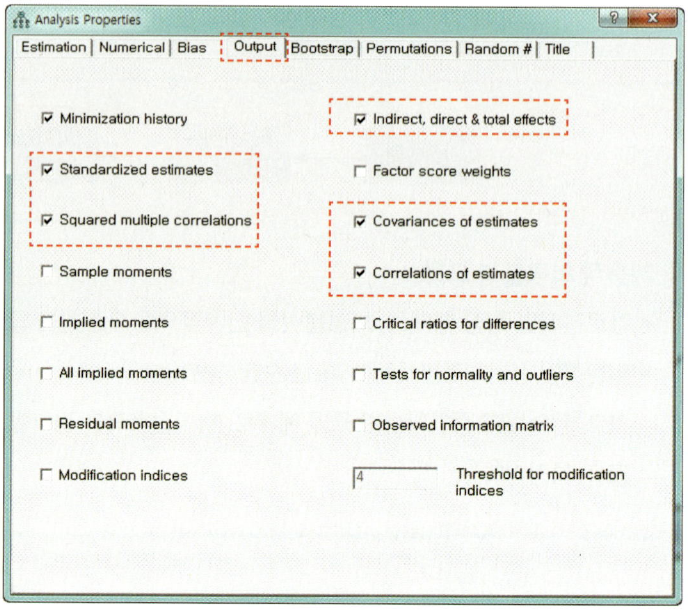

❹ Bootstrap 탭(tab)으로 이동하여 간접효과 유의성 파악을 위한 Bootstrap을 수행한다.(95% 신뢰수준으로 변경한다.)

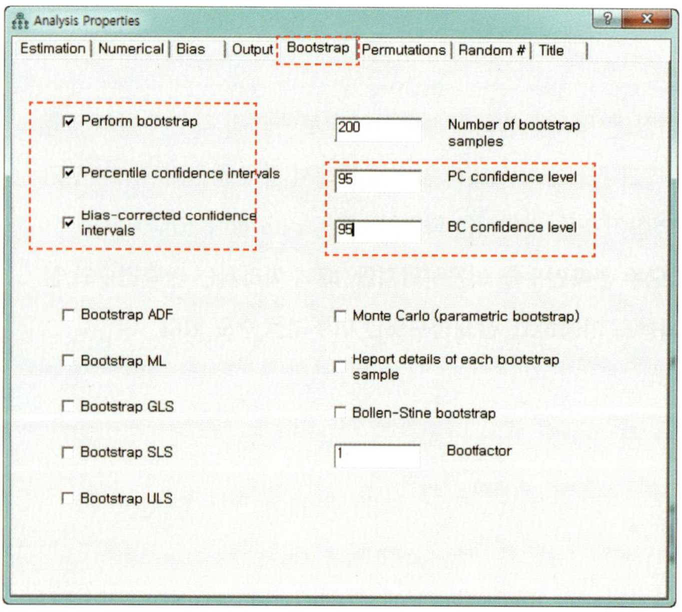

결과

비표준화 결과

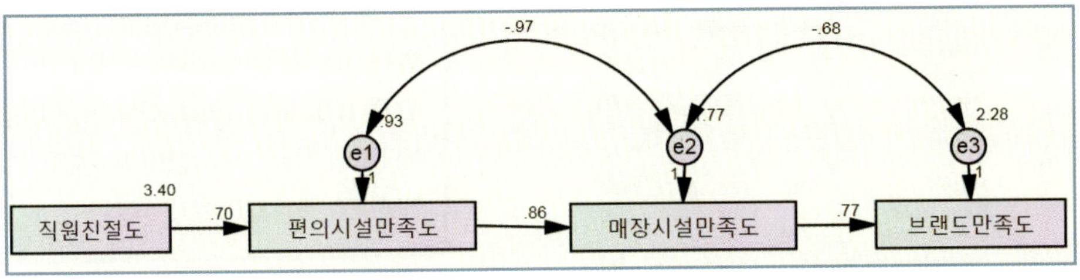

표준화 결과

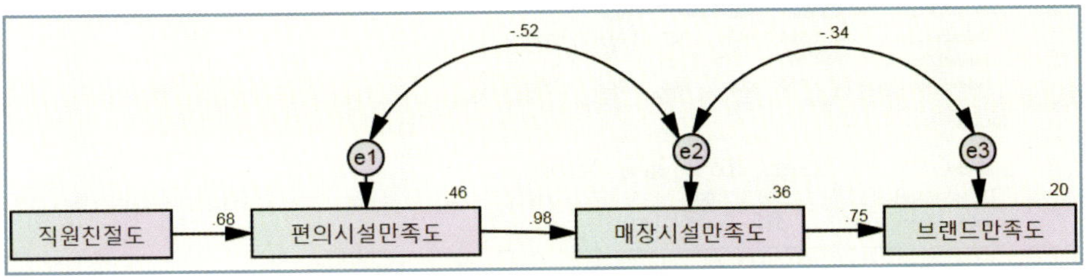

잠깐 왜 오차항에 상관(공분산)관계를 설정하는 건가요?

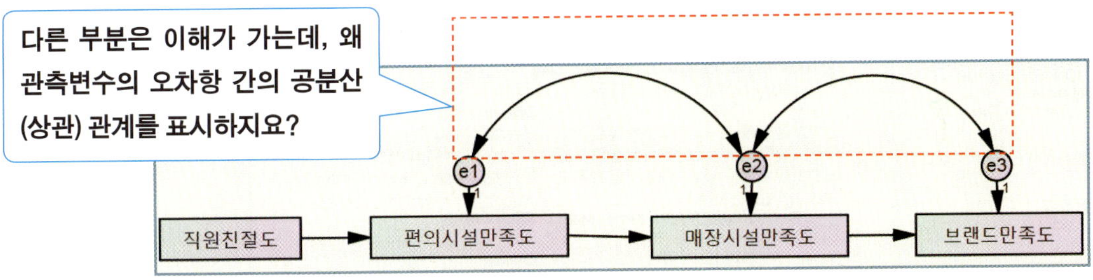

이유는 모형의 적합도를 높이기 위해서입니다. 관측변수의 오차항 간 공분산 관계를 연결하면, 자유도가 낮아지고 모형의 적합도(GFI, AGFI 값 등)가 높아져서, 신뢰성 있는 모형이 되기 때문입니다.

"그럼, 모형의 적합도를 높이기 위해서 모두 상관관계를 설정하면 좋은 것인가요?"

→ 그런 것은 아닙니다. 당연히 오차 간 상관이 필요하다는 선제적 가설에 의한 것이어야 합니다. 일반적으로 오차 간 상관이 필요한 경우란 같은 관측변수를 사용했는데 시차가 달라서 오차들 간의 상관이 분명히 존재하는 경우, 동일한 사람에 대한 조사를 했는데 조사 방법과 동시성 등이 달라서 오차 간의 상관성이 있는 것으로 추정된 경우, 그리고 상식적으로 뚜렷한 상호 관계가 있다고 입증이 된 경우(본 예제의 경우) 등이 대표적이라고 할 수 있습니다.(자세한 것은 7장에서 소개합니다.)

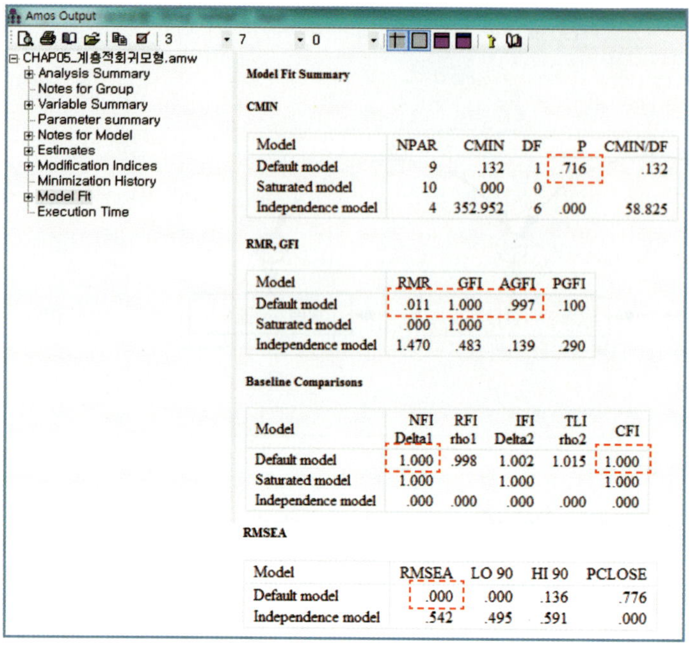

Model Fit Summary

CMIN

Model	NPAR	CMIN	DF	P	CMIN/DF
Default model	9	.132	1	.716	.132
Saturated model	10	.000	0		
Independence model	4	352.952	6	.000	58.825

RMR, GFI

Model	RMR	GFI	AGFI	PGFI
Default model	.011	1.000	.997	.100
Saturated model	.000	1.000		
Independence model	1.470	.483	.139	.290

Baseline Comparisons

Model	NFI Delta1	RFI rho1	IFI Delta2	TLI rho2	CFI
Default model	1.000	.998	1.002	1.015	1.000
Saturated model	1.000		1.000		1.000
Independence model	.000	.000	.000	.000	.000

RMSEA

Model	RMSEA	LO 90	HI 90	PCLOSE
Default model	.000	.000	.136	.776
Independence model	.542	.495	.591	.000

모형의 전체적인 적합도는 매우 좋은 것으로 판단된다.(예를 들어 CMIN의 p-value는 0.716으로 0.05보다 크고, GFI, AGFI, NFI, CFI 등은 0.9 이상이며, RMR, RMSEA 등은 0.05보다 작다.)

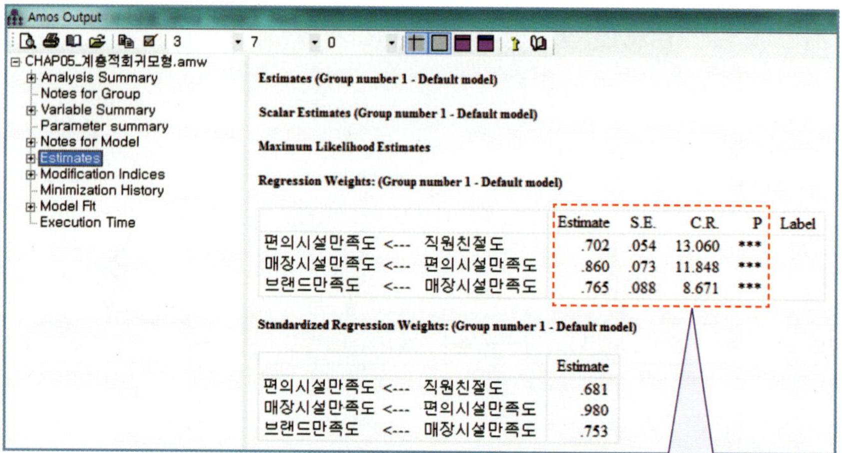

Estimates (Group number 1 - Default model)

Scalar Estimates (Group number 1 - Default model)

Maximum Likelihood Estimates

Regression Weights: (Group number 1 - Default model)

			Estimate	S.E.	C.R.	P	Label
편의시설만족도	<---	직원친절도	.702	.054	13.060	***	
매장시설만족도	<---	편의시설만족도	.860	.073	11.848	***	
브랜드만족도	<---	매장시설만족도	.765	.088	8.671	***	

Standardized Regression Weights: (Group number 1 - Default model)

			Estimate
편의시설만족도	<---	직원친절도	.681
매장시설만족도	<---	편의시설만족도	.980
브랜드만족도	<---	매장시설만족도	.753

계층을 이루고 있는 4개 변수들 간의 관계는 모두 통계적으로 유의한 결과를 나타내고 있다.

그 중에서도 특히 편의시설만족도가 매장시설만족도에 미치는 영향이 가장 크다고 할 수 있다. 각 변수들 간의 직접효과는 전부 유의하다고 할 수 있다.

Matrices (Group number 1 - Default model)

Total Effects (Group number 1 - Default model)

	직원친절도	편의시설만족도	매장시설만족도
편의시설만족도	.702	.000	.000
매장시설만족도	.603	.860	.000
브랜드만족도	.461	.658	.765

Standardized Total Effects (Group number 1 - Default model)

	직원친절도	편의시설만족도	매장시설만족도
편의시설만족도	.681	.000	.000
매장시설만족도	.668	.980	.000
브랜드만족도	.503	.738	.753

Direct Effects (Group number 1 - Default model)

	직원친절도	편의시설만족도	매장시설만족도
편의시설만족도	.702	.000	.000
매장시설만족도	.000	.860	.000
브랜드만족도	.000	.000	.765

Standardized Direct Effects (Group number 1 - Default model)

	직원친절도	편의시설만족도	매장시설만족도
편의시설만족도	.681	.000	.000
매장시설만족도	.000	.980	.000
브랜드만족도	.000	.000	.753

Indirect Effects (Group number 1 - Default model)

	직원친절도	편의시설만족도	매장시설만족도
편의시설만족도	.000	.000	.000
매장시설만족도	.603	.000	.000
브랜드만족도	.461	.658	.000

Standardized Indirect Effects (Group number 1 - Default model)

	직원친절도	편의시설만족도	매장시설만족도
편의시설만족도	.000	.000	.000
매장시설만족도	.668	.000	.000
브랜드만족도	.503	.738	.000

계층적 회귀분석에서 가장 중요한 부분인 간접효과 측정 부분이다.
예를 들어 직원친절도는 직접적으로 매장시설만족도와 브랜드만족도와 연결되어 있지 않고, 중간에 1개 또는 2개의 매개변수로 연결되어져 있다. 예를 들어 "직원친절도 → 매장시설만족도"(중간에 편의시설만족도 매개변수)의 효과는 0.603이라고 할 수 있고(비표준화 기준) 또한 "직원친절도 → 브랜드만족도"(중간에 편의시설만족도와 매장시설만족도가 매개변수)의 효과는 0.461(비표준화 기준)이라고 할 수 있다. 또한, 결과 중간의 "편의시설만족도 → 브랜드만족도"에 미치는 영향은 0.658(비표준화 기준)임을 알 수 있다.
이들의 유의성을 알아보기 위하여 붓스트래핑(Bootstrapping) 결과를 확인하여 본다.(아래 결과 참조)

Indirect Effects - Two Tailed Significance (BC) (Group number 1 - Default model)

	직원친절도	편의시설만족도	매장시설만족도
편의시설만족도	...	...	...
매장시설만족도	.006	...	...
브랜드만족도	.009	.019	...

앞의 간접효과에 대한 유의성 검정 결과이다.(주로 BC법 이용, PC법은 참고로 본다.)

- 직원친절도 → 매장시설만족도(0.006 < 0.05)
- 직원친절도 → 브랜드만족도(0.009 < 0.05)
- 편의시설만족도 → 브랜드만족도(0.019 < 0.05)

로 결과가 나와서, 이들 간의 경로 간접효과 또한 전부 통계적으로 유의하다고 할 수 있다. 이것은 예를 들어 직원친절도는 편의시설과 매장시설만족도를 통해서 궁극적으로 브랜드만족도로 이어질 수 있다는 것을 의미한다.

06 AMOS를 이용한 2차 요인분석 모형 실습

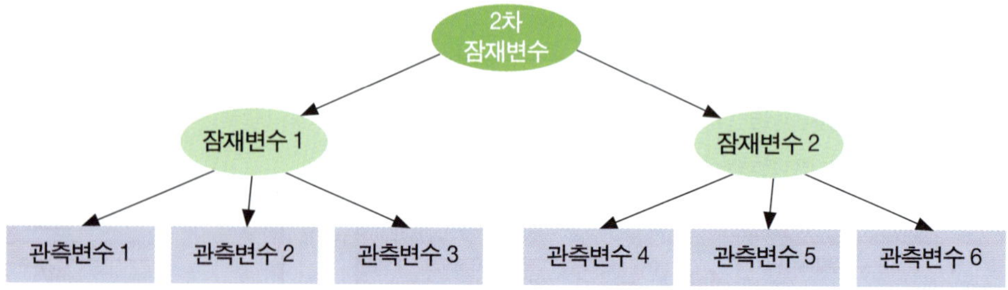

2차 요인분석 모형

- 2차 요인분석 모형 또는 고(高)차 요인분석 모형은 구조방정식모형에서 확인적 요인분석을 통해서 만들어진 잠재변수들을 모아서 2차 잠재변수를 만드는 모형을 의미한다.
- 차원이 높아질수록 모형이 복잡해질 수 있어, 적합도가 낮아질 수 있는 위험이 있지만, 사회과학 등에서는 더욱 복잡한 행동모형(behavior model)을 만들 수 있는 장점이 있는 모형이다.

❶ 우측과 같이 경로도형을 그린다.(데이터는 동일하다.)

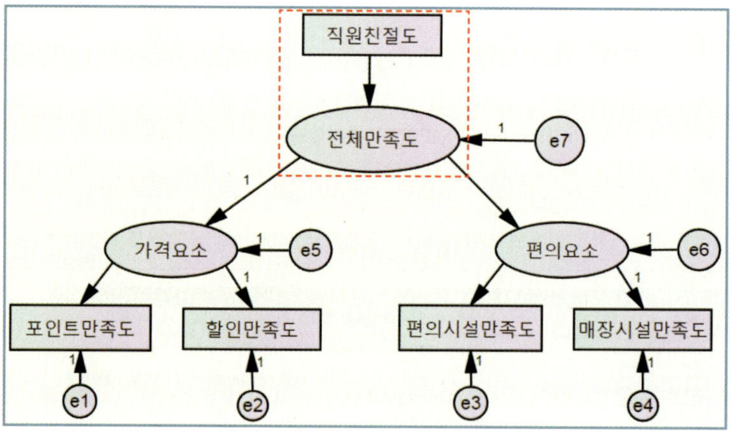

본 예제의 가장 큰 핵심은 직원친절도가 전체만족도에 미치는 영향이다(단순회귀분석 관점에서). 그러나 전체만족도가 바로 2차 요인분석을 통해서 만들어지는 변수인 것이 특징이다.

❷ 경로도형을 그릴 때 식별과 오차항을 잘 확인한다.

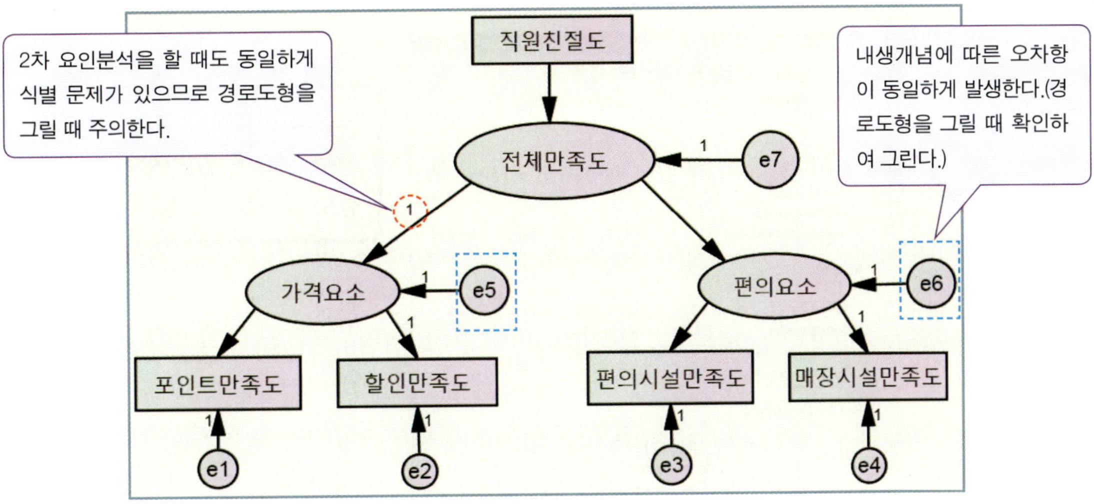

❸ 기본적인 Output 결과만 출력되게 옵션을 선택한 후 바로 AMOS를 수행한다.

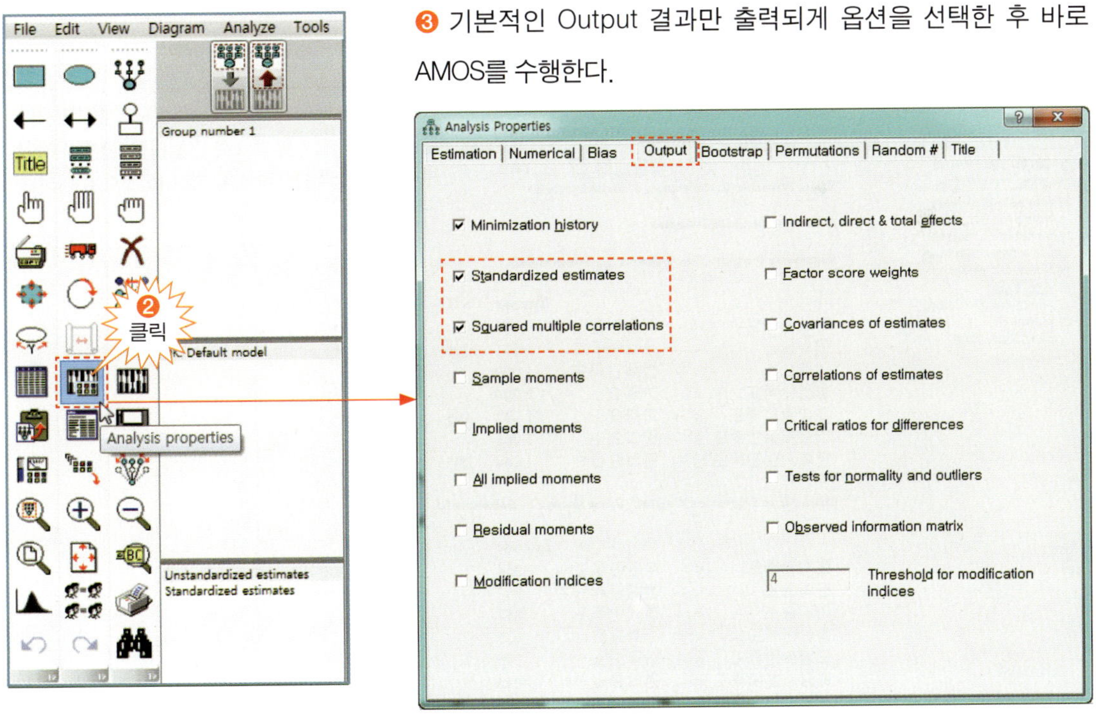

결과

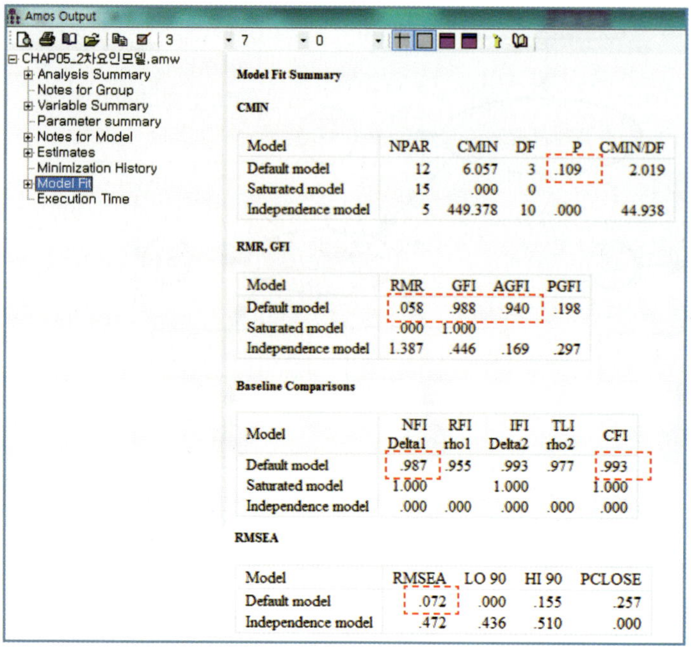

CHAP05_2차요인모델.amw
- Analysis Summary
- Notes for Group
- Variable Summary
- Parameter summary
- Notes for Model
- Estimates
- Minimization History
- Model Fit
- Execution Time

Model Fit Summary

CMIN

Model	NPAR	CMIN	DF	P	CMIN/DF
Default model	12	6.057	3	.109	2.019
Saturated model	15	.000	0		
Independence model	5	449.378	10	.000	44.938

RMR, GFI

Model	RMR	GFI	AGFI	PGFI
Default model	.058	.988	.940	.198
Saturated model	.000	1.000		
Independence model	1.387	.446	.169	.297

Baseline Comparisons

Model	NFI Delta1	RFI rho1	IFI Delta2	TLI rho2	CFI
Default model	.987	.955	.993	.977	.993
Saturated model	1.000		1.000		1.000
Independence model	.000	.000	.000	.000	.000

RMSEA

Model	RMSEA	LO 90	HI 90	PCLOSE
Default model	.072	.000	.155	.257
Independence model	.472	.436	.510	.000

모형의 전체적인 적합도는 매우 좋은 것으로 판단된다.(모형 적합도 기준을 참고한다.)

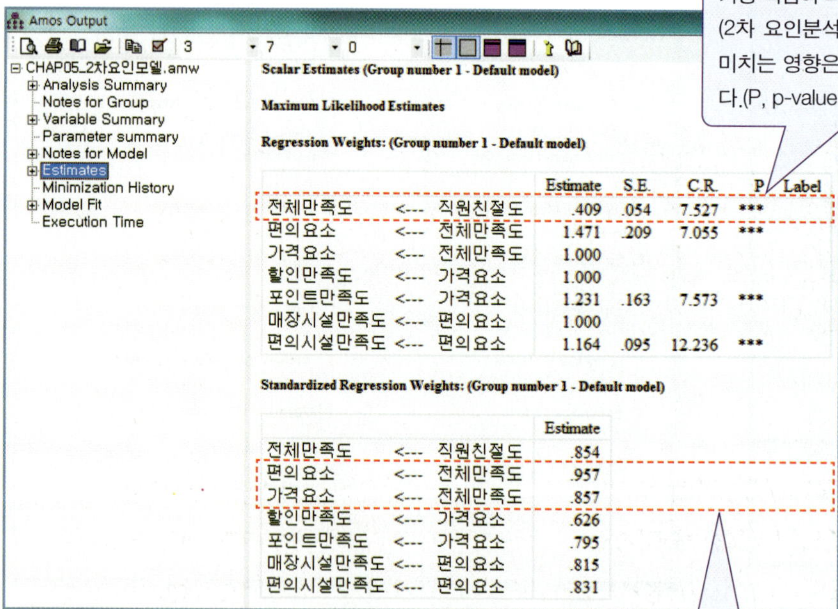

CHAP05_2차요인모델.amw
- Analysis Summary
- Notes for Group
- Variable Summary
- Parameter summary
- Notes for Model
- Estimates
- Minimization History
- Model Fit
- Execution Time

Scalar Estimates (Group number 1 - Default model)

Maximum Likelihood Estimates

Regression Weights: (Group number 1 - Default model)

			Estimate	S.E.	C.R.	P	Label
전체만족도	<---	직원친절도	.409	.054	7.527	***	
편의요소	<---	전체만족도	1.471	.209	7.055	***	
가격요소	<---	전체만족도	1.000				
할인만족도	<---	가격요소	1.000				
포인트만족도	<---	가격요소	1.231	.163	7.573	***	
매장시설만족도	<---	편의요소	1.000				
편의시설만족도	<---	편의요소	1.164	.095	12.236	***	

Standardized Regression Weights: (Group number 1 - Default model)

			Estimate
전체만족도	<---	직원친절도	.854
편의요소	<---	전체만족도	.957
가격요소	<---	전체만족도	.857
할인만족도	<---	가격요소	.626
포인트만족도	<---	가격요소	.795
매장시설만족도	<---	편의요소	.815
편의시설만족도	<---	편의요소	.831

가장 핵심이 되는 직원친절도가 전체만족도(2차 요인분석으로 만들어진 잠재변수)에 미치는 영향은 매우 유의한 것으로 나타났다.(P, p-value=0.000<0.05)

2차 요인분석을 통한 전체만족도를 이루는 2개의 잠재변수인 편의요소와 가격요소의 표준화 계수값이 0.5 이상이어서 개념타당성을 가진다고 할 수 있다.

Squared Multiple Correlations: (Group number 1 - Default model)

	Estimate
전체만족도	.730
편의요소	.917
가격요소	.734
편의시설만족도	.691
매장시설만족도	.664
포인트만족도	.632
할인만족도	.392

직원친절도가 전체만족도를 설명하는 설명량이 73% 정도 된다는 것을 의미한다.

- 2차 요인분석 모형은 기본적으로 확인적 요인분석을 통한 잠재변수 생성 과정의 동일한 확장이라고 생각하면 된다.

- 대다수의 프로세스는 기존의 확인적 요인분석을 만드는 과정과 동일하고, 다만 그 대상이 관측변수가 아닌 잠재변수라는 점만 다를 뿐이다.

- 추가적으로, 물론 잠재변수와 관측변수를 혼합하여 2차(또는 고차) 요인분석 모형을 생성할 수도 있다.

07 그 외의 구조방정식모형의 형태

그 외에도 주성분 분석 형태(경로모형), 잠재변수 간의 인과관계 모형, 축차 모형, 불완전 축차 모형 등 다양한 형태의 구조방정식모형이 있다.

이렇게 많은 종류의 형태가 있는 것은 구조방정식모형이 그만큼 자유롭게 연구자의 사상을 반영하여, 다각도로 분석이 가능한 기법이라는 것을 의미한다.

실제 여러분의 학문 분야에서 사용되었던 구조방정식모형의 경로도형을 사례 논문을 통해서 찾아보고, 해당 구조방정식모형은 우리가 배운 형태 중 어디에 해당이 되는지 확인해본다.

그리고 가장 중요한 것은 자신의 논문은 어떤 형태의 구조방정식모형을 사용해야 할지 확인해본다.

참고 2차 요인모형과 계층적 요인분석 모형의 구조 차이

2/高차 요인모형

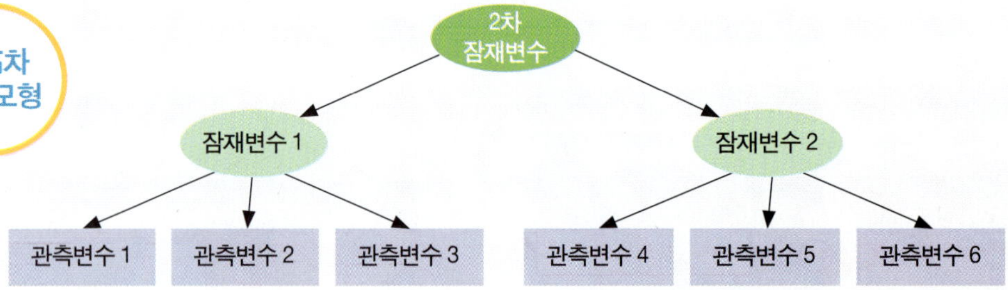

계층적 요인분석 모형

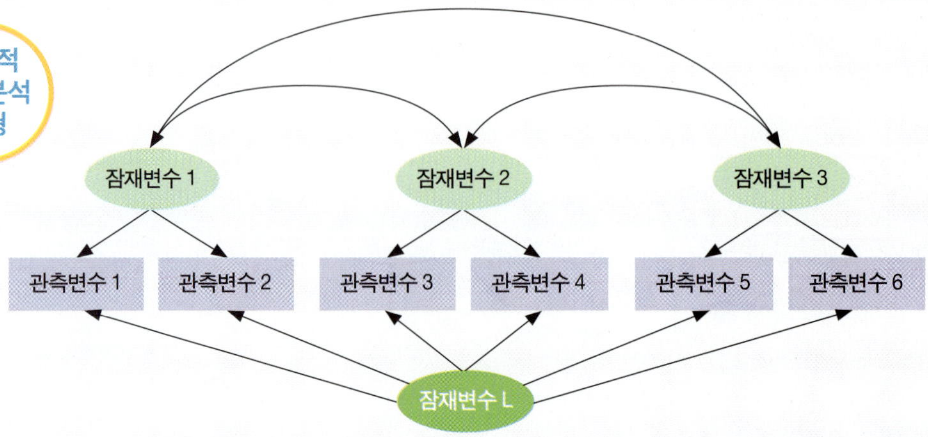

1 구조방정식모형은 기본적으로 분석자가 원하는 가설의 형태를 관측변수와 잠재변수를 이용한 경로도형을 구축하여 수행을 한다.

2 구조방정식모형의 경우 몇몇 가지의 기존에 이미 정해진 형태를 가지고 있다. 특정한 형태의 학습을 통해서, 분석자가 원하는 모습의 경로도형으로 확장해 나가는 것이 구조방정식모형을 구축하는 데 가장 빠른 방법이다.

3 확인적 요인분석을 통해서 만들어진 잠재변수의 사용 또한 1개의 관측변수처럼 구조방정식모형의 경로도형 내에서 활용을 하면 된다.

4 선행연구와 각종 올바른 가설을 통해서 경로도형을 그리는 사전적인 준비가 매우 중요하며, 이렇게 만들어진 모형의 경우 모형 적합도를 통해서 기본적인 검증을 받아야 한다. 모형 적합도가 안 좋은 경우 이를 좋게 만들 수 있는 다양한 노력이 필요하다.

6장

붓스트래핑

01 붓스트래핑이란?

붓스트래핑(Bootstrapping)

붓스트래핑이란?

- 영어의 숙어 중에서 "pull yourself up by your bootstrap"이란 숙어가 있다. 이것은 우리말로 "남의 도움 없이 무언가를 스스로 하다"라는 의미를 가지는데, 여기서 붓스트래핑은 유래가 되었다. → 1개의 원본 데이터에서 스스로 여러 개를 만든다는 의미이다.

- 통계분석에서 붓스트래핑은 주어진 원본 데이터로부터 무작위로 원본 데이터와 동일한 수의 표본(대신 동일한 것이 2번 이상 뽑힐 수 있음)을 여러 개 뽑아내고, 표본별 각종 추정값이나 신뢰구간 등을 각각 계산한 다음 이를 결합하여, 최종 추정값이나 신뢰구간, 표준오차 등의 통계량을 추정하는 방법을 의미한다.

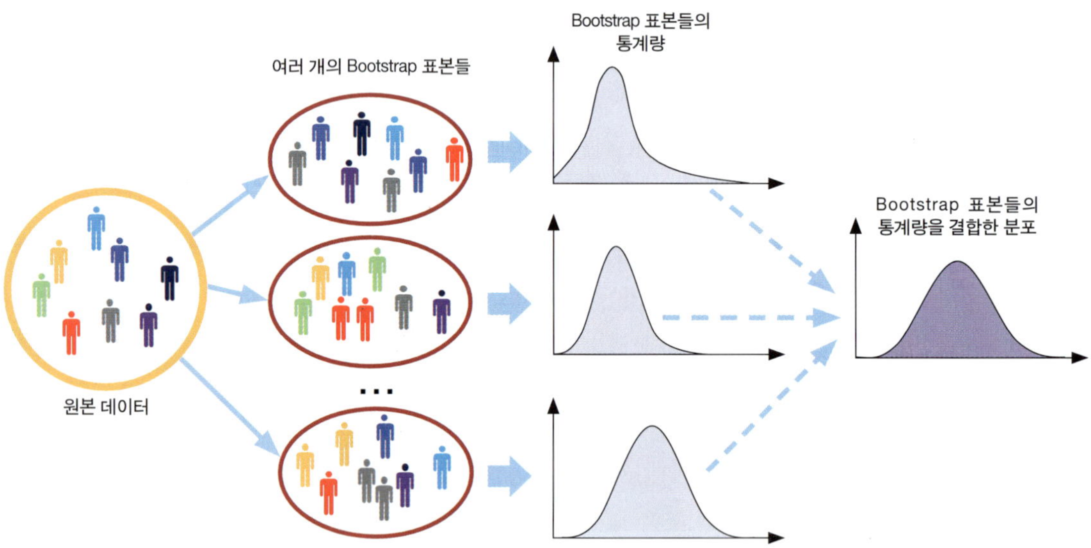

전통적 모수 방법 vs. 붓스트래핑

차이점

- 일반적인 모수적 방법은 추정하려는 모수(평균, 상관계수, 신뢰구간 등)에 대해서 기본적인 분포를 가정하고(거의 정규분포로 가정), 이에 맞추어 모수를 추정한다.
- 그러나 붓스트래핑의 경우 분포를 가정하는 것이 아닌, 기존 원자료(표본자료)를 이용하여 모수에 대한 경험적인 분포를 형성하여 모수를 추정한다.
- 전통적인 통계적 방식과 완전히 다르게 추정하는 방식이다.

붓스트래핑의 장점

- 추정하려는 모수의 분포를 몰라도, 즉 정규분포를 따르지 않는 경우라도 모수를 추정할 수 있다.
- 만약, 일반적인 통계분석에서 정규분포를 따르지 않는 경우에, 강제적으로 정규분포를 가정하여 추정하는 경우 표준오차를 아주 작게 추정하여, 통계적으로 실제 유의하지 않아도 유의하게 결과가 나타날 가능성이 높아지게 된다.
  → 이 경우 붓스트래핑을 이용하는 것이 매우 의미가 있다. (비정규성 문제에 대한 해결 방법이기도 하다.)
- 결과가 안정적이다. 경험적인 분포를 이용하여 모수를 추정하고, 일반적으로 수백 번에서 1,000여 번 이상 반복하여 결과를 도출하므로 결과가 매우 안정적이다.

붓스트래핑의 단점

- 기본적으로 붓스트래핑의 경우 대표본 자료를 이용하여 만들어야지만 제대로 된 결과를 얻을 가능성이 높다.
- 기본적으로 수백 번에서 1,000번 이상을 수행하기 때문에 수행 시간이 많이 걸리며, 각종 수행 프로세스의 제약조건이 많다.

02 AMOS와 붓스트래핑

AMOS에서의 붓스트래핑

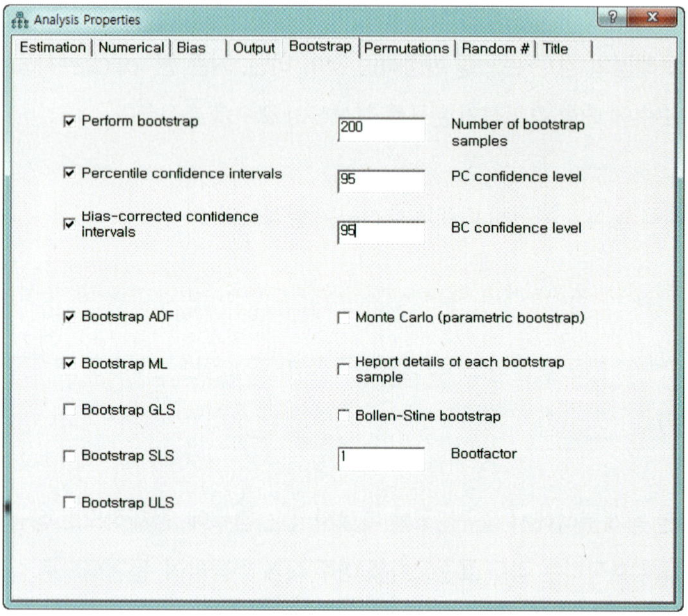

- AMOS는 전통적 방법을 이용한 모수 추정과 함께 붓스트래핑을 이용한 모수 추정 방법 또한 같이 제공을 한다.
- 대표적으로 다변량 정규분포를 가정할 수 없는 매개모형의 간접효과 신뢰구간과 이를 통한 유의성 검정에 붓스트래핑 방법을 이용한다.(붓스트래핑을 이용하여 간접효과에 대한 자체적인 경험적 분포를 형성하여 신뢰구간을 산출하고, 이를 이용하여 유의성을 검정한다.)
- AMOS는 안정적인 추정치 제공을 위해서 붓스트래핑을 제공하고 있으며, 일반적인 모수 추정 방법과의 비교 정보를 제공하고 있다.
- AMOS가 다른 구조방정식모형 프로그램(LISREL, EQS 등)과 가장 비교되는 특징이다.

AMOS에서 붓스트래핑을 언제 쓰나요?

가장 많이 활용될 때는 바로 **"매개모형의 간접효과 유의성을 파악할 때"**와 분석자의 데이터가 (다변량) 정규분포 등을 도저히 가정할 수 없는 경우, 각종 회귀계수 및 신뢰구간, 표준오차 등의 모수 추정을 할 때 사용을 합니다. 보통 첫 번째가 가장 많이 사용됩니다.

03 AMOS를 이용한 붓스트래핑 실습

실습 데이터

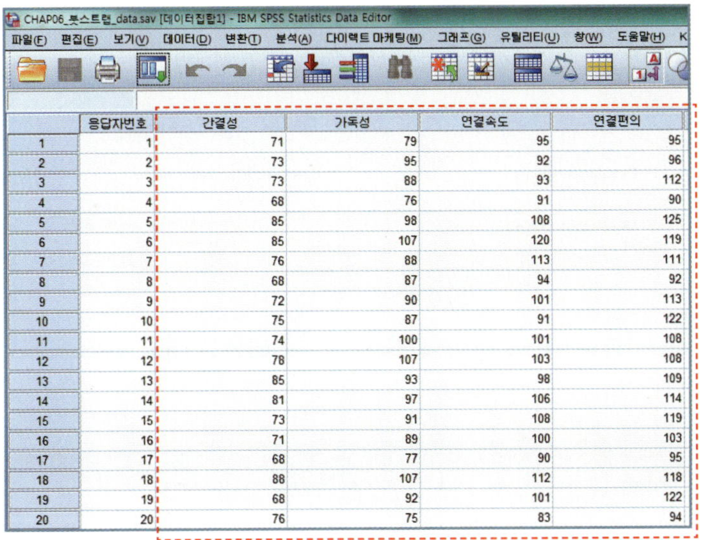

CHAP06_붓스트랩_data.sav [데이터집합1] - IBM SPSS Statistics Data Editor

파일(F) 편집(E) 보기(V) 데이터(D) 변환(T) 분석(A) 다이렉트 마케팅(M) 그래프(G) 유틸리티(U) 창(W) 도움말(H)

	응답자번호	간결성	가독성	연결속도	연결편의
1	1	71	79	95	95
2	2	73	95	92	96
3	3	73	88	93	112
4	4	68	76	91	90
5	5	85	98	108	125
6	6	85	107	120	119
7	7	76	88	113	111
8	8	68	87	94	92
9	9	72	90	101	113
10	10	75	87	91	122
11	11	74	100	101	108
12	12	78	107	103	108
13	13	85	93	98	109
14	14	81	97	106	114
15	15	73	91	108	119
16	16	71	89	100	103
17	17	68	77	90	95
18	18	88	107	112	118
19	19	68	92	101	122
20	20	76	75	83	94

- 150명의 조사자를 대상으로 OO 회사의 홈페이지를 사용해본 다음 4개의 문항(간결성, 가독성, 연결속도, 연결편의)에 대해서 응답자가 느끼는 점수를 측정한 자료이다.

※ 실습 파일명: CHAP06_붓스트래핑.sav

❶ 우측과 같이 경로도형을 그린다.

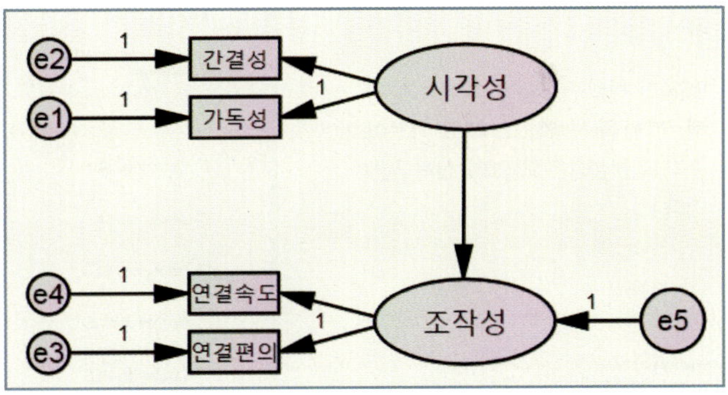

- 위 경로도형의 목적은 홈페이지의 시각성이 과연 조작성(작동성)에 어떠한 영향을 미치는지 확인해보는 간략한 회귀모형이 될 수 있다.
- 본 경로도형의 표면적인 목표는 잠재변수인 시각성이 잠재변수인 조작성에 어떤 인과관계를 미치는지 단순회귀분석을 수행하여 결과를 알아보는 것에 있다.
- 그러나 실질적인 목표는 일반적인 모수적 방법을 통해서 생성되는 회귀계수 및 표준오차 등과 붓스트래핑을 이용하여 나오는 결과와의 비교분석에 있다.

❷ Output에서는 표준화 추정치(Standardized estimates)와 다중상관값(Squared multiple correlations)을 선택한다.

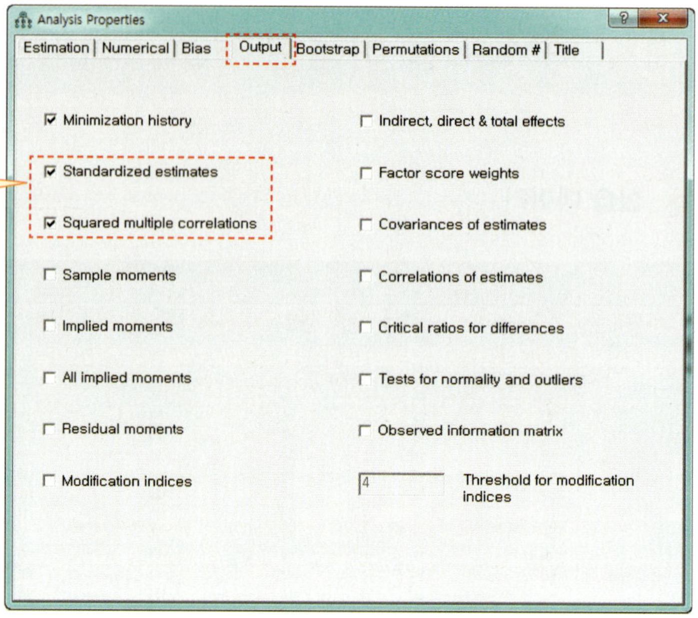

❸ Bootstrap 탭(tab)에서는 먼저 Perform bootstrap을 선택해야지만 붓스트래핑이 수행된다. 기본은 200번 수행이지만 500번 수행으로 수정한다.

95%의 신뢰구간 값을 파악하기 위해 BC법을 선택하고, 95로 바꾸어 준다.(기본설정은 90(90% 신뢰구간)이다.)

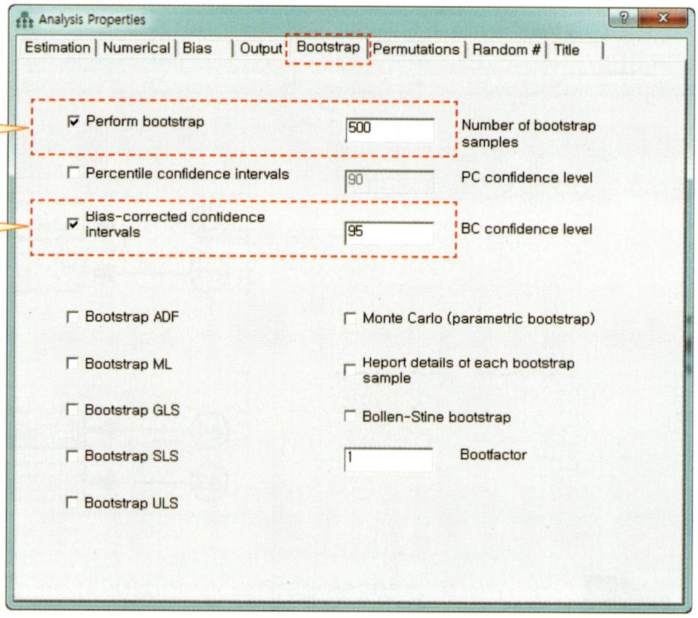

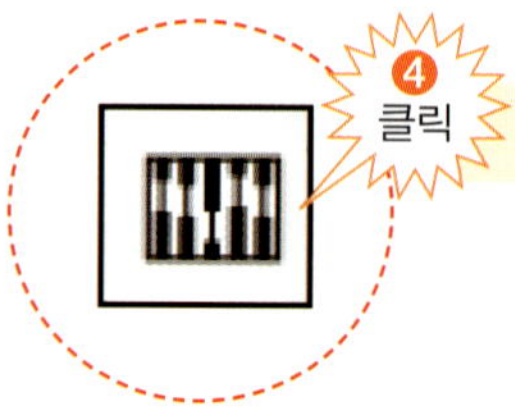

모형을 수행한다.

결과

Model Fit Summary

CMIN

Model	NPAR	CMIN	DF	P	CMIN/DF
Default model	9	1.517	1	.218	1.517
Saturated model	10	.000	0		
Independence model	4	395.572	6	.000	65.929

RMR, GFI

Model	RMR	GFI	AGFI	PGFI
Default model	1.072	.995	.950	.099
Saturated model	.000	1.000		
Independence model	59.522	.418	.030	.251

Baseline Comparisons

Model	NFI Delta1	RFI rho1	IFI Delta2	TLI rho2	CFI
Default model	.996	.977	.999	.992	.999
Saturated model	1.000		1.000		1.000
Independence model	.000	.000	.000	.000	.000

RMSEA

Model	RMSEA	LO 90	HI 90	PCLOSE
Default model	.059	.000	.236	.300
Independence model	.660	.606	.716	.000

주요 적합도 지표의 경우 상당히 좋은 것으로 나타나서, 기본적으로 모형 적합도는 높은 것이라고 할 수 있다.(모형이 복잡하지도 않다.)

Amos Output

- BOOTSTRAP.amw
  - Analysis Summary
  - Notes for Group
  - Variable Summary
  - Parameter summary
  - Notes for Model
  - Estimates
  - Minimization History
  - Summary of Bootstrap Iterations
  - Bootstrap Distributions
  - Model Fit
  - Execution Time
- Estimates/Bootstrap
  - Estimates
  - Bootstrap standard errors
  - Bootstrap Confidence
    - Bias-corrected percentile method
- Group number 1
- Default model

Estimates (Group number 1 - Default model)

Scalar Estimates (Group number 1 - Default model)

Maximum Likelihood Estimates

Regression Weights: (Group number 1 - Default model)

			Estimate	S.E.	C.R.	P	Label
❶ 조작성	<---	시각성	.929	.093	10.018	***	
가독성	<---	시각성	1.000				
간결성	<---	시각성	.631	.069	9.162	***	
연결편의	<---	조작성	1.000				
연결속도	<---	조작성	.969	.065	14.890	***	

Standardized Regression Weights: (Group number 1 - Default model)

			Estimate
❷ 조작성	<---	시각성	.868
가독성	<---	시각성	.959
간결성	<---	시각성	.686
연결편의	<---	조작성	.871
연결속도	<---	조작성	.933

Variances: (Group number 1 - Default model)

	Estimate	S.E.	C.R.	P	Label
시각성	94.667	13.465	7.031	***	
e5	26.796	7.420	3.611	***	
e1	8.368	6.379	1.312	.190	
e2	42.361	5.511	7.686	***	
e3	34.643	5.998	5.776	***	
e4	15.104	4.539	3.327	***	

Squared Multiple Correlations: (Group number 1 - Default model)

	Estimate
❸ 조작성	.753
연결속도	.871
연결편의	.758
간결성	.471
가독성	.919

전통적인 분석 결과

❶ 잠재변수 시각성이 잠재변수 조작성에 영향을 주는 비표준화 회귀계수값이 0.929 이고, 이때의 표준오차(S.E.)는 0.093임을 알 수 있다. 그리고 이는 p=0.000(***)으로 매우 유의하다는 것을 알 수 있다.

❷ 표준화 회귀계수값은 0.868임을 알 수 있다.(시각성 → 조작성)

❸ 다중상관값 분석을 통해서, 시각성이 조작성에 영향을 주는 설명력이 약 75.3%라는 것을 알 수 있다.

• 참고로 전통적인 통계분석 결과라는 것은 M.L.E(Maximum Likelihood Estimator, 최우추정법)이라는 방법을 이용한 것을 의미한다.

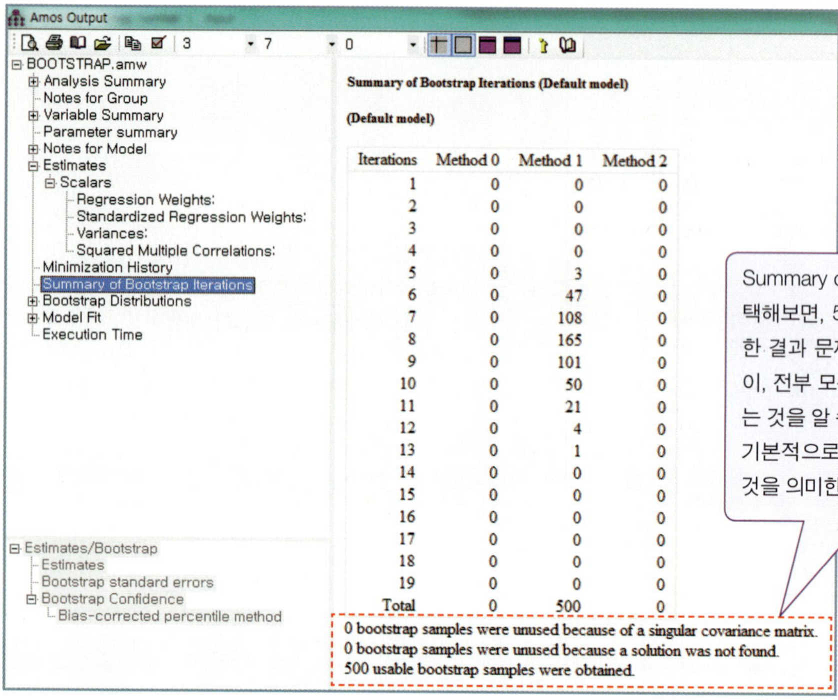

Summary of Bootstrap iterations를 선택해보면, 500번의 붓스트래핑을 수행한 결과 문제가 발생하여 제거된 것 없이, 전부 모수 추정을 하는 데 사용했다는 것을 알 수 있다.
기본적으로 수행 자체가 잘 되었다는 것을 의미한다고 볼 수 있다.

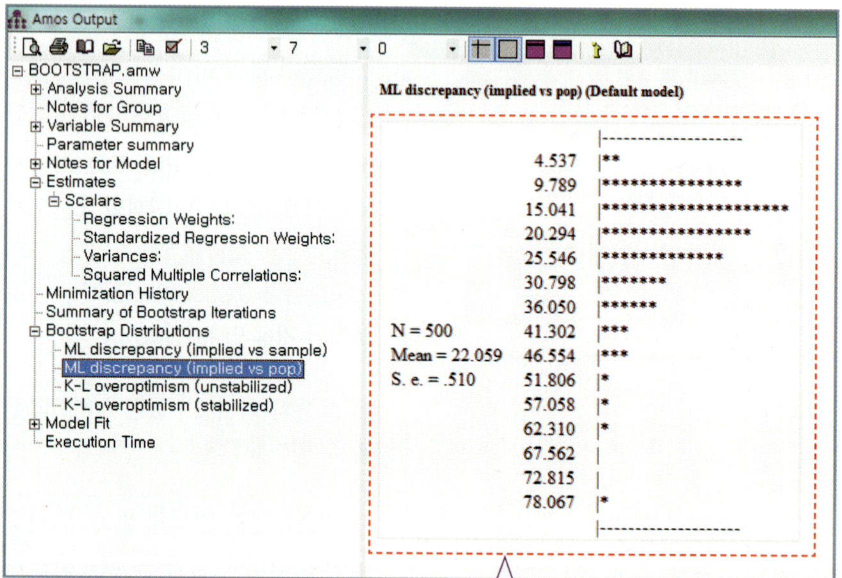

위의 분포표는 모집단 추정치와 500여 개의 붓스트래핑을 수행한 결과 각각의 붓스트래핑 결과와 기대 추정치와의 차이를 나타내는 분포표이다.

이 1개의 분포표의 경우 큰 의미가 없고, 다양한 모형의 비교에서 위의 분포의 산포가 좁고, 평균값이 작을수록 붓스트래핑을 통한 모수 추정의 수렴이 잘된다는 것을 의미한다.(참고적으로 알고 있자!)

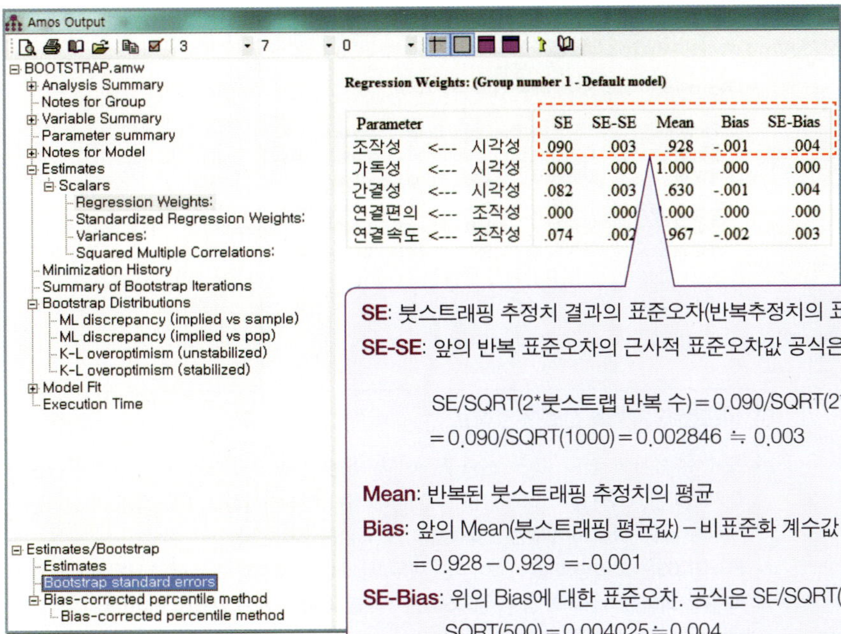

SE: 붓스트래핑 추정치 결과의 표준오차(반복추정치의 표준편차를 의미)

SE-SE: 앞의 반복 표준오차의 근사적 표준오차값 공식은

SE/SQRT(2*붓스트랩 반복 수) = 0.090/SQRT(2*500)
= 0.090/SQRT(1000) = 0.002846 ≒ 0.003

Mean: 반복된 붓스트래핑 추정치의 평균

Bias: 앞의 Mean(붓스트래핑 평균값) – 비표준화 계수값
= 0.928 – 0.929 = -0.001

SE-Bias: 위의 Bias에 대한 표준오차. 공식은 SE/SQRT(붓스트랩 반복 수) = 0.090/SQRT(500) = 0.004025 ≒ 0.004

→ 위에서 중요한 것은 SE 값과 Mean이다. 그리고 특히 Bias가 큰 경우 전통적 모수 추정치와 비교하여 차이가 많다는 것을 의미하고, 이 경우 전통적 모수 추정 방법이 일반적으로 가정하는 (다변량) 정규분포를 잘 따르지 않아 붓스트래핑으로 추정하는 것이 설득력이 있다는 의미가 된다.

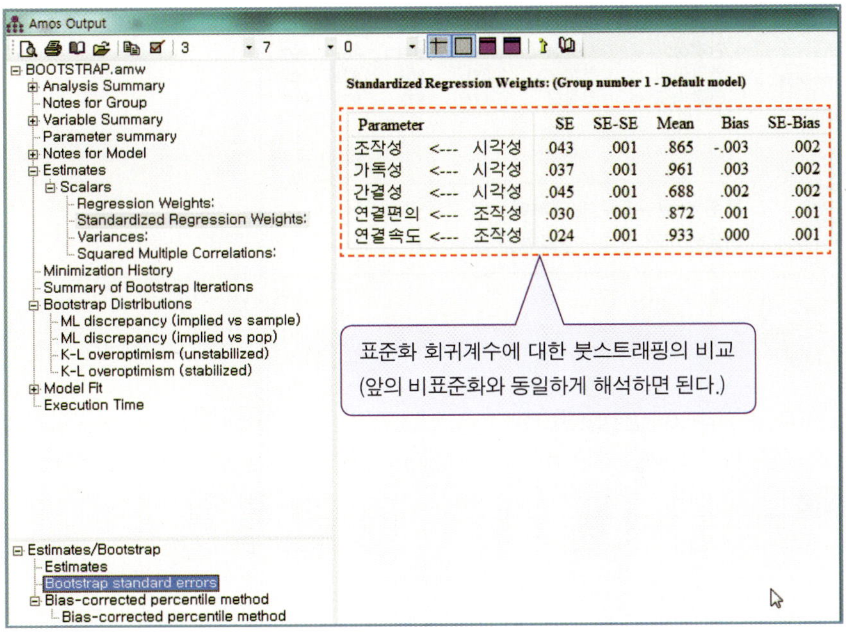

표준화 회귀계수에 대한 붓스트래핑의 비교
(앞의 비표준화와 동일하게 해석하면 된다.)

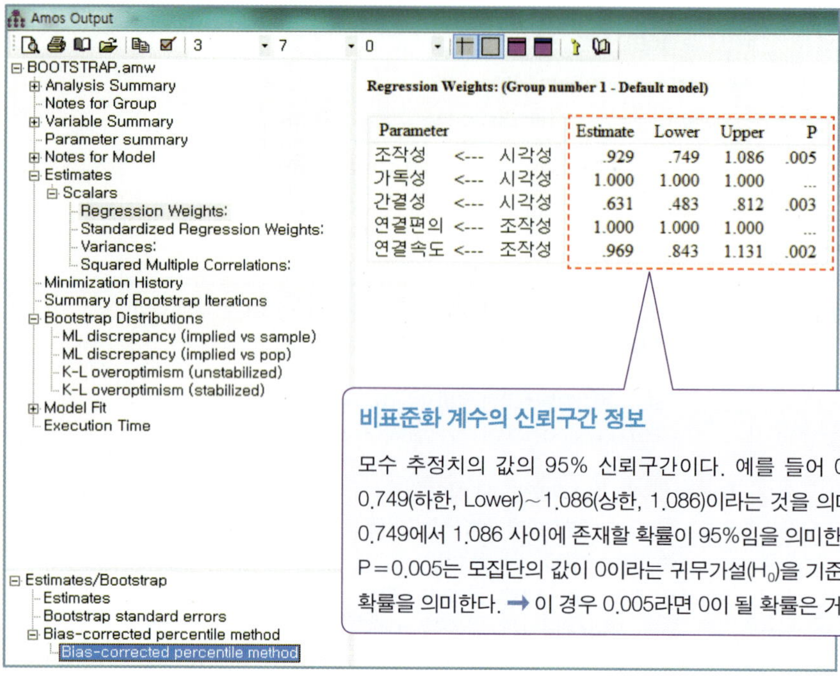

Regression Weights: (Group number 1 - Default model)

Parameter			Estimate	Lower	Upper	P
조작성	<---	시각성	.929	.749	1.086	.005
가독성	<---	시각성	1.000	1.000	1.000	...
간결성	<---	시각성	.631	.483	.812	.003
연결편의	<---	조작성	1.000	1.000	1.000	...
연결속도	<---	조작성	.969	.843	1.131	.002

비표준화 계수의 신뢰구간 정보

모수 추정치의 값의 95% 신뢰구간이다. 예를 들어 0.929의 95% 신뢰구간은 0.749(하한, Lower)~1.086(상한, 1.086)이라는 것을 의미하고, 이는 모수 추정치는 0.749에서 1.086 사이에 존재할 확률이 95%임을 의미한다.

P=0.005는 모집단의 값이 0이라는 귀무가설(H_0)을 기준으로 실제 추정치가 0이 될 확률을 의미한다. ➡ 이 경우 0.005라면 0이 될 확률은 거의 없음을 의미한다.

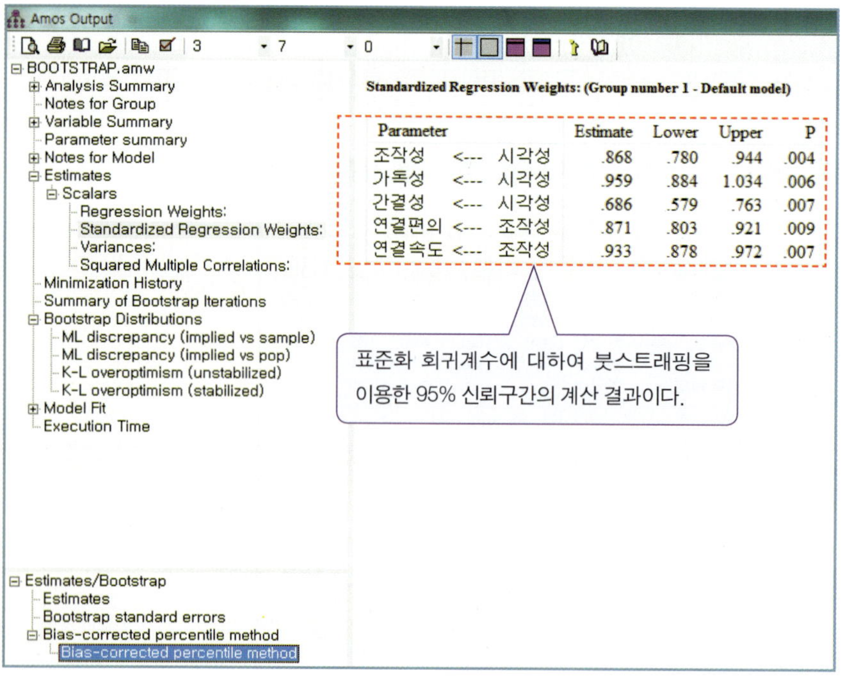

Standardized Regression Weights: (Group number 1 - Default model)

Parameter			Estimate	Lower	Upper	P
조작성	<---	시각성	.868	.780	.944	.004
가독성	<---	시각성	.959	.884	1.034	.006
간결성	<---	시각성	.686	.579	.763	.007
연결편의	<---	조작성	.871	.803	.921	.009
연결속도	<---	조작성	.933	.878	.972	.007

표준화 회귀계수에 대하여 붓스트래핑을 이용한 95% 신뢰구간의 계산 결과이다.

1 AMOS에서는 매개모형의 간접효과 유의성(p-value 값)을 파악하기 위해서 붓스트래핑 기법을 이용하고 있다. 이것이 AMOS에서 붓스트래핑이 가장 활발하게 사용되는 이유이다.

2 붓스트래핑 기법은 (다변량) 정규분포 등의 가정 없이 모수 추정 등이 가능하기 때문에 복잡한 통계적 가정에서 매우 자유롭고, 다양한 데이터의 유형을 가질 때 활용도가 강하다. → AMOS가 다른 구조방정식모형 프로그램과 비교하여, 가장 큰 장점 중 하나이다.

3 붓스트래핑 기법은 상당히 많은 수의 반복(500~1,000번 이상)을 통해서 생성이 되므로 결과의 안정성이 매우 높고, 이상한 추정치가 발생할 가능성이 매우 적다.
→ 그로 인하여 AMOS에서는 추정치의 신뢰구간을 붓스트래핑을 이용하여 계산한다.

4 붓스트래핑도 단점은 있다. 기본적으로 데이터가 많아야지만 더욱 신뢰할 수 있는 결과가 생성되고, 특히 AMOS에서 붓스트래핑을 이용한 2개 이상의 다중 매개 모형을 만드는 경우 전체 간접효과만 계산이 되고 개별 간접효과 등이 계산되지 않는 단점이 있다.(그러나 이 경우 유령(phantom)변수를 이용한 방법 등으로 보완을 하면 된다.)

7장

수정지표를 이용한 적합도의 향상

01 수정지표란?

구조방정식모형에서 적합도의 문제

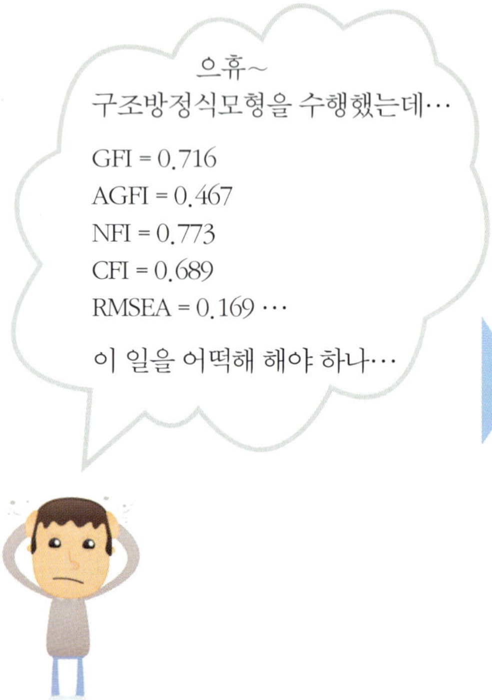

분석자가 구조방정식모형을 수행한 다음 가장 먼저 대하는 것이 바로 모형의 적합도 값 결과이다.

이 적합도 값이 좋지 않으면 다음의 해석으로 넘어갈 수가 없으며, 분석 및 연구의 중단으로 이루어지게 된다.

대다수의 적합도 문제가 발생하는 이유는 모형이 복잡해지거나 관계의 설정이 몇 가지 되지 않는 경우이며, 이로 인하여 포화모형이 아닌 자유도가 높은 모형이 되면서 적합도가 떨어지게 된다.

실제 분석자가 이런 경우를 직면한 경우 실제로 어떻게 해서 이 문제를 해결해야 할지 모르는 경우가 많다.

SPSS AMOS에서는 이런 문제를 지원하고자 수정지표(Modification Indices)라는 것을 제공하고 있다.

수정지표(Modification Indices)

Modification Indices (Group number 1 - Default model)

Covariances: (Group number 1 - Default model)

			M.I.	Par Change
zeta	<-->	treatment	46.644	.862
eps4	<-->	treatment	10.116	.399
eps3	<-->	treatment	14.886	.476
eps2	<-->	treatment	17.650	-.494
eps1	<-->	treatment	5.467	-.277

Variances: (Group number 1 - Default model)

	M.I.	Par Change

Regression Weights: (Group number 1 - Default model)

			M.I.	Par Change
post_verbal	<---	treatment	44.333	3.456
post_opp	<---	treatment	9.607	1.597
post_syn	<---	treatment	14.149	1.909
pre_opp	<---	treatment	16.775	-1.978
pre_syn	<---	treatment	5.216	-1.113

수정지표(Modification Indices: M.I)

- 모형의 적합성을 더 높이기 위한 것이 수정지표이다.
- 현재 경로도형에서 적합도를 높이기 위한 도형 간의 관계를 표시하여 주는 지표이다.
- M.I 지표값이 높은 도형 간의 관계를 현재 경로도형에서 새롭게 지정한 후 연산을 하면 전체적인 모형 적합도가 높아진다.
- 경로도형의 작성이 생소한 초보 사용자들에게 초기 경로도형의 적합성을 높이기 위한 좋은 길잡이 역할을 하는 기능이다.(보통 4 이상 되는 경우 경로를 연결하는 것을 권장한다. → 절대적인 것은 아니다.)
- 그 외에 필수적인 부분의 관계가 빠져 있는 경우 수행 전 자동 체크하여 알려주는 기능이 제공된다.

★ 복잡한 모형에서는 수정지표를 이용한 경로모형의 수정이 매우 빈번해질 수 있다. 수정 사항이 발생하는 것은 모형의 변수들 간의 관계가 포화모형을 최대로 했을 때와 비교하여 이에 대한 자유도의 범위가 너무 넓어서, 제대로 된 적합도를 모형 자체가 보이지 못하기 때문이다.

수정지표의 원리

기본 원리

- 기본적으로 LM(Lagrange Multiplier: 라그랑지의 승수) 검정을 이용하여 수정지표값을 계산한다.(일변량 LM 검정)
- 계산 시간이 짧고, 동시에 많은 지표를 검토할 수 있는 장점이 있다.
- 즉, 상관 또는 인과관계를 가정하고 있지 않은 변수 간에 경로를 연결했다는 가정하에서, 카이제곱(χ^2) 검정통계량이 유의하게 감소하는지를 일반적으로 측정하는 알고리즘이다.

※ 참조: AMOS에 의한 공분산구조분석, 노형진, 한올출판사.

02 수정지표의 해석과 활용 시 유의사항

수정지표 사용 시 유의사항

1. 수정지표의 값을 보고, 모형을 수정할 때에는 수정지표값이 높은지에 너무 의존하지 말고, 모형 자체의 손상이 없고, 처음에 수립한 가설과 이론에 위배되지 않고 부합하는지를 가장 우선하여 고려한다.

2. 가장 우선적으로 해야 할 것은, 연구자의 가설에 위배되지 않도록 동일한 형태의 관측변수 간, 잠재변수 간 또는 잠재변수와 관측변수 간과 같이 각종 상관/회귀계수가 나타나는 부분을 수정하는 것이 좋다. 이런 경우 연구자(분석자)에게는 연구해야 할 가설이 하나 더 생기게 되는 것이며, 오차항 간의 공분산 연결은 그 다음 단계로 고민을 해야 한다.

   → 그러나 오차항 간의 공분산 연결은 매우 엄격하게 고민을 해야 한다.

3. 되도록이면 한 번에 단 하나의 수정지표(지수)의 값을 이용한 경로도형을 수정한 다음, 다시 실행하여 결과를 살펴본다.

   → 한 번에 여러 개의 수정지표값을 반영하여 결과를 보는 것은 되도록 피한다.

수정지표의 해석

Modification Indices (Group number 1 - Default model)

Covariances: (Group number 1 - Default model)

			M.I.	Par Change
zeta	<-->	treatment	46.644	.862
eps4	<-->	treatment	10.116	.399
eps3	<-->	treatment	14.886	.476
eps2	<-->	treatment	17.650	-.494
eps1	<-->	treatment	5.467	-.277

만약 zeta 변수와 treatment 변수 사이에 공분산(상관) 관계를 설정하면, 카이제곱(χ^2)값이 46.444 정도 줄어들고, 2변수 사이의 모수의 변화량은 0.862라는 것을 의미한다. (LM을 이용한 추정이므로, 실제로 딱 이만큼 줄어들지 않을 수 있다. 단지 값이 크면 더욱 효율적이라는 것을 상대적으로 파악하는 수치로 활용한다.)

Variances: (Group number 1 - Default model)

	M.I.	Par Change

Regression Weights: (Group number 1 - Default model)

			M.I.	Par Change
post_verbal	<---	treatment	44.333	3.456
post_opp	<---	treatment	9.607	1.597
post_syn	<---	treatment	14.149	1.909
pre_opp	<---	treatment	16.775	-1.978
pre_syn	<---	treatment	5.216	-1.113

만약 post_verbal 변수와 treatment 변수 사이에 인과관계(회귀)를 설정하면 카이제곱(χ^2)값이 44.333이 줄어들고, 그때의 모수값은 3.456 정도 변화할 것으로 예상된다는 의미이다.

03 AMOS를 이용한 수정지표의 활용 실습

실습 데이터

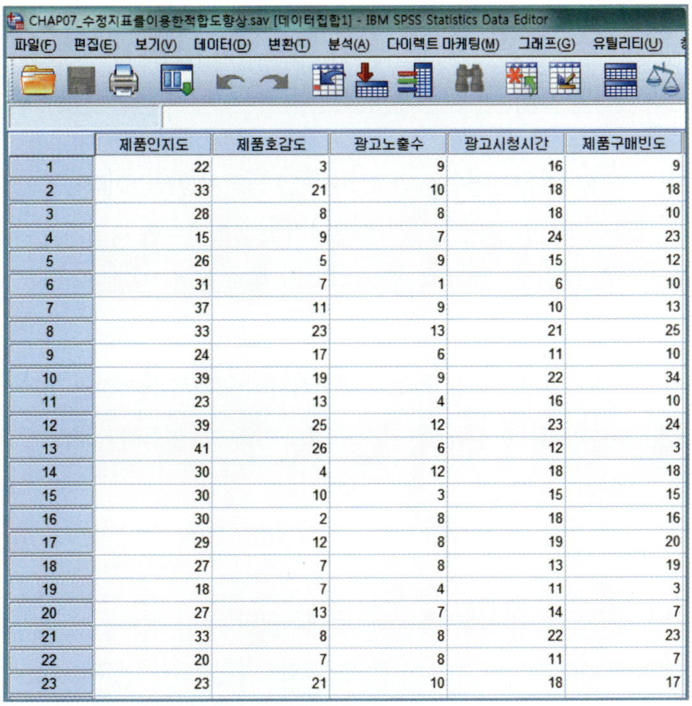

	제품인지도	제품호감도	광고노출수	광고시청시간	제품구매빈도
1	22	3	9	16	9
2	33	21	10	18	18
3	28	8	8	18	10
4	15	9	7	24	23
5	26	5	9	15	12
6	31	7	1	6	10
7	37	11	9	10	13
8	33	23	13	21	25
9	24	17	6	11	10
10	39	19	9	22	34
11	23	13	4	16	10
12	39	25	12	23	24
13	41	26	6	12	3
14	30	4	12	18	18
15	30	10	3	15	15
16	30	2	8	18	16
17	29	12	8	19	20
18	27	7	8	13	19
19	18	7	4	11	3
20	27	13	7	14	7
21	33	8	8	22	23
22	20	7	8	11	7
23	23	21	10	18	17

- 특정 회사의 제품 패널 고객 100명을 대상으로 제품인지도, 제품호감도, 광고노출수, 광고시청시간, 제품구매빈도 5개 항목에 대하여 조사를 한 자료이다.

※ 실습 파일명:
CHAP07_수정지표를이용한적합도향상.sav

❶ 아래와 같이 경로도형을 그린다.

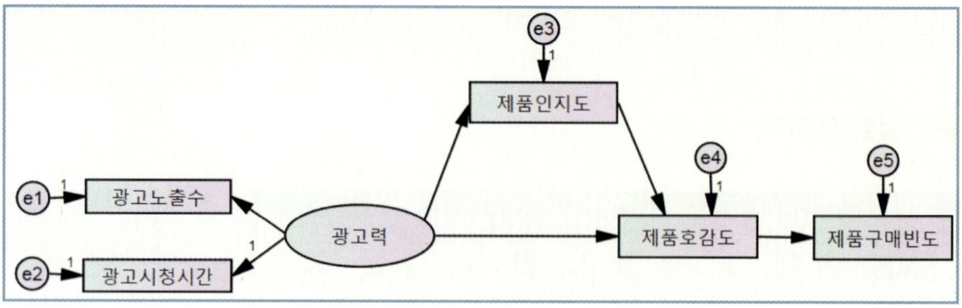

위의 경로도형에서 광고력이라는 잠재변수는 광고노출수와 광고시청시간이라는 2개의 관측변수를 통해서 만들어졌고, 경로도형은 광고력이 제품인지도와 제품호감도에 영향을 주고, 이로 인한 제품호감도가 제품구매빈도에 영향을 줄 것이라는 것을 의미한다.

현재의 경로도형은 연구자의 일반적인 가설 경로와 내생개념에 있어서 오차항만 설정된 경로도형이다. 또한 일반적으로 분석자들은 이 정도 경로 이외에는 설정을 더 하기가 어려운 경우가 많다.

❸ 일반적으로 선택해야 할 사항을 체크한다.

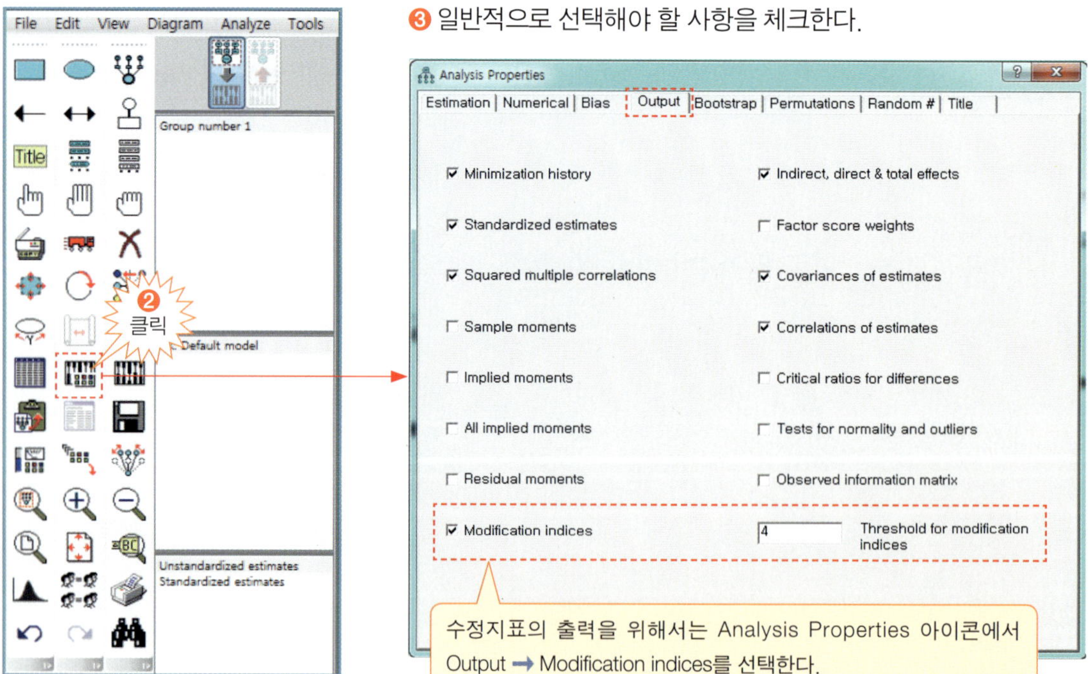

수정지표의 출력을 위해서는 Analysis Properties 아이콘에서 Output → Modification indices를 선택한다.
Threshold for modification indices의 4 값은 앞서 설명한 수정 대상이 될 수 있는 기준값을 의미한다.

결과

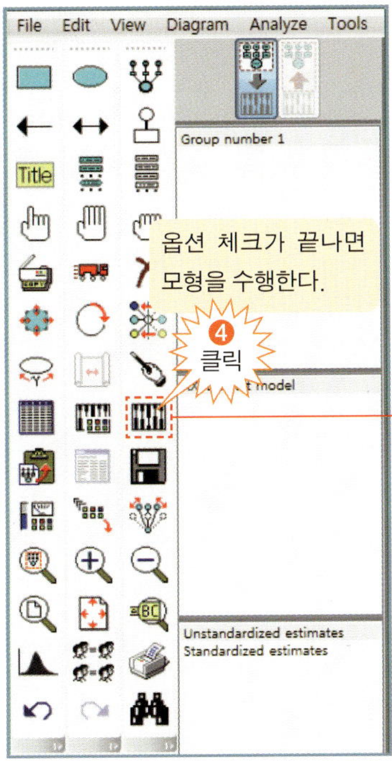

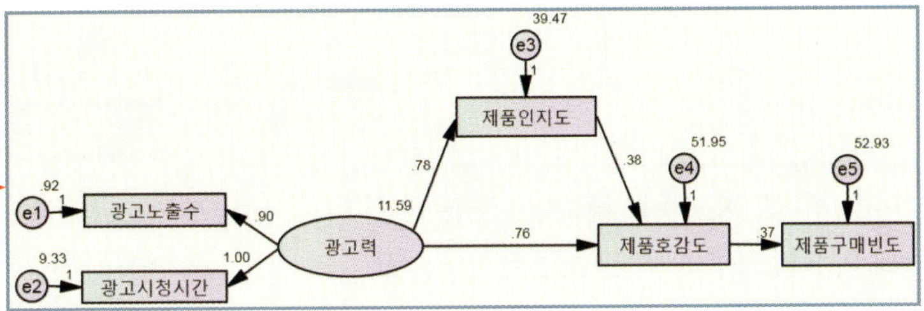

결과가 나타난다.

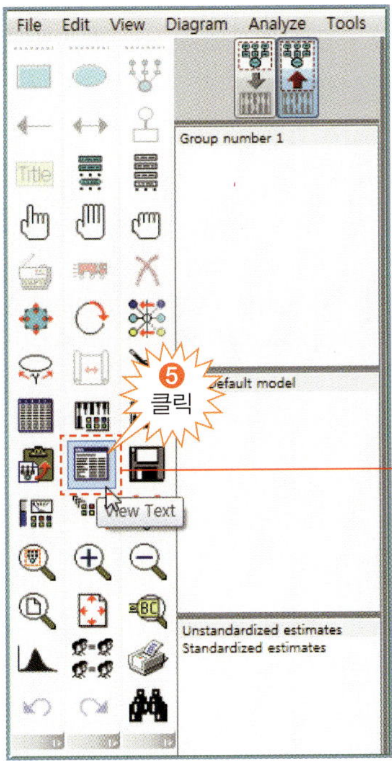

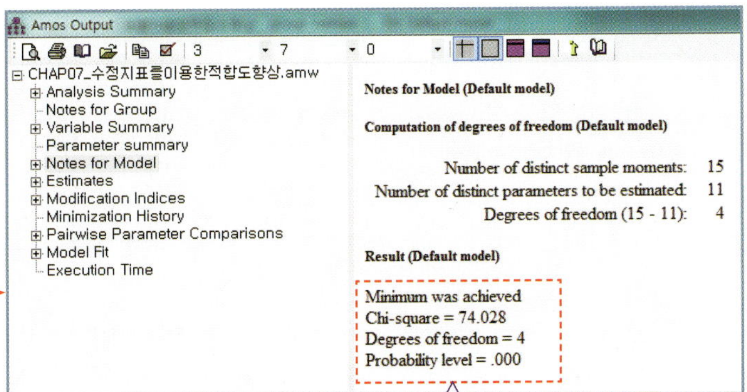

카이제곱의 결과부터 그다지 좋지 않은 형태의 결과가 나옴을 알 수 있다.

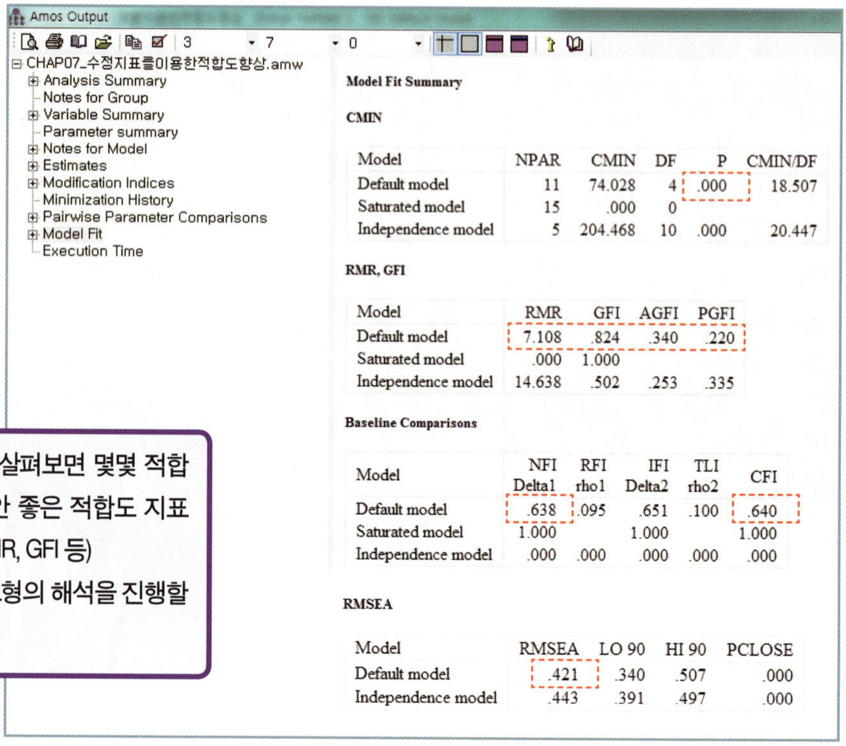

Amos Output

CHAP07_수정지표를이용한적합도향상.amw
- Analysis Summary
- Notes for Group
- Variable Summary
- Parameter summary
- Notes for Model
- Estimates
- Modification Indices
- Minimization History
- Pairwise Parameter Comparisons
- Model Fit
- Execution Time

Model Fit Summary

CMIN

Model	NPAR	CMIN	DF	P	CMIN/DF
Default model	11	74.028	4	.000	18.507
Saturated model	15	.000	0		
Independence model	5	204.468	10	.000	20.447

RMR, GFI

Model	RMR	GFI	AGFI	PGFI
Default model	7.108	.824	.340	.220
Saturated model	.000	1.000		
Independence model	14.638	.502	.253	.335

Baseline Comparisons

Model	NFI Delta1	RFI rho1	IFI Delta2	TLI rho2	CFI
Default model	.638	.095	.651	.100	.640
Saturated model	1.000		1.000		1.000
Independence model	.000	.000	.000	.000	.000

RMSEA

Model	RMSEA	LO 90	HI 90	PCLOSE
Default model	.421	.340	.507	.000
Independence model	.443	.391	.497	.000

주요 적합도 지표들을 살펴보면 몇몇 적합도 지표의 경우 모두 안 좋은 적합도 지표 결과들이 나타난다.(RMR, GFI 등)
이 상태로는 더 이상 모형의 해석을 진행할 수 없다.

❻ 아래 그림과 같이 수정지표 결과창으로 이동한다.

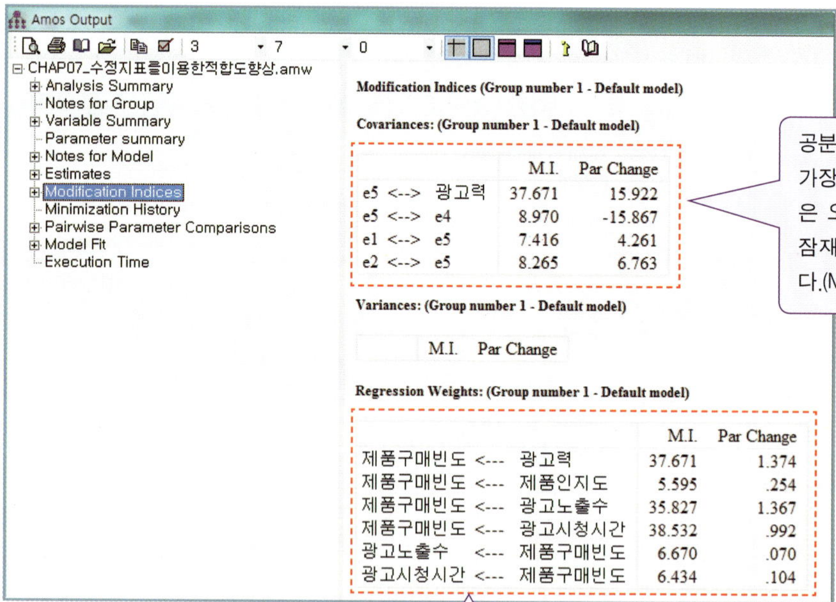

Amos Output

CHAP07_수정지표를이용한적합도향상.amw
- Analysis Summary
- Notes for Group
- Variable Summary
- Parameter summary
- Notes for Model
- Estimates
- Modification Indices
- Minimization History
- Pairwise Parameter Comparisons
- Model Fit
- Execution Time

Modification Indices (Group number 1 - Default model)

Covariances: (Group number 1 - Default model)

	M.I.	Par Change
e5 <--> 광고력	37.671	15.922
e5 <--> e4	8.970	-15.867
e1 <--> e5	7.416	4.261
e2 <--> e5	8.265	6.763

Variances: (Group number 1 - Default model)

	M.I.	Par Change

Regression Weights: (Group number 1 - Default model)

	M.I.	Par Change
제품구매빈도 <--- 광고력	37.671	1.374
제품구매빈도 <--- 제품인지도	5.595	.254
제품구매빈도 <--- 광고노출수	35.827	1.367
제품구매빈도 <--- 광고시청시간	38.532	.992
광고노출수 <--- 제품구매빈도	6.670	.070
광고시청시간 <--- 제품구매빈도	6.434	.104

공분산 관계(양방향 화살표) 중 가장 높은 향상력이 보이는 것은 오차항 e5와 광고력이라는 잠재변수를 연결시키는 것이다.(M.I=37.671)

인과관계(단방향 화살표) 중 가장 높은 향상력을 보이는 것은 광고시청시간 → 제품구매빈도에 연결시키는 것이다.(M.I=38.532)

◌ 공분산 관계도 그렇지만, 특히 인과관계에서 갑자기 광고시청시간과 제품구매빈도를 연결하라니… 이건 좀 아닌 것 같은데…….

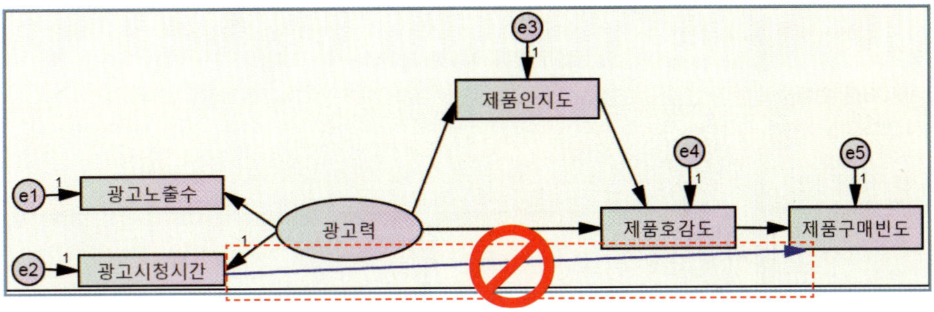

• 위의 그림과 같이 아무리 수정지표값이 높더라도, 연구자의 기본가설에 위배되거나 아무런 연관도 없는 것을 오직 적합도 향상을 위해서 관계를 연결해서는 안 된다.(다른 올바른 관계에도 영향을 미치는 경우가 많기 때문이다.)

• 이런 경우 반드시 수정지표값이 높은 "광고시청시간 → 제품구매빈도"의 인과관계가 아닌 내부적으로 의미가 있는 "광고력 → 제품구매빈도(MI＝37.671)"와 "제품인지도 → 제품구매빈도(MI＝5.595)"를 연결해보는 것을 고려해본다.

• 따라서 본 실습에서는 우선적으로 "광고력 → 제품구매빈도"에 미치는 영향을 파악하는 가설을 하나 더 추가하여, 모형을 수행한다.

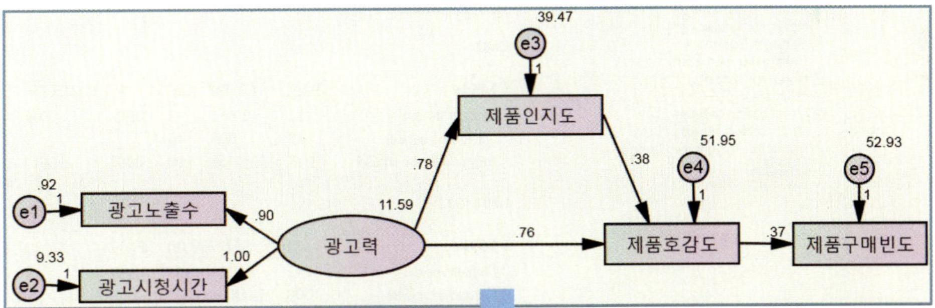

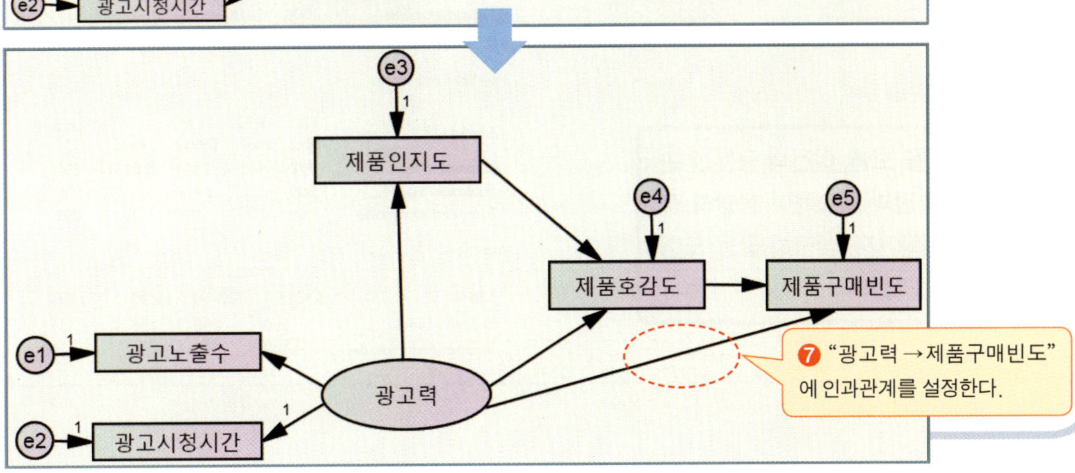

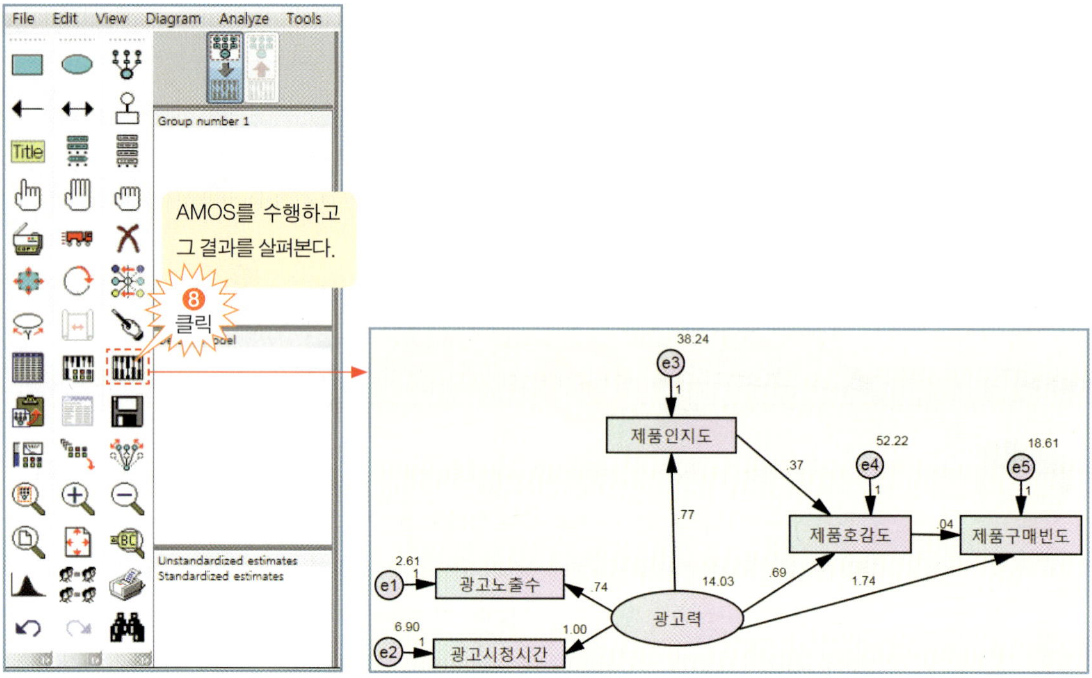

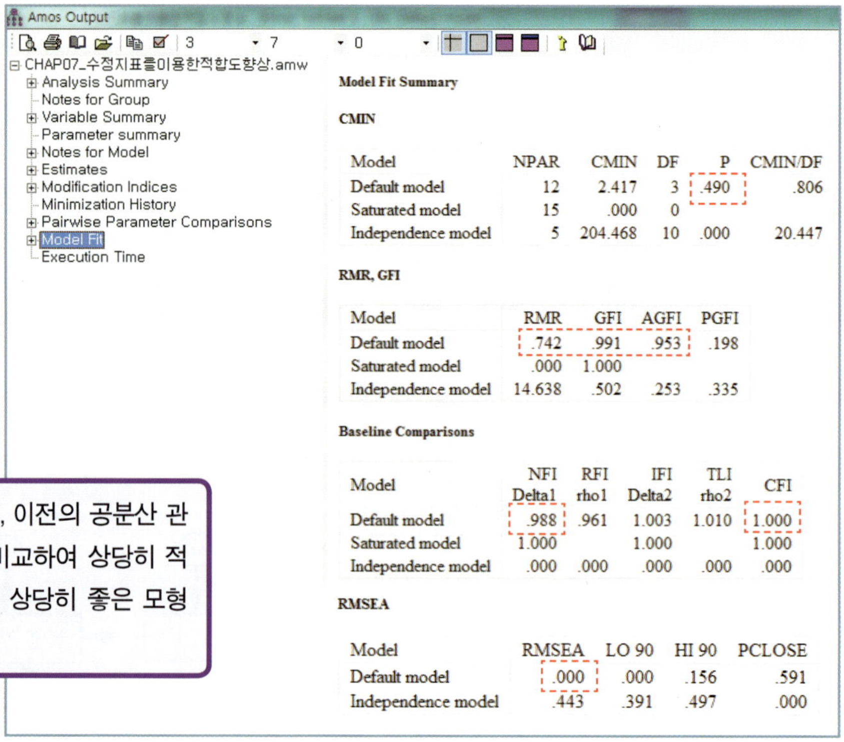

Model Fit Summary

CMIN

Model	NPAR	CMIN	DF	P	CMIN/DF
Default model	12	2.417	3	.490	.806
Saturated model	15	.000	0		
Independence model	5	204.468	10	.000	20.447

RMR, GFI

Model	RMR	GFI	AGFI	PGFI
Default model	.742	.991	.953	.198
Saturated model	.000	1.000		
Independence model	14.638	.502	.253	.335

Baseline Comparisons

Model	NFI Delta1	RFI rho1	IFI Delta2	TLI rho2	CFI
Default model	.988	.961	1.003	1.010	1.000
Saturated model	1.000		1.000		1.000
Independence model	.000	.000	.000	.000	.000

RMSEA

Model	RMSEA	LO 90	HI 90	PCLOSE
Default model	.000	.000	.156	.591
Independence model	.443	.391	.497	.000

모형의 적합도를 보면, 이전의 공분산 관계를 연결하기 전과 비교하여 상당히 적합도들이 호전되어져, 상당히 좋은 모형이 된 것을 알 수 있다.

❾ 앞의 경우처럼 모형 수정을 종결지을 수도 있겠지만, 모형의 구성 상태를 좀 더 좋게 하기 위해서, "제품인지도 → 제품구매빈도"의 가설을 하나 더 추가하여 모형을 개발할 수도 있다.

어느 쪽이든 연구자가 최종 선택 후 다음의 분석 진행을 수행한다.

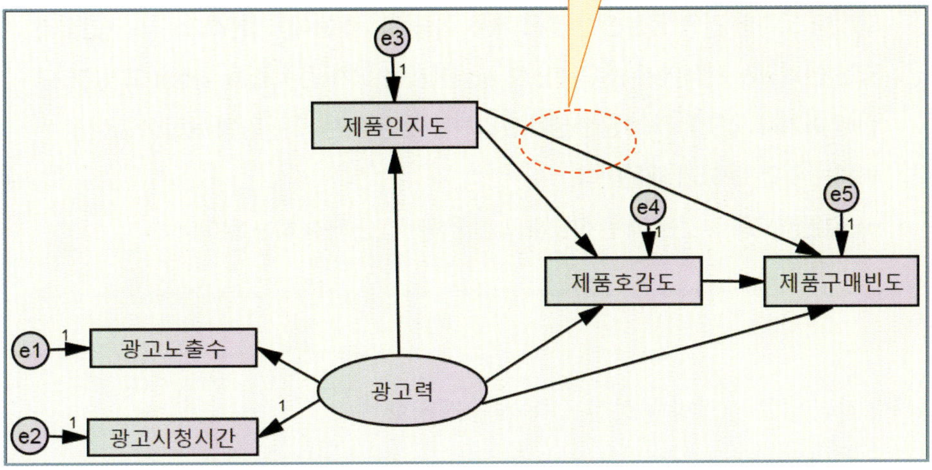

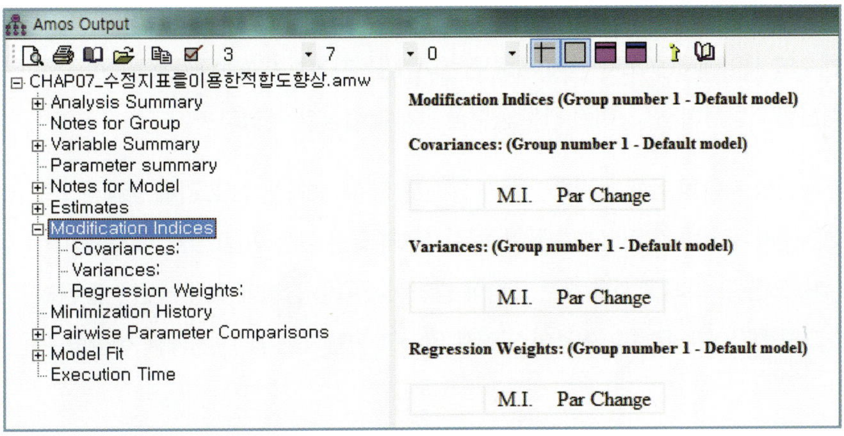

Modification Indices을 보면 더 향상시킬 값이 없다는 것을 알 수 있다.
→ 이것은 정확하게 MI 값이 4 이상인 것이 없다는 것을 의미한다.(Analysis Properties에서, 옵션을 조정하면 된다.)

◌ 모형의 적합도 향상을 위해서, 오차항의 공분산을 연결해주는 것은 안 되는가?

사실 적합도를 높이기 위해서, 오차항 간의 공분산을 연결해주는 것이 연구자의 가설을 크게 훼손하지 않고 무난하게 해결을 하는 방법이라고 할 수도 있다.

그러나 오차항 간의 공분산 연결은 매우 신중해야 하는데, 기본적으로 회귀분석과 같은 인과관계 분석에서 변수와 변수 사이에서는 오차 간 독립을 가정하고 있다. 그런데 여기서 오차항 간의 공분산을 연결하는 것은 이런 오차 간의 독립성 가정을 위배하는 것일 수 있기 때문이다.

→ 결론적으로 이것은 매우 신중하고 신중하게 접근해야 하는 일이다.

◌ 그럼 언제 오차항 간의 공분산(양방향 화살표) 관계를 설정할 수 있을까?

대표적으로 시계열의 관계를 가질 때 가능하다. 예를 들어, A 관측변수는 2011년에 관측(조사)된 값이고, B 관측변수는 같은 내용을 2012년에 관측(조사)한 값이라면, 이 두 변수의 사이에서는 오차 간에 서로 관련이 있는 자기회귀(Auto Regression) 관계가 성립될 가능성이 높다. 이런 경우 공분산 관계를 설정할 수 있다.

또한 동일한 사람을 통해서 변수를 조사 및 관측할 때, 변수들 상호 간에 상식적으로 뚜렷한 관계가 있는 경우에(예를 들어 높은 가격과 좋은 상품의 질) 있을 때 사용이 가능하며, 또한 그 외에 조사를 하는 도중에 방법이나 각종 상황에 의해서 변수들 간의 오차가 독립적이지 못하고 연관이 되어져 있다고 판단되는 경우, 관계를 설정할 수 있다.

수정지표 FAQ

Q) 수정지표값은 어느 정도 되어야 고쳐야 하는지 기준이 있는가?

A) AMOS에서는 4 이상이면 고쳐야 하는 것으로 기본설정(default)을 했지만, 반드시 따라야 하는 것은 아니다. 일반적으로 최초의 분석자 모형을 심각하게 위반할 소지가 있는 경우라면, 10 이상으로 보수적으로 설정을 하기도 한다.(또는 더 낮출 수도 있다.)

Q) 수정지표값대로 경로모형을 고치면 확실히 좋아지는가?

A) 전체적으로 향상되는 경우가 많다. 사실 수정지표 자체가 적합도 지수 자체를 높여주기 위한 일종의 Simulation이라고 할 수 있다. 그러나 항상 옳은 것은 아니며, 수정지표의 결과로 인하여 오히려 최초 연구자의 모형이 잘못될 가능성도 있다.

Q) 수정지표값은 항상 나오는가?

A) 수정지표는 경로도형에서, 고정이나 제약이 되어진 변수(개체)들 간의 자유로운 값을 계산할 수 있는 형태로 변화시켰을 경우에 적합도의 최소 변화량을 정확하게 의미하므로, 대개의 경우 포화모형이 아닌 이상 모형에서 수정지표값은 나온다고 할 수 있다.

1 모형의 적합도(GFI, AGFI 등)를 높이기 위해서, 수정지표(Modification Indices)라는 AMOS 내의 옵션을 이용한다.

2 수정지표(MI)의 기준은 4 이상일 때 수정할 만한 필요가 있는 것으로 간주하고(AMOS의 기본설정), 연구자의 가설과 상황에 맞게 경로도형을 수정한다.

3 수정지표(MI)를 이용하여 수정할 때에는 기본적으로 연구자의 연구 가설에 위배되지 않도록 1~2개 정도의 관측변수, 잠재변수 간에 인과관계나 상관관계를 설정하는 것이 좋으며, 오차항 간의 공분산(상관) 관계를 설정하는 것은 매우 신중을 기해야 한다.

4 수정지표(MI)의 값이 높다고 무조건 설정하는 것이 중요한 것이 아니라, 값은 약간 다른 것들에 비해 낮더라도, 연구자의 기본 가설(또는 다양한 상식, 선행연구 등)을 위배하지 않고 연구자의 가설을 입증하거나 도움이 되는 관계를 연결하는 것이 중요하다.

부록

통계분포표

표준정규분포표

χ^2-분포표

t-분포표

F-분포표

표준정규분포표

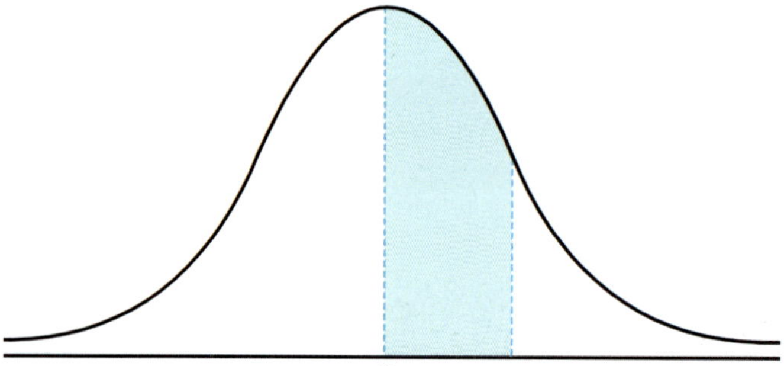

이 표는 Z=0에서 Z값까지의 면적을 나타낸다. 예를 들어 Z=1.25일 때 0~1.25 사이의 면적은 0.3944이다.

Z	.00	.01	.02	.03	.04	.05	.06	.07	08	.09
0.0	.0000	.0040	.0080	.012	.0160	.0199	.0239	.0279	.0319	.0359
0.1	.0398	.0438	.0478	.0517	.0557	.0596	.0636	.0675	.0714	.0753
0.2	.0793	.0832	.0871	.0910	.0948	.0987	.1026	.1064	.1103	.1141
0.3	.1179	.1217	.1255	.1293	.1331	.1368	.1406	.1443	.1480	.1517
0.4	.1554	.1591	.1628	.1664	.1700	.1736	.1772	.1808	.1844	.1879
0.5	.1915	.1950	.1985	.2019	.2054	.2088	.2123	.2157	.2190	.2224
0.6	.2257	.2291	.2324	.2357	.2389	.2422	.2454	.2486	.2517	.2549
0.7	.2580	.2611	.2642	.2673	.2704	.2734	.2764	.2794	.2823	.2852
0.8	.2881	.2910	.2939	.2967	.2995	.3023	.3051	.3078	.3106	.3133
0.9	.3159	.3186	.3212	.3238	.3264	.3289	.3315	.3340	.3365	.3389
1.0	.3413	.3438	.3461	.3485	.3508	.3531	.3554	.3577	.3599	.3621
1.1	.3643	.3665	.3686	.3708	.3279	.3749	.3770	.3790	.3810	.3830
1.2	.3849	.3869	.3888	.3907	.3925	.3944	.3962	.3980	.3997	.4015
1.3	.4032	.4049	.4066	.4082	.4099	.4115	.4131	.4147	.4162	.4177
1.4	.4192	.4207	.4222	.4236	.4251	.4265	.4279	.4292	.4306	.4319
1.5	.4332	.4345	.4357	.4370	.7382	.4394	.4406	.4418	.4429	.4441
1.6	.4452	.4463	.4474	.4484	.4495	.4505	.4515	.4525	.4535	.4545
1.7	.4554	.4564	.4573	.4582	.4591	.4599	.4608	.4616	.4625	.4633
1.8	.4641	.4649	.4656	.4664	.4671	.4678	.4686	.4693	.4699	.4706
1.9	.4713	.4719	.4726	.4732	.4738	.4744	.4750	.4756	.4761	.4767
2.0	.4772	.4778	.4783	.4788	.4793	.4798	.4803	.4808	.4812	.4817
2.1	.4821	.4826	.4830	.4834	.4838	.4842	.4846	.4850	.4856	.4857
2.2	.4861	.4864	.4868	.4871	.4875	.4878	.4881	.4884	.4887	.4890
2.3	.4893	.4896	.4898	.4901	.4904	.4906	.4909	.4911	.4913	.4916
2.4	.4918	.4920	.4922	.4925	.4927	.4929	.4931	.4932	.4934	.4936
2.5	.4938	.4940	.4941	.4943	.4945	.4946	.4948	.4949	.4951	.4952
2.6	.4953	.4955	.4956	.4957	.4959	.4960	.4961	.4962	.4963	.4964
2.7	.4965	.4966	.4967	.4968	.4969	.4970	.4971	.4972	.4973	.4974
2.8	.4974	.4975	.4976	.4977	.4977	.4978	.4979	.4979	.4980	.4981
2.9	.4981	.4982	.4982	.4983	.4984	.4984	.4985	.4985	.4986	.4986
3.0	.4987	.4987	.4987	.4988	.4988	.4989	.4989	.4989	.4990	.4990

χ^2-분포표

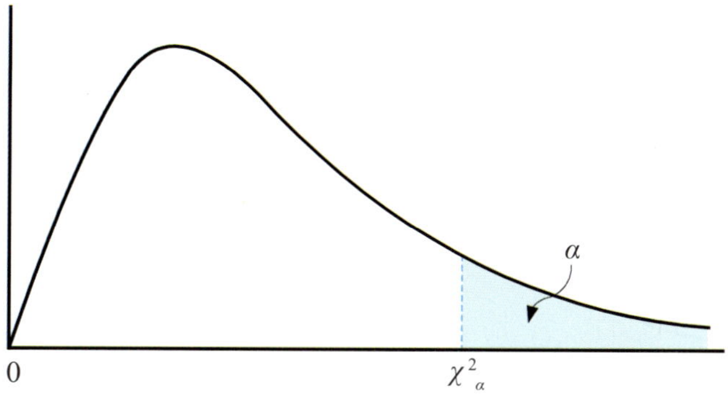

d.f.	$\chi_{0.990}$	$\chi_{0.975}$	$\chi_{0.950}$	$\chi_{0.900}$	$\chi_{0.500}$	$\chi_{0.100}$	$\chi_{0.050}$	$\chi_{0.025}$	$\chi_{0.010}$	$\chi_{0.005}$
1	0.0002	0.0001	0.004	0.02	0.45	2.71	3.84	5.02	6.63	7.88
2	0.02	0.05	0.10	0.21	1.39	4.61	5.99	7.38	9.21	10.60
3	0.11	0.22	0.35	0.58	2.37	6.25	7.81	9.35	11.34	12.84
4	0.30	0.48	0.71	1.06	3.36	7.78	9.49	11.14	13.28	14.86
5	0.55	0.83	1.15	1.61	4.35	9.24	11.07	12.83	15.09	16.75
6	0.87	1.24	1.64	2.20	5.35	10.64	12.59	14.45	16.81	18.55
7	1.24	1.69	2.17	2.83	6.35	12.02	14.07	16.01	18.48	20.28
8	1.65	2.18	2.73	3.49	7.34	13.36	15.51	17.53	20.09	21.95
9	2.09	2.70	3.33	4.17	8.34	14.68	16.92	19.02	21.67	23.59
10	2.56	3.25	3.94	4.87	9.34	15.99	18.31	20.48	23.21	25.19
11	3.05	3.82	4.57	5.58	10.34	17.28	19.68	21.92	24.72	26.76
12	3.57	4.40	5.23	6.30	11.34	18.55	21.03	23.34	26.22	28.30
13	4.11	5.01	5.89	7.04	12.34	19.81	22.36	24.74	27.69	29.82
14	4.66	5.63	6.57	7.79	13.34	21.06	23.68	26.12	29.14	31.32
15	5.23	6.26	7.26	8.55	14.34	22.31	25.00	27.49	30.58	32.80
16	5.81	6.91	7.96	9.31	15.34	23.54	26.30	28.85	32.00	34.27
17	6.41	7.56	8.67	10.09	16.34	24.77	27.59	30.19	33.41	35.72
18	7.01	8.23	9.39	10.86	17.34	25.99	28.87	31.53	34.81	37.16
19	7.63	8.91	10.12	11.65	18.34	27.20	30.14	32.85	36.19	38.58
20	8.26	9.59	10.85	12.44	19.34	28.41	31.14	34.17	37.57	40.00
21	8.90	10.28	11.59	13.24	20.34	29.62	32.67	35.48	38.93	41.40
22	9.54	10.98	12.34	14.04	21.34	30.81	33.92	36.78	40.29	42.80
23	10.20	11.69	13.09	14.85	22.34	32.01	35.17	38.08	41.64	44.18
24	10.86	12.40	13.85	15.66	23.34	33.20	36.74	39.36	42.98	45.56
25	11.52	13.12	14.61	16.47	24.34	34.38	37.92	40.65	44.31	46.93
26	12.20	13.84	15.38	17.29	25.34	35.56	38.89	41.92	45.64	48.29
27	12.83	14.57	16.15	18.11	26.34	36.74	40.11	43.19	46.96	49.64
28	13.56	15.31	16.93	18.94	27.34	37.92	41.34	44.46	48.28	50.99
29	14.26	16.05	17.71	19.77	28.34	39.09	42.56	45.72	49.59	52.34
30	14.95	16.79	18.49	20.60	29.34	40.26	43.77	46.98	50.89	53.67
40	22.16	24.43	26.51	29.05	39.34	51.81	55.76	59.34	63.69	66.77
50	29.71	32.36	34.76	37.69	49.33	63.17	67.50	71.42	76.15	79.49
60	37.48	40.48	43.19	46.46	59.33	74.40	79.08	83.30	88.38	91.95
70	45.44	48.76	51.74	55.33	69.33	85.53	90.53	95.02	100.43	104.21
80	53.54	57.15	60.39	64.28	79.33	96.58	101.88	106.63	112.33	116.32
90	61.75	65.65	69.13	73.29	89.33	107.57	113.15	118.14	124.12	128.30
100	70.06	74.22	77.93	82.36	99.33	118.50	124.34	129.56	135.81	140.17

t-분포표

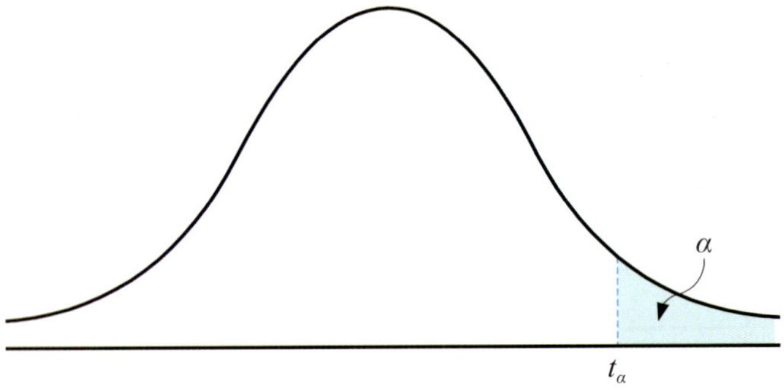

d.f.	$t_{.250}$	$t_{.100}$	$t_{.050}$	$t_{.025}$	$t_{.010}$	$t_{.005}$
1	1.000	3.078	6.314	12.706	31.821	63.657
2	0.816	1.886	2.920	4.303	6.965	9.925
3	0.745	1.638	2.353	3.182	4.541	5.841
4	0.741	1.533	2.132	2.776	3.747	4.604
5	0.727	1.476	2.015	2.571	3.365	4.032
6	0.718	1.440	1.943	2.447	3.143	3.707
7	0.711	1.415	1.895	2.365	2.998	3.499
8	0.706	1.397	1.860	2.306	2.896	3.355
9	0.703	1.383	1.833	2.262	2.821	3.250
10	0.700	1.372	1.812	2.228	2.876	3.169
11	0.697	1.363	1.796	2.201	2.718	3.106
12	0.695	1.356	1.782	2.179	2.681	3.055
13	0.694	1.350	1.771	2.160	2.650	3.012
14	0.692	1.345	1.761	2.145	2.624	2.977
15	0.691	1.341	1.753	2.131	2.602	2.947
16	0.690	1.337	1.746	2.120	2.583	2.921
17	0.689	1.333	1.740	2.110	2.567	2.898
18	0.688	1.330	1.734	2.101	2.552	2.878
19	0.688	1.328	1.729	2.093	2.539	2.861
20	0.687	1.325	1.725	2.086	2.528	2.845
21	0.686	1.323	1.721	2.080	2.518	2.831
22	0.686	1.321	1.717	2.074	2.508	2.819
23	0.685	1.319	1.714	2.069	2.500	2.807
24	0.685	1.318	1.711	2.064	2.492	2.797
25	0.684	1.316	1.708	2.060	2.485	2.787
26	0.684	1.315	1.706	2.056	2.479	2.779
27	0684	1.314	1.703	2.052	2.473	2.771
28	0.683	1.313	1.701	2.048	2.467	2.763
29	0.683	1.311	1.699	2.045	2.464	2.756
30	0.683	1.310	1.697	2.042	2.457	2.750
40	0.681	1.303	1.684	2.021	2.423	2.704
60	0.697	1.296	1.671	2.000	2.390	2.660
120	0.677	1.289	1.658	1.980	2.358	2.617
∞	0.674	1.282	1.645	1.960	2.326	2.576

d.f.	$t_{0.0025}$	$t_{0.001}$	$t_{0.0005}$	$t_{0.00025}$	$t_{0.0001}$	$t_{0.00005}$	$t_{0.000025}$	$t_{0.00001}$
1	127.321	318.309	636.919	1,273.239	3,183.099	6,366.198	12,732.395	31,380.989
2	14.089	22.327	31.598	44.705	70.700	99.950	141.416	223.603
3	7.453	10.214	12.924	16.326	22.204	28.000	35.298	47.928
4	5.598	7.173	8.610	10.306	13.034	15.544	18.522	23.332
5	4.773	5.893	6.869	7.976	9.678	11.178	12.893	15.547
6	4.317	5.208	5.959	6.788	8.025	9.082	10.261	12.032
7	4.029	4.785	5.408	6.082	7.063	7.885	8.782	10.103
8	3.833	4.501	5.041	5.618	6.442	7.120	7.851	8.907
9	3.690	4.297	4.781	5.291	6.010	6.594	7.215	8.102
10	3.581	4.144	4.587	5.049	5.694	6.211	6.757	7.527
11	3.497	4.025	4.437	4.863	5.453	5.921	6.412	7.098
12	3.428	3.930	4.318	4.716	5.263	5.694	6.143	6.756
13	3.372	3.852	4.221	4.597	5.111	5.513	5.928	6.501
14	3.326	3.787	4.140	4.499	4.985	5.363	5.753	6.287
15	3.286	3.733	4.073	4.417	4.880	5.239	5.607	6.109
16	3.252	3.686	4.015	4.346	4.791	5.134	5.484	5.960
17	3.223	3.646	3.965	4.286	4.714	5.044	5.379	5.832
18	3.197	3.610	3.922	4.233	4.648	4.966	5.288	5.722
19	3.174	3.579	3.883	4.187	4.590	4.897	5.209	5.627
20	3.153	3.552	3.850	4.146	4.539	4.837	5.139	5.543
21	3.135	3.527	3.819	4.110	4.493	4.784	5.077	5.469
22	3.119	3.505	3.792	4.077	4.452	4.736	5.022	5.402
23	3.104	3.485	3.768	4.048	4.415	4.693	4.992	5.343
24	3.090	3.467	3.745	4.021	4.382	4.654	4.927	5.290
25	3.078	3.450	3.725	3.997	4.352	4.619	4.887	5.241
26	3.067	3.435	3.707	3.974	4.324	4.587	4.850	5.197
27	3.057	3.421	3.690	3.954	4.299	4.558	4.816	5.157
28	3.047	3.408	3.674	3.935	4.275	4.530	4.784	5.120
29	3.038	3.396	3.659	3.918	4.254	4.506	4.756	5.086
30	3.030	3.385	3.646	3.902	4.234	4.482	4.729	5.054
40	2.971	3.307	3.551	3.788	4.094	4.321	4.544	4.835
60	2.915	3.232	3.460	3.681	3.962	4.169	4.370	4.631
100	2.871	3.174	3.390	3.598	3.862	4.053	4.240	4.478
∞	2.807	3.090	3.291	3.481	3.719	3.891	4.056	4.265

F-분포표

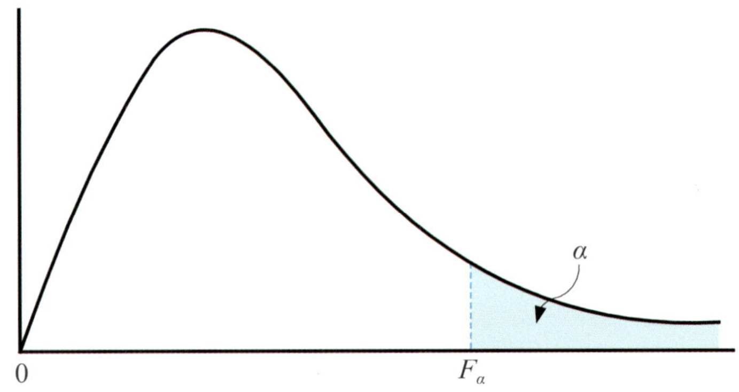

$\alpha = 0.01$									
d.f.	1	2	3	4	5	6	7	8	9
1	4052.0	4999.0	5403.0	5625.0	5764.0	5859.0	5928.0	5982.0	5022.0
2	98.50	99.00	99.17	99.25	99.30	99.33	99.36	99.37	99.39
3	34.12	30.82	29.46	28.71	28.24	27.91	27.67	27.49	27.34
4	21.20	18.00	16.69	15.98	15.52	15.21	14.98	14.80	14.66
5	16.26	13.27	12.06	11.39	10.97	10.67	10.46	10.29	10.16
6	13.74	10.92	9.78	9.15	8.75	8.47	8.26	8.10	7.98
7	12.25	9.55	8.45	7.85	7.46	7.19	6.99	6.84	6.72
8	11.26	8.65	7.59	7.01	6.63	6.37	6.18	6.03	5.91
9	10.56	8.02	6.99	6.42	6.06	5.80	5.61	5.47	5.35
10	10.04	7.56	6.55	5.99	5.64	5.39	5.20	5.06	4.94
11	9.65	7.21	6.22	5.67	5.32	5.07	4.89	4.74	4.63
12	9.33	6.93	5.95	5.41	5.06	4.82	4.64	4.50	4.39
13	9.07	6.70	5.74	5.21	4.86	4.62	4.44	4.30	4.19
14	8.86	6.51	5.56	5.04	4.69	4.46	4.28	4.14	4.03
15	8.68	6.36	5.42	4.89	4.56	4.32	4.14	4.00	3.89
16	8.53	6.23	5.29	4.77	4.44	4.20	4.03	3.89	3.78
17	8.40	6.11	5.18	4.67	4.34	4.10	3.93	3.79	3.68
18	8.29	6.01	5.09	4.58	4.25	4.01	3.84	3.71	3.60
19	8.18	5.93	5.01	4.50	4.17	3.94	3.77	3.63	3.52
20	8.10	5.85	4.94	4.43	4.10	3.87	3.70	3.56	3.46
21	8.02	5.78	4.87	4.37	4.04	3.81	3.64	3.51	3.40
22	7.95	5.72	4.82	4.31	3.99	3.76	3.59	3.45	3.35
23	7.88	5.66	4.76	4.26	3.94	3.71	3.54	3.41	3.30
24	7.82	5.61	4.72	4.22	3.90	3.67	3.50	3.36	3.26
25	7.77	5.57	4.68	4.18	3.85	3.63	3.46	3.32	3.22
26	7.72	5.53	4.64	4.14	3.82	3.59	3.42	3.29	3.18
27	7.68	5.49	4.60	4.11	3.78	3.56	3.39	3.26	3.15
28	7.64	5.45	4.57	4.07	3.75	3.53	3.36	3.23	3.12
29	7.60	5.42	4.54	4.04	3.73	3.50	3.33	3.20	3.09
30	7.56	5.39	4.51	4.02	3.70	3.47	3.30	3.17	3.07
40	7.31	5.18	4.31	3.83	3.51	3.29	3.12	2.99	2.89
60	7.08	4.98	4.13	3.65	3.34	3.12	2.95	2.82	2.72
120	6.85	4.79	3.95	3.48	3.17	2.96	2.79	2.66	2.56
∞	6.63	4.61	3.78	3.32	3.02	2.80	2.64	2.51	2.41

α=0.01									
d.f.	10	15	20	24	30	40	60	120	∞
1	6056.0	6157.0	6209.0	6235.0	6261.0	6387.0	6313.0	6339.0	6366.0
2	99.40	99.43	99.45	99.46	99.47	99.47	99.48	99.49	99.50
3	27.23	26.87	26.69	26.60	26.50	26.41	26.32	26.22	26.12
4	14.55	14.20	14.02	13.93	13.84	13.74	13.65	13.56	13.46
5	10.05	9.72	9.55	9.47	9.38	9.29	9.20	9.11	9.02
6	7.87	7.56	7.40	7.31	7.23	7.14	7.06	6.97	6.88
7	6.62	6.31	6.16	6.07	5.99	5.91	5.82	5.74	5.65
8	5.81	5.52	5.36	5.28	5.20	5.12	5.03	4.95	4.86
9	5.26	4.96	4.81	4.73	4.65	4.57	4.48	4.40	4.31
10	4.85	4.56	4.41	4.33	4.25	4.17	4.08	4.00	3.91
11	4.54	4.25	4.10	4.02	3.94	3.86	3.78	3.69	3.60
12	4.30	4.01	3.86	3.78	3.70	3.62	3.54	3.45	3.36
13	4.10	3.82	3.66	3.59	3.51	3.43	3.34	3.25	3.17
14	3.94	3.66	3.51	3.43	3.35	3.27	3.18	3.09	3.00
15	3.80	3.52	3.37	3.29	3.21	3.13	3.05	2.96	2.87
16	3.69	3.41	3.26	3.18	3.10	3.02	2.93	2.84	2.75
17	3.59	3.23	3.16	3.08	3.00	2.92	2.83	2.75	2.65
18	3.51	3.23	3.08	3.00	2.92	2.84	2.75	2.66	2.57
19	3.43	3.15	3.00	2.92	2.84	2.76	2.67	2.58	2.49
20	3.37	3.09	2.94	2.86	2.78	2.69	2.61	2.52	2.42
21	3.31	3.03	2.88	2.80	2.72	2.64	2.55	2.46	2.36
22	3.26	2.98	2.83	2.75	2.67	2.58	2.50	2.40	2.31
23	3.21	2.93	2.78	2.70	2.62	2.54	2.45	2.35	2.26
24	3.17	2.89	2.74	2.66	2.58	2.49	2.40	2.31	2.21
25	3.13	2.85	2.70	2.62	2.54	2.45	2.36	2.27	2.17
26	3.09	2.81	2.66	2.58	2.50	2.42	2.33	2.23	2.13
27	3.06	2.78	2.63	2.55	2.47	2.38	2.29	2.20	2.10
28	3.03	2.75	2.60	2.52	2.44	2.35	2.26	2.17	2.06
29	3.00	2.73	2.57	2.49	2.41	2.33	2.23	2.14	2.03
30	2.98	2.70	2.55	2.47	2.39	2.30	2.21	2.11	2.01
40	2.80	2.52	2.37	2.29	2.20	2.11	2.02	1.92	1.80
60	2.63	2.35	2.20	2.12	2.03	1.94	1.84	1.73	1.60
120	2.47	2.19	2.03	1.95	1.86	1.76	1.66	1.53	1.38
∞	2.32	2.04	1.88	1.79	1.70	1.59	1.47	1.32	1.00

F-분포표 (계속)

α=0.05									
d.f.	1	2	3	4	5	6	7	8	9
1	161.45	199.50	215.71	224.58	230.16	233.99	236.77	238.88	240.54
2	18.51	19.00	19.16	19.25	19.30	19.33	19.35	19.37	19.38
3	10.13	9.55	9.28	9.12	9.01	8.94	8.89	8.85	8.81
4	7.71	6.94	6.59	6.39	6.26	6.16	6.09	6.04	6.00
5	6.61	5.79	5.41	5.19	5.05	4.95	4.88	4.82	4.77
6	5.99	5.14	4.76	4.53	4.39	4.28	4.21	4.15	4.10
7	5.59	4.74	4.35	4.12	3.97	3.87	3.79	3.73	3.68
8	5.32	4.46	4.07	3.84	3.69	3.58	3.50	3.44	3.39
9	5.12	4.26	3.86	3.63	3.48	3.37	3.29	3.23	3.18
10	4.96	4.10	3.71	3.48	3.33	3.22	3.14	3.07	3.02
11	4.84	3.98	3.59	3.36	3.20	3.09	3.01	2.95	2.90
12	4.75	3.89	3.49	3.26	3.11	3.00	2.91	2.85	2.80
13	4.67	3.81	3.41	3.18	3.03	2.92	2.83	2.77	2.71
14	4.60	3.74	3.34	3.11	2.96	2.85	2.76	2.70	2.65
15	4.54	3.68	3.29	3.06	2.90	2.79	2.71	2.64	2.59
16	4.49	3.63	3.24	3.01	2.85	2.74	2.66	2.59	2.54
17	4.45	3.59	3.20	2.96	2.81	2.70	2.61	2.55	2.49
18	4.41	3.52	3.16	2.93	2.77	2.66	2.58	2.51	2.46
19	4.38	3.52	3.13	2.90	2.74	2.63	2.54	2.48	2.42
20	4.35	3.49	3.10	2.87	2.71	2.60	2.51	2.45	2.39
21	4.32	3.47	3.07	2.84	2.68	2.57	2.49	2.42	2.37
22	4.30	3.44	3.05	2.82	2.66	2.55	2.46	2.40	2.34
23	4.28	3.42	3.03	2.80	2.64	2.53	2.44	2.37	2.32
24	4.26	3.40	3.01	2.78	2.62	2.51	2.42	2.36	2.30
25	4.24	3.39	2.99	2.76	2.60	2.49	2.40	2.34	2.28
26	4.23	3.37	2.98	2.74	2.59	2.47	2.39	2.32	2.27
27	4.21	3.35	2.96	2.73	2.57	2.46	2.37	2.31	2.25
28	4.20	3.34	2.95	2.71	2.56	2.45	2.36	2.29	2.24
29	4.18	3.33	2.93	2.70	2.55	2.43	2.35	2.28	2.22
30	4.17	3.32	2.92	2.69	2.53	2.42	2.33	2.27	2.21
40	4.08	3.23	2.84	2.61	2.45	2.34	2.25	2.18	2.12
60	4.00	3.15	2.76	2.53	2.37	2.25	2.17	2.10	2.04
120	3.92	3.07	2.68	2.45	2.29	2.17	2.09	2.02	1.96
∞	3.84	3.00	2.60	2.37	2.21	2.10	2.01	1.94	1.88

	$\alpha=0.05$								
d.f.	10	15	20	24	30	40	60	120	∞
1	241.88	245.95	248.01	249.05	250.09	251.14	252.20	253.25	254.32
2	19.40	19.43	19.45	19.45	19.46	19.47	19.48	19.49	19.50
3	8.76	8.70	8.66	8.64	8.62	8.59	8.57	8.55	8.53
4	5.96	5.86	5.80	5.77	5.75	5.72	5.69	5.66	5.63
5	4.74	4.62	4.56	4.53	4.50	4.46	4.43	4.40	4.36
6	4.06	3.94	3.87	3.84	3.81	3.77	3.74	3.70	3.67
7	3.64	3.51	3.44	3.41	3.38	3.34	3.30	3.27	3.23
8	3.35	3.22	3.15	3.12	3.08	3.04	3.01	2.97	2.93
9	3.14	3.01	2.94	2.90	2.86	2.83	2.79	2.75	2.71
10	2.98	2.84	2.77	2.74	2.70	2.66	2.62	2.58	2.54
11	2.85	2.72	2.65	2.61	2.57	2.53	2.49	2.45	2.40
12	2.75	2.62	2.54	2.51	2.47	2.43	2.38	2.34	2.30
13	2.67	2.53	2.46	2.42	2.38	2.34	2.30	2.25	2.21
14	2.60	2.46	2.39	2.35	2.31	2.27	2.22	2.18	2.13
15	2.54	2.40	2.33	2.29	2.25	2.20	2.16	2.11	2.07
16	2.49	2.35	2.28	2.24	2.19	2.15	2.11	2.06	2.01
17	2.45	2.31	2.23	2.19	2.15	2.10	2.06	2.01	1.96
18	2.41	2.27	2.19	2.15	2.11	2.06	2.02	1.97	1.92
19	2.38	2.23	2.16	2.11	2.07	2.03	1.98	1.93	1.88
20	2.35	2.20	2.12	2.08	2.04	1.99	1.95	1.90	1.84
21	2.32	2.18	2.10	2.05	2.01	1.96	1.92	1.87	1.81
22	2.30	2.15	2.07	2.03	1.98	1.94	1.89	1.84	1.78
23	2.27	2.13	2.05	2.00	1.96	1.91	1.86	1.81	1.76
24	2.25	2.11	2.03	1.98	1.94	1.89	1.84	1.79	1.73
25	2.24	2.09	2.01	1.96	1.92	1.87	1.82	1.77	1.71
26	2.22	2.07	1.99	1.95	1.90	1.85	1.80	1.75	1.69
27	2.20	2.06	1.97	1.93	1.88	1.84	1.79	1.73	1.67
28	2.19	2.04	1.96	1.91	1.87	1.82	1.77	1.71	1.65
29	2.18	2.03	1.94	1.90	1.85	1.81	1.75	1.70	1.64
30	2.16	2.01	1.93	1.89	1.84	1.79	1.74	1.68	1.62
40	2.08	1.92	1.84	1.79	1.74	1.69	1.64	1.58	1.51
60	1.99	1.84	1.75	1.70	1.65	1.59	1.53	1.47	1.39
120	1.91	1.75	1.66	1.61	1.55	1.50	1.43	1.35	1.25
∞	1.83	1.67	1.57	1.52	1.46	1.39	1.31	1.22	1.00

F-분포표 (계속)

$\alpha=0.10$									
d.f.	1	2	3	4	5	6	7	8	9
1	39.86	49.50	53.59	55.83	57.24	58.20	58.91	59.44	59.86
2	8.53	9.00	9.16	9.24	9.26	9.33	9.35	9.37	9.38
3	5.54	5.46	5.39	5.34	5.31	5.28	5.27	5.25	5.24
4	4.54	5.32	4.19	4.11	4.05	4.01	3.98	3.95	3.94
5	4.06	3.78	3.62	3.52	3.45	3.40	3.37	3.34	3.32
6	3.78	3.46	3.29	3.18	3.11	3.05	3.01	2.98	2.96
7	3.59	3.26	3.07	2.96	2.88	2.83	2.78	2.75	2.72
8	3.46	3.11	2.92	2.81	2.73	2.67	2.62	2.59	2.56
9	3.36	3.01	2.81	2.69	2.61	2.55	2.51	2.47	2.44
10	3.28	2.92	2.73	2.61	2.52	2.46	2.41	2.38	2.35
11	3.23	2.86	2.66	2.54	2.45	2.39	2.34	2.30	2.27
12	3.13	2.81	2.61	2.48	2.39	2.33	2.28	2.24	2.21
13	3.14	2.76	2.56	2.43	2.35	2.28	2.23	2.20	2.16
14	3.10	2.73	2.52	2.39	2.31	2.24	2.19	2.15	2.12
15	3.07	2.70	2.49	2.36	2.27	2.21	2.16	2.12	2.09
16	3.05	2.67	2.46	2.33	2.24	2.18	2.13	2.09	2.06
17	3.03	2.64	2.44	2.31	2.22	2.15	2.10	2.06	2.03
18	3.01	2.62	2.42	2.29	2.20	2.13	2.08	2.04	2.00
19	2.99	2.61	2.40	2.27	2.18	2.11	2.06	2.02	1.98
20	2.97	2.59	2.38	2.25	2.16	2.09	2.04	2.00	1.96
21	2.96	2.57	2.36	2.23	2.14	2.08	2.02	1.98	1.95
22	2.95	2.56	2.35	2.22	2.13	2.06	2.01	1.97	1.93
23	2.94	2.55	2.34	2.21	2.11	2.05	1.99	1.95	1.92
24	2.93	2.54	2.33	2.19	2.10	2.04	1.98	1.94	1.91
25	2.92	2.53	2.32	2.18	2.09	2.02	1.97	1.93	1.89
26	2.91	2.52	2.31	2.17	2.08	2.01	1.96	1.92	1.88
27	2.90	2.51	2.30	2.17	2.07	2.00	1.95	1.91	1.87
28	2.89	2.50	2.29	2.16	2.06	2.00	1.94	1.90	1.87
29	2.89	2.50	2.28	2.15	2.06	1.99	1.93	1.89	1.86
30	2.88	2.49	2.28	2.14	2.05	1.98	1.93	1.88	1.85
40	2.84	2.44	2.23	2.09	2.00	1.93	1.87	1.83	1.79
60	2.79	2.39	2.18	2.04	1.95	1.87	1.82	1.77	1.74
120	2.75	2.35	2.13	1.99	1.90	1.82	1.77	1.72	1.68
∞	2.71	2.30	2.08	1.94	1.85	1.77	1.72	1.67	1.63

	$\alpha=0.10$									
d.f.	10	12	15	20	24	30	40	60	120	∞
1	60.20	60.71	61.22	61.74	62.00	62.26	62.53	62.79	63.06	63.83
2	9.39	9.41	9.42	9.44	9.45	9.46	9.47	9.47	9.48	9.49
3	5.23	5.22	5.20	5.18	5.18	5.17	5.16	5.15	5.14	5.13
4	3.92	3.90	3.87	3.84	3.83	3.82	3.80	3.79	3.78	3.76
5	3.30	3.27	3.24	3.21	3.19	3.17	3.16	3.14	3.12	3.10
6	2.94	2.90	2.87	2.84	2.82	2.80	2.78	2.70	2.74	2.72
7	2.70	2.67	2.63	2.59	2.58	2.56	2.54	2.51	2.49	2.47
8	2.54	2.50	2.46	2.42	2.40	2.38	2.36	2.34	2.32	2.29
9	2.42	2.38	2.34	2.30	2.28	2.25	2.23	2.21	2.18	2.16
10	2.32	2.28	2.24	2.20	2.18	2.16	2.13	2.11	2.08	2.06
11	2.25	2.21	2.17	2.12	2.10	2.08	2.05	2.03	2.00	1.97
12	2.19	2.15	2.10	2.06	2.04	2.01	1.99	1.96	1.93	1.90
13	2.14	2.10	2.05	2.01	1.98	1.96	1.93	1.90	1.88	1.85
14	2.10	2.05	2.01	1.96	1.94	1.91	1.89	1.86	1.83	1.80
15	2.06	2.02	1.97	1.92	1.90	1.87	1.85	1.82	1.79	1.76
16	2.03	1.99	1.94	1.89	1.87	1.84	1.81	1.78	1.75	1.72
17	2.00	1.96	1.91	1.86	1.84	1.81	1.78	1.75	1.72	1.69
18	1.98	1.93	1.89	1.84	1.81	1.78	1.75	1.72	1.69	1.66
19	1.96	1.91	1.86	1.81	1.79	1.76	1.73	1.70	1.67	1.63
20	1.94	1.89	1.84	1.79	1.77	1.74	1.71	1.68	1.64	1.61
21	1.92	1.88	1.83	1.78	1.75	1.72	1.69	1.66	1.62	1.59
22	1.90	1.86	1.81	1.76	1.73	1.70	1.67	1.64	1.60	1.57
23	1.89	1.84	1.80	1.74	1.72	1.69	1.66	1.62	1.59	1.55
24	1.88	1.83	1.78	1.73	1.70	1.67	1.64	1.61	1.57	1.53
25	1.87	1.82	1.77	1.72	1.69	1.66	1.63	1.59	1.56	1.52
26	1.86	1.81	1.76	1.71	1.68	1.65	1.61	1.58	1.54	1.50
27	1.85	1.80	1.75	1.70	1.67	1.64	1.60	1.57	1.53	1.49
28	1.84	1.79	1.74	1.69	1.66	1.63	1.59	1.56	1.52	1.48
29	1.83	1.78	1.73	1.68	1.65	1.62	1.58	1.55	1.51	1.47
30	1.82	1.77	1.72	1.67	1.64	1.61	1.57	1.54	1.50	1.49
40	1.76	1.71	1.66	1.61	1.57	1.54	1.51	1.47	1.42	1.38
60	1.71	1.66	1.60	1.54	1.51	1.48	1.44	1.40	1.35	1.29
120	1.65	1.60	1.54	1.48	1.45	1.41	1.37	1.32	1.26	1.19
∞	1.60	1.55	1.49	1.42	1.38	1.34	1.30	1.24	1.17	1.00

찾아보기

가

나

다

마

바